Webサイト高速化のための

静的サイトジェネレーター活用入門

GatsbyJSで実現する高速＆実用的なサイト構築

エビスコム 著

■サポートサイトについて

本書で解説している作例のソースコードは、下記のサポートサイトから入手できます。

https://book.mynavi.jp/supportsite/detail/9784839973001.html

はじめに

「Webページは少なくとも2～3秒で表示しないと離脱率が…」
「これからのSEOやUXでは、PWAやSPAを考えないと…」
などと言われる時代。

そう言われてもこれ以上コストも手間もかけていられない。
ずっと、そんな風に思っていました。

けれども、最近聞こえてくる「ヘッドレスCMS」や「Jamstack」などと呼ばれる世界を覗いてみると、これまで不満に思っていたアレやコレやが解決できそうな雰囲気です。

そこで、そんな世界の「**Gatsby**（**GatsbyJS**）」に手を出してみました。

高速化だ、最適化だ、SEOだ、PWAだ、セキュリティだといった面倒な諸々は、全部Gatsbyにおまかせです。

できあがるサイトはとにかく爆速、blazing fast。

これは、これまでWebページ制作を担ってきたコーダーさんやWebデザイナーさんにこそ使ってほしい！ と思い、本書を執筆しました。

HTML&CSSでページが作れる方を想定し、
ReactやJavaScript（ECMAScript）に自信がなくても、
「Gatsbyで実用レベルなWebサイトを構築できるようになる」
ことを目指した1冊です。

制作過程を通してReactやJavaScript（ECMAScript）が何をしているのかも見えてきますので、この本をきっかけに様々な知識を深めていただければと思います。

本書の構成

本書では２部構成でWebサイトを作成し、ステップ・バイ・ステップでの制作過程を通してGatsbyの主要機能や使い方を習得できるようにしています。

第1部　基本的なWebサイトの構築

トップページとアバウトページで構成した基本的なWebサイトを作成します。

BASIC WEB SITE

トップページ

アバウトページ

第2部　ブログの構築

第１部で作成した Web サイトに、日々更新・蓄積していくコンテンツとしてブログを追加します。ブログの記事の管理にはヘッドレス CMS の Contentful を利用します。

BLOG

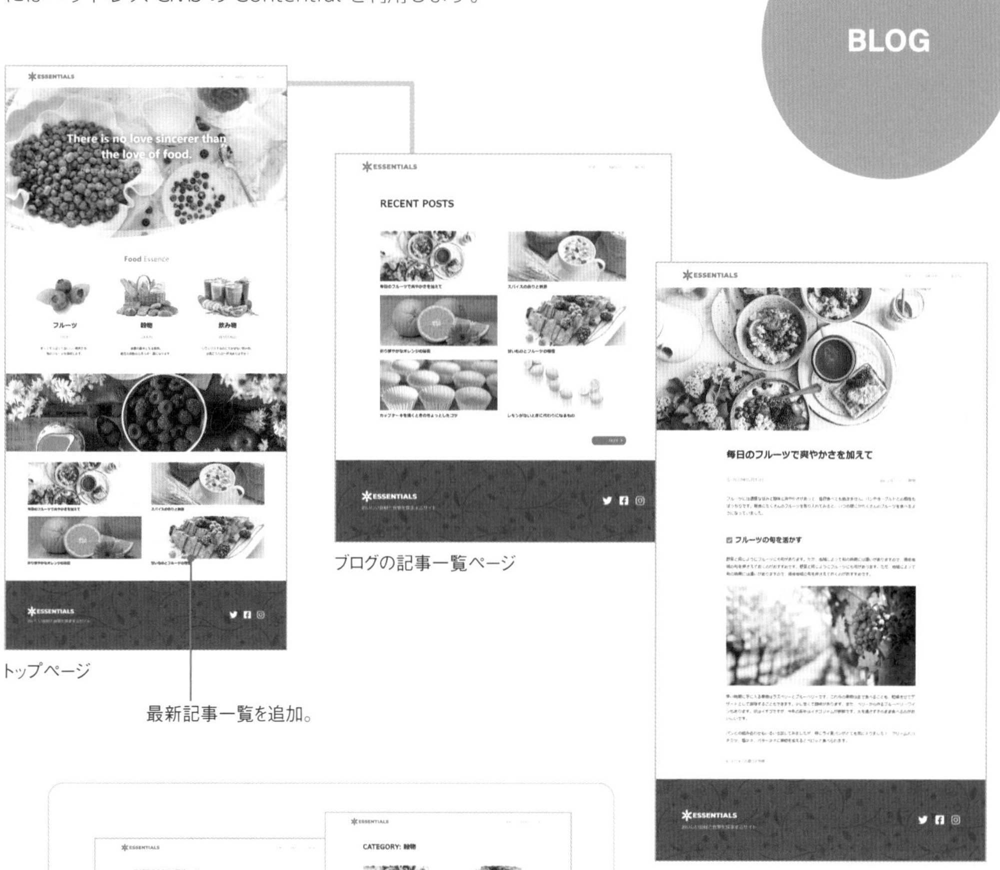

トップページ

ブログの記事一覧ページ

ブログの記事ページ

CATEGORY: フルーツ

CATEGORY: 穀物

カテゴリーページ

ページ構成

本書では、制作ステップごとに次のようにページを構成しています。

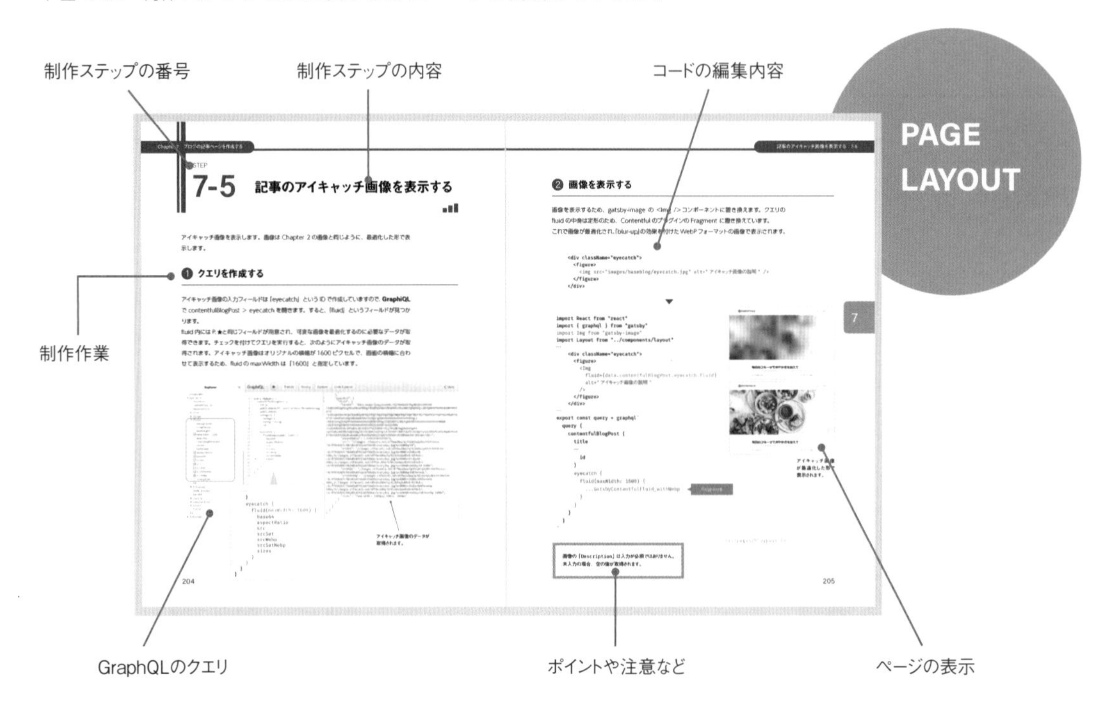

EDITING CODE

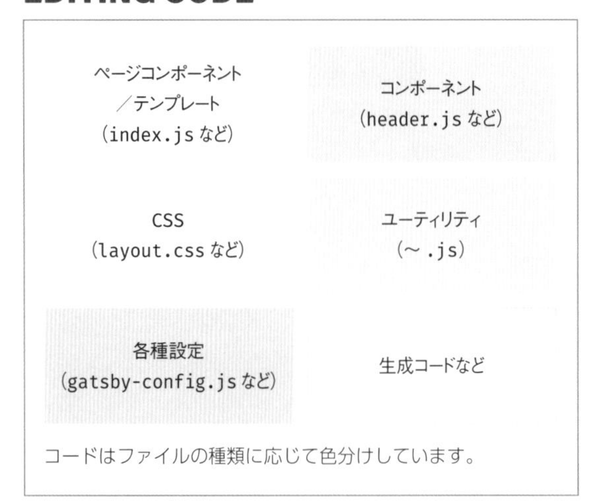

ページコンポーネント
／テンプレート
（index.js など）
コンポーネント
（header.js など）
CSS
（layout.css など）
ユーティリティ
（～.js）
各種設定
（gatsby-config.js など）
生成コードなど

コードはファイルの種類に応じて色分けしています。

```
import React from "react"
import { graphql } from "gatsby"
import Img from "gatsby-image"

export default ({ data }) => (
 <figure>
  <Img
   fluid={data.file.childImageSharp.fluid}
   alt="" />
 </figure>
)
```

コードの編集で追加・変更する箇所は赤や青などの色を付けて表示しています。

ダウンロードデータ

本書で作成するプロジェクトデータ、使用する画像素材、インポート用のコンテンツデータなどは、ダウンロードデータに収録してあります。収録内容や使い方については、ダウンロードデータ内の readme.txt を参照してください。

サポートサイト

https://book.mynavi.jp/supportsite/detail/9784839973001.html

ダウンロードデータは GitHub で公開していますので、右記の URL で直接ダウンロードしていただくこともできます。「gatsbyjs-book-master.zip」というファイルがダウンロードされますので、解凍して利用してください。また、GitHub のページを開き、「Clone or download」ボタンをクリックして「Download ZIP」を選択することでもダウンロードが可能です。

https://github.com/ebisucom/gatsbyjs-book/archive/master.zip

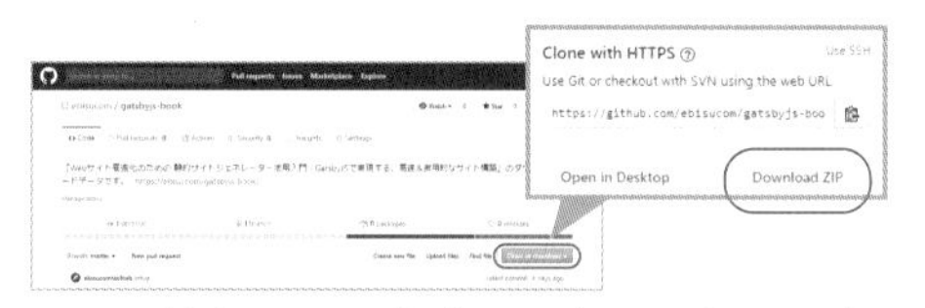

https://github.com/ebisucom/gatsbyjs-book/

セットアップPDFについて

本書は Gatsby によるサイト構築の解説をメインとしています。そのため、付随する開発環境の準備などについては「セットアップ PDF（setup.pdf）」にまとめ、ダウンロードデータに同梱しています。必要に応じて利用してください。

セットアップPDFの内容

開発環境の準備

- Linux & WSL
- Windows10
- macOS

アカウントの準備

- GitHub
- Netlify
- Contentful

サイトの公開

- GitHub と Netlify を組み合わせたサイトの公開・更新の設定
- Contentful によるサイト更新の設定

Contentfulによるコンテンツ管理

- コンテンツタイプやフィールドの作成
- 記事の投稿
- データのインポート

CONTENTS もくじ

INTRODUCTION

イントロダクション 15

PART ONE

第1部　基本的なWebサイトの構築　29

CHAPTER 1 ページの作成　31

CHAPTER 2 画像の最適化 57

CHAPTER 3 パーツのコンポーネント化 103

CHAPTER 4 ページを増やす 119

CHAPTER 5 メタデータの設定 139

CHAPTER 8 ブログの記事ページを自動生成する 227

CHAPTER 9 ブログの記事一覧ページを作成する 247

CHAPTER 10 カテゴリーページの作成 277

APPENDIX

INDEX

Introduction

イントロダクション

INTRODUCTION
1
今どきのWebページ&Webサイトに求められること

これから Web ページ &Web サイトを作ろうとした場合、何を、どこまで考えますか？
まずは、ページそのものを用意しなければなりませんから、

HTML&CSSは
欠かせない
あとはWeb サーバーを
用意すればいいのでは？

といった感じでしょうか。

でも、これだけでは済まない感じになってきているのが今のインターネットです。ちょっとした Web ページであっても、考え始めるとなかなか大変なことになります…。

高速化&最適化

まずは、高速化という視点で考えてみます。
シンプルなページなら特に気にする必要もないのでは？ と思いがちですが、意外とそうではありません。

画像の最適化

マルチデバイスへの対応が必須となった現状では、画像がかなりのボトルネックになっています。srcset や sizes を活用して、デバイスに応じた画像を用意するのは、必須と言えるでしょう。

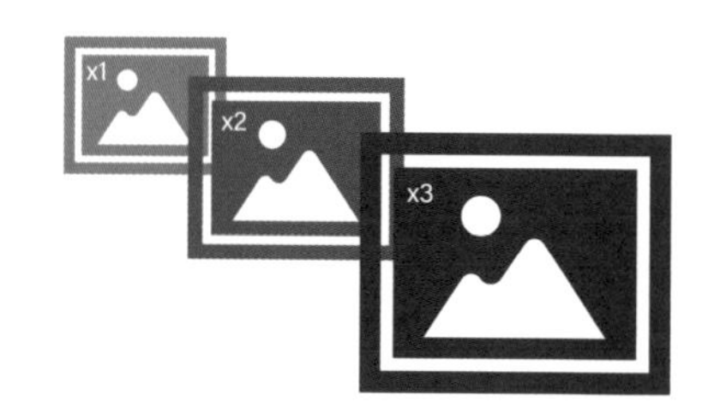

SVGの活用

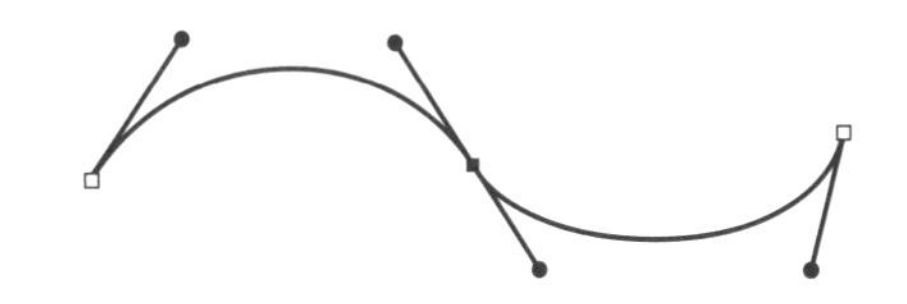

解像度を気にする必要もなく、軽量なベクトルイメージも適材適所で活用していきたいところです。
ただ、ノウハウが必要で、単に置き換えれば良いわけではないのが難しいところです。

Webフォント＋アイコンフォント

便利なWebフォントやアイコンフォントですが、高速化の足を引っ張る側面も持っています。うまく最適化して活用していきたいところです。

WebPの活用

ピクセルイメージにも、WebPというコンパクトで新しいフォーマットが登場しましたので、どんどん活用したいところです。
ただし、対応していないブラウザもあるため、その扱いはちょっと面倒です。

メタデータ

続いて、ページのメタデータも忘れるわけには行きません。

OGP

SNS対策を考えると、OGP周りはしっかりと設定しておかなければなりません。

```
<meta property="og:url">
<meta property="og:title">
<meta property="og:image">
...
```

Googleアナリティクス＋サイトマップ

といったあたりも、しっかりと対応しておきたいところです。

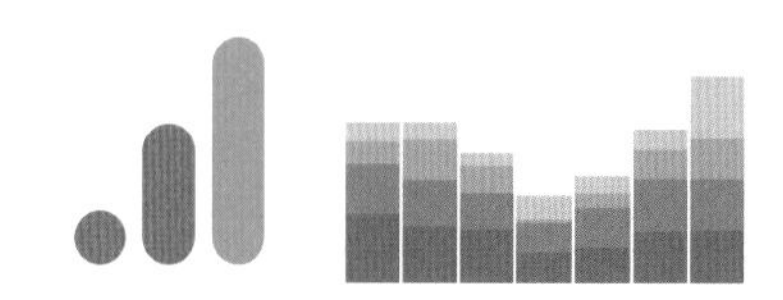

UX（ユーザーエクスペリエンス）

さらに、これからのWebのUXを考えると、

SPA（Single Page Application）
PWA（Progressive Web Apps）

への対応も必要になってきました。
高速化という側面も持っており、SEOへの影響もあると言われてきましたので、しっかりと対応したいポイントです。

ちょっとページを公開するだけなのに、考えなければならないこと、対応しなければならないことがあまりに多い今のインターネット。個別に対応するのは、なかなか厳しい話です。

INTRODUCTION

2 CMSの利用と問題

手軽に情報を発信できるはずだったWebというメディアも、今のインターネットに合わせようとすると決して手軽ではなくなってきています。

個別に対応するのも厳しいので、手軽に対応できるものはなにかないのだろうか…？
そこで、選択肢となるのがWordPressといったCMS（コンテンツマネージメントシステム）でしょうか。

CMSといえば、増えてきたコンテンツをうまく活用・管理するために登場してきました。
しかし、最近のCMSの使われ方を見ると、コンテンツを今のインターネットにマッチした形で発信するためのツールとして使われているように見えます。コンテンツの量などは関係なしに、です。

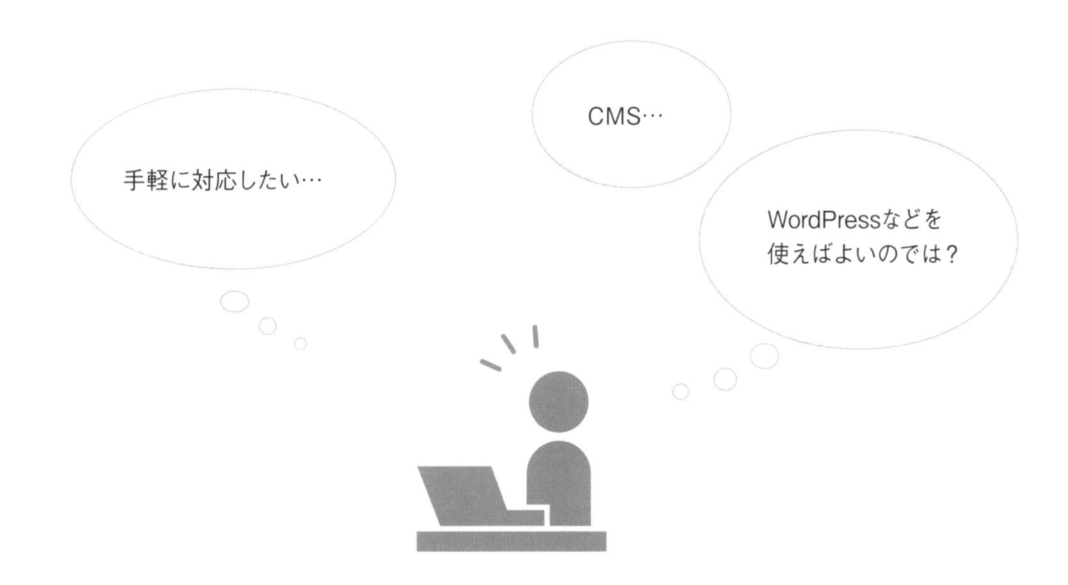

手軽に対応したい…
CMS…
WordPressなどを
使えばよいのでは？

ただ、ここでちょっと引っかかりを感じるのです。

- 高速化を考えていたはずなのに、CMS という動的なシステムを選択するの?
- CMS を利用することで、動的なシステムやデータベースを抱え、セキュリティを気にしなければならないの?
- セキュリティ対策のため CMS のアップデートはもちろん、CMS の進化もしっかりと追いかけていかなければならず…。

…etc.

面倒な細かい部分を任せる代わりに、動的なシステムの厄介なことを抱えることになるわけです。

INTRODUCTION

3　静的サイトジェネレータ(SSG)という選択

そんな状況で1つの勢力となってきたのが、静的サイトジェネレータ(Static Site Generator)です。CMSを使わなくても、今どきのWebページ&Webサイトに求められることに高いレベルで対応できます。

静的サイトジェネレータという名前からもわかるように、基本的には静的なページを生成してそれをホスティングすることになります。そのため、データベースや動的なシステムを抱えるCMSと比べて、セキュリティリスクは非常に低いものだとされています。

また、静的なページを生成する際にはデータベースなどからのデータも活用することができます。これは、最近話題になっているJamstackへと繋がっていくことになります。

INTRODUCTION

動的システムを抱えないので
高速
セキュリティリスクが低い
今どきのWebに求められることに
高いレベルで対応できる
管理の手間がかからない
クラウドサービスを活用できる
Jamstackへと繋がる
… etc.
Static Site Generator
静的サイトジェネレータ

Jamstack
NetlifyのMatt Biilmann氏が提唱したもので、「JavaScript」「API」「プリレンダリングされたMarkup」で構成された、高速で安全なサイトおよび動的アプリを作成するモダンなアーキテクチャです。

静的サイトジェネレータの専門サイトである、StaticGen を見ると、非常に多くの静的サイトジェネレータが開発されていることが確認できます。これからの Web ページ& Web サイトの制作には、欠かせない存在であることは間違いないでしょう。

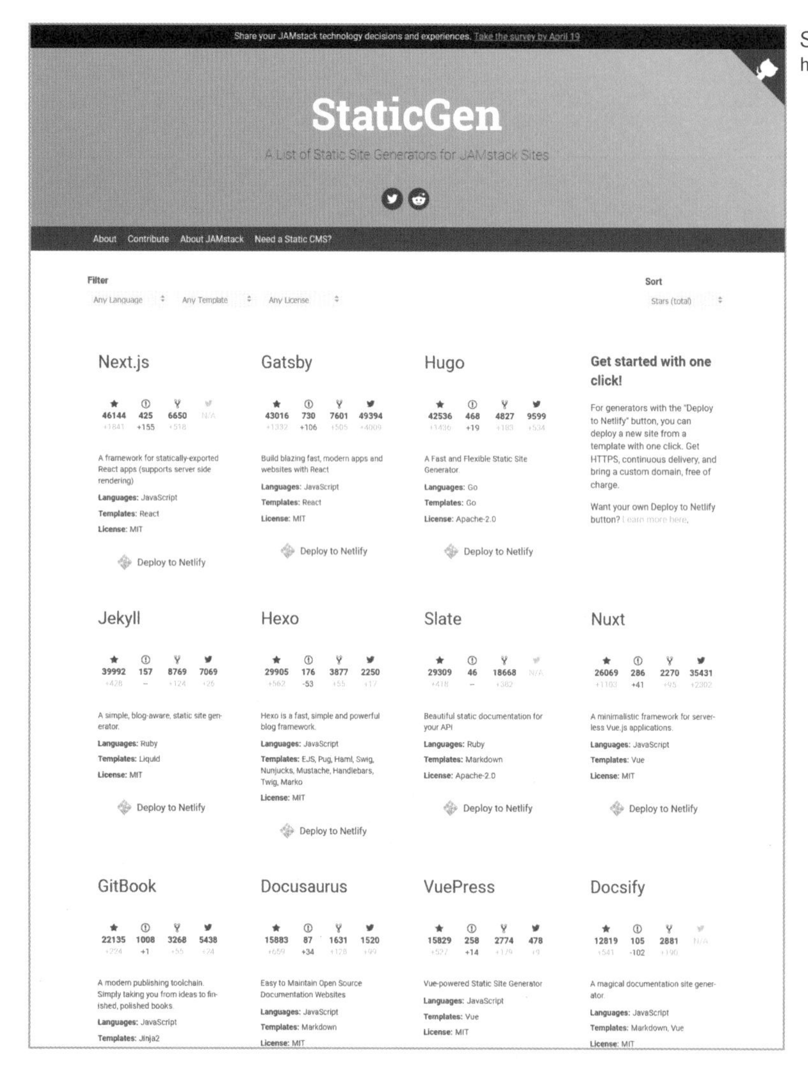

StaticGen
https://www.staticgen.com/

INTRODUCTION

4　Gatsbyという選択

数多くの静的サイトジェネレータがある中で、どれを選択するのが良いのでしょうか？
StaticGenでは、静的サイトジェネレータの人気や特徴を確認できます。

気になるものがあれば公式サイトなどで情報を集め、その特徴を確認することになります。静的サイトジェネレータは基本的にプログラミングが必要ですので、使用言語の確認も重要です。また、静的サイトの出力ばかりでなくWebアプリやWebサービスを意識したものも多いので、自分の目的にあったものを選択することをおすすめします。

今回、この書籍ではGatsbyを選択しています。

Gatsby

https://www.gatsbyjs.org/

- 安定している
- 人気が高い
- Reactベース
- 静的サイト生成がメイン
- GraphQLの採用

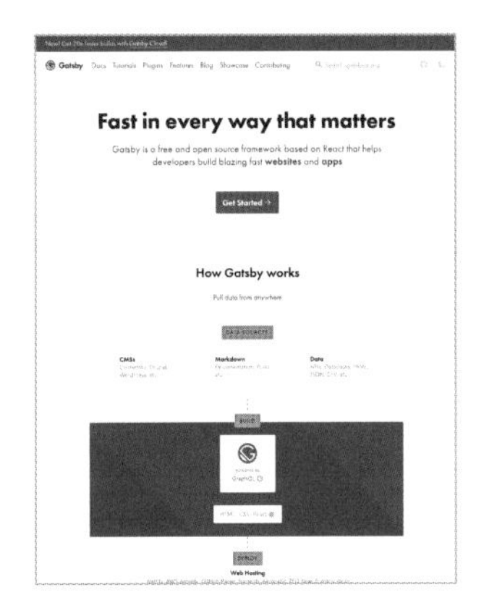

というあたりが理由です。もうちょっと具体的に言えば、

面倒な準備や設定も必要なく、最適化された高速なページを簡単に作ることができるReactベースの人気のシステム

ということになります。
静的サイトジェネレータの入り口としても、長く使っていく環境としても、オススメです。

INTRODUCTION

5 Gatsbyを学ぶために

Gatsby は React ベースのフレームワークです。そのため、React や JavaScript (ECMAScript) の知識が求められます。Gatsby を使うためには、これらの知識があったほうが良いのは間違いありません。ただ、これらをすべて揃えてから Gatsby を始めるというのもなかなか遠い話になってしまいます。

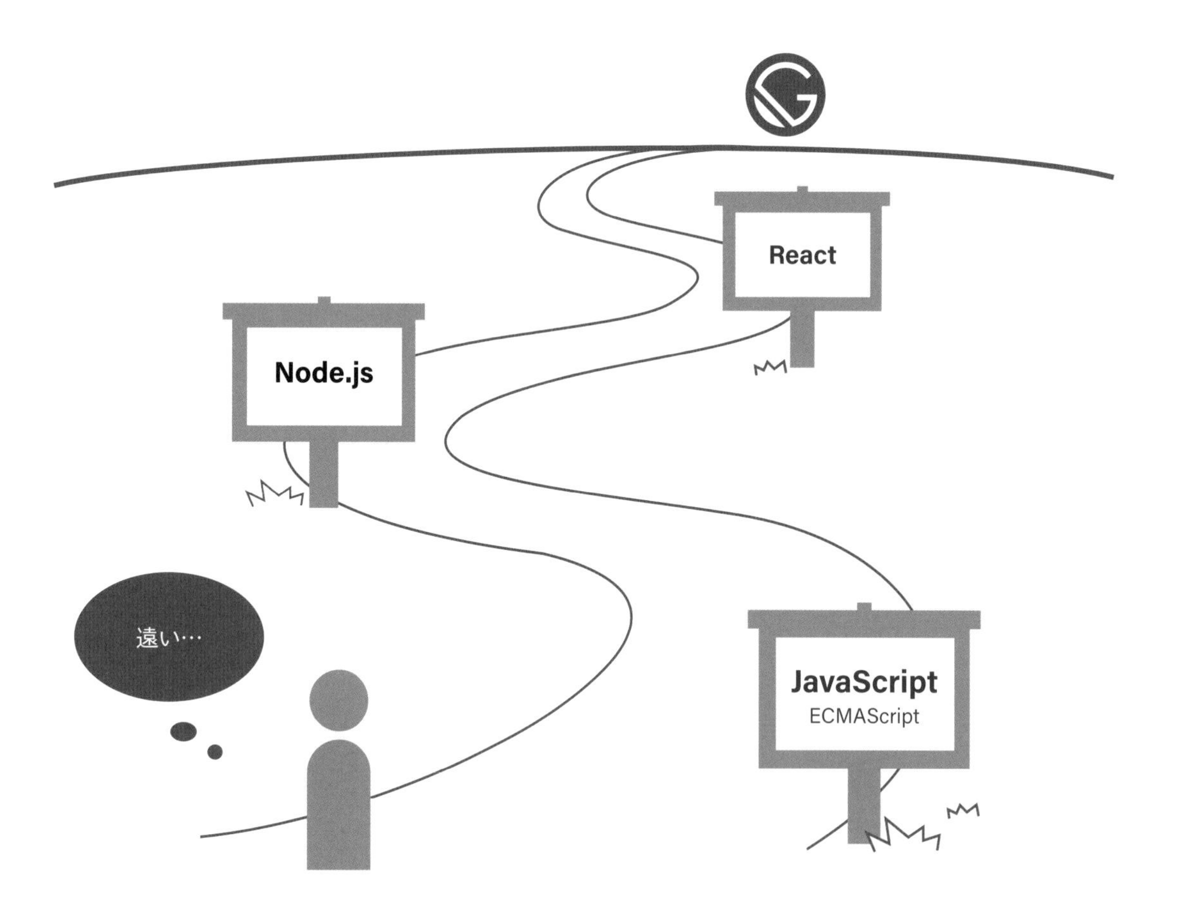

また、Gatsbyは公式ドキュメントが非常に整っています。ただし、これらのドキュメントの導線が、Web ページを作ってきた方にはちょっと厳しいのです。例えば、ページに画像を貼りたいだけなのに… 画像の扱いが Gatsby の鬼門。そんな話さえ見かけます。

豊富に用意されているスターターから入るのも選択肢の1つです。でも、React が理解できていないと、構造を理解することが壁になってしまいます。

Gatsby は本当に素晴らしい環境が整っていますし、本当に便利なフレームワークです。
ただ、活用できるところまでのルート選択は、なかなか難しいのです。

そこで、Web 制作をしてきた方が、その延長として Gatsby を活用できるようになることを目指した本を書くことにしました。最短ルートで Gatsby の働きを理解し、実用レベルの Web ページ& Web サイトを制作することを目指します。

React や JavaScript (ECMAScript) にあまり自信のない方にも、何をしているかを追ってもらえるように解説していますので、この本をきっかけとして様々な知識を深めていただければと思います。

React のソースが読めるようになると、見えるものが大きく変わってきますので…。

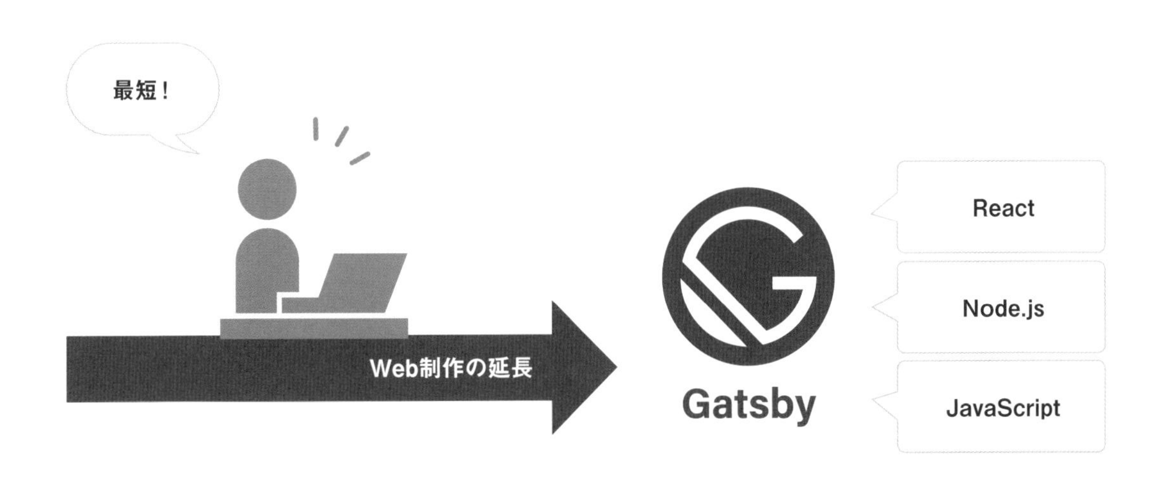

INTRODUCTION

6 制作するサンプルについて

Gatsby へのアプローチ方法は色々と考えられますが、本書では HTML&CSS で作成したベースとなるページを元に、サンプルのサイトを作成していきます。
ベースとなるページは、ダウンロードデータの「base」フォルダに収録してあります。

第1部　基本的なWebサイトの構築

第 1 部ではトップページとアバウトページを作成し、基本的な Web サイトを構築します。それぞれベースとなるページを元に形にし、画像の最適化、高速化、メタデータの設定、PWA 化などの設定を行います。

トップページ
base-index.html

BASE
ベースとなるページ

アバウトページ
base-about.html

第2部　ブログの構築

第２部ではブログを構築し、第１部で作成したサイトに記事ページと記事一覧ページを追加します。各ページはベースとなるページを元に、外部からコンテンツデータを読み込んで形にしていきます。もちろん、第１部と同じように画像の最適化などの設定も行います。

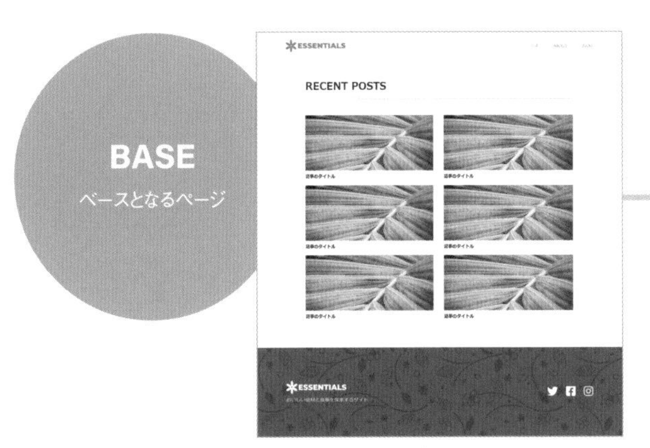

記事一覧ページ
base-blog.html

記事ページ
base-blogpost.html

ブログの記事一覧はサイトのトップページにも追加します。さらに、記事一覧ページを元にカテゴリーページも作成します。

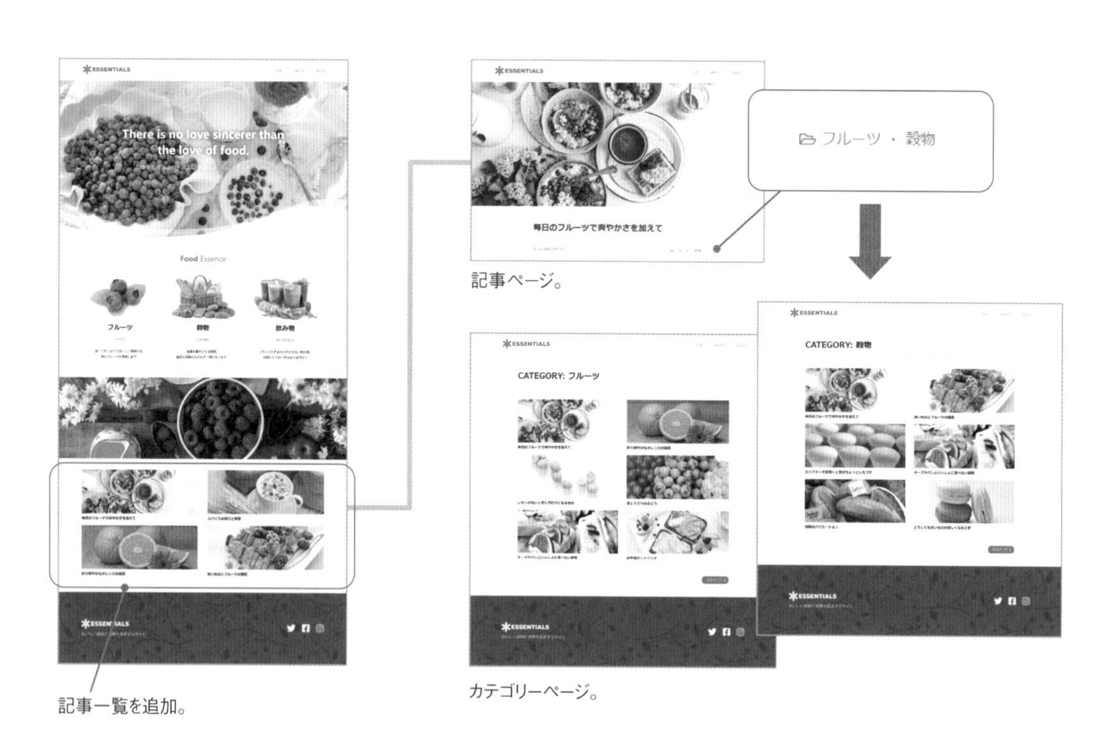

記事ページ。

記事一覧を追加。

カテゴリーページ。

ベースとなるページは横幅を可変にし、モバイルデバイスでの表示にもレスポンシブで対応しています。画像の最適化なども、レスポンシブであることを前提に設定していきます。

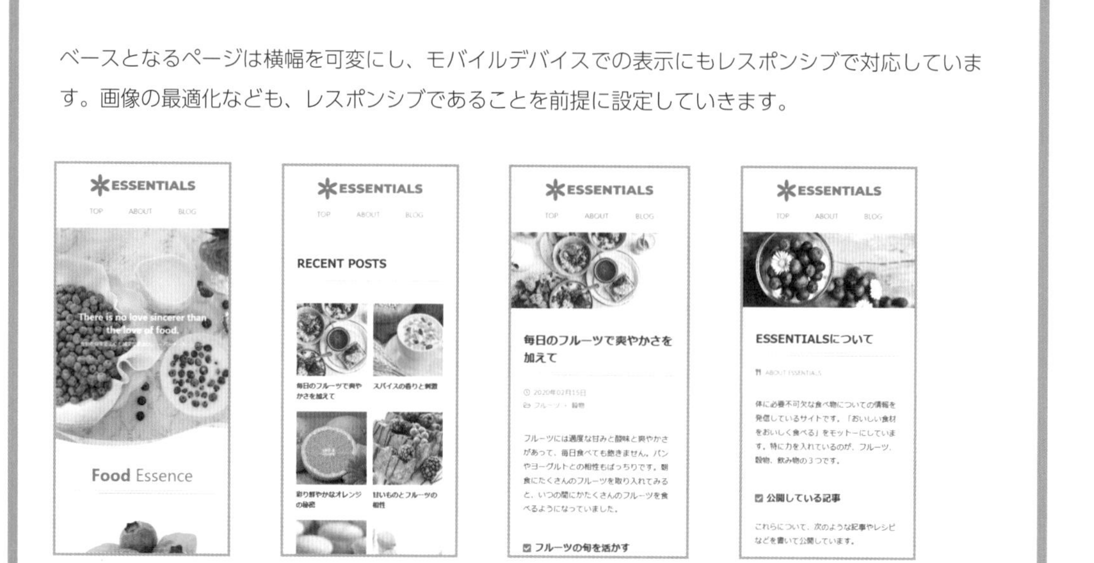

第1部

基本的なWebサイトの構築

Build blazing-fast websites with GatsbyJS

GatsbyJS

PART ONE

基本的なWebサイトの構築

第 1 部ではトップページとアバウトページを作成し、基本的な Web サイトを構築していきます。さらに、作成したページを元に、404 ページの作成も行います。

トップページ

アバウトページ

404ページ

Chapter 1

ページの作成

Build blazing-fast websites with GatsbyJS

GatsbyJS

STEP 1-1 下準備

まずはトップページを作成していくため、開発環境を整え、Gatsby でサイトを立ち上げます。

❶ 開発環境を用意する

Gatsby は React ベースのフレームワークです。まずは、以下の環境を用意します。

- Node.js (nvm)
- yarn
- git

これらをインストール&セットアップする手順については、本書ダウンロードデータ（P.7）に同梱したセットアップ PDF（setup.pdf）の「SETUP 1　開発環境の準備」を参照してください。

SETUP 1　開発環境の準備

セットアップ PDF では、

- Linux & WSL (Windows Subsystem for Linux)
- Windows10
- macOS

の各環境で準備する手順をまとめています。

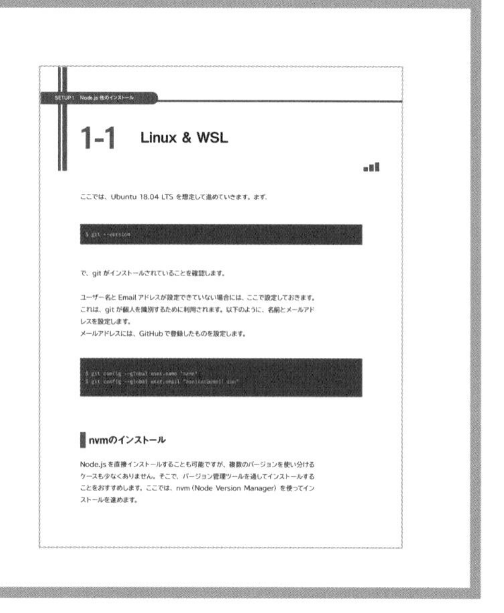

SETUP 1　Node.js 他のインストール

1-1 Linux & WSL

ここでは、Ubuntu 18.04 LTS を想定して進めていきます。まず、

```
$ git --version
```

で、git がインストールされていることを確認します。

ユーザー名と Email アドレスが設定できていない場合には、ここで設定しておきます。これは、git が個人を識別するために利用されます。以下のように、名前とメールアドレスを設定します。
メールアドレスには、GitHub で登録したものを設定します。

```
$ git config --global user.name "name"
$ git config --global user.email "[illegible]"
```

nvmのインストール

Node.js を直接インストールすることも可能ですが、複数のバージョンを使い分けるケースも少なくありません。そこで、バージョン管理ツールを通してインストールすることをおすすめします。ここでは、nvm (Node Version Manager) を使ってインストールを進めます。

❷ Gatsby CLIをインストールする

Gatsby を利用するために必要な、Gatsby CLI をインストールします。

```
$ npm install -g gatsby-cli
```

または

```
$ yarn global add gatsby-cli
```

と、入力します。
インストールが完了したら、

```
$ gatsby -v
```

で、動くことを確認しておきます。

yarnの場合

yarn でインストールした場合、gatsby コマンドにパスが通らない場合があります。その場合、次のコマンドで bin フォルダの場所を確認し、パスを通してください。

```
$ yarn global bin
```

③ スターターをダウンロードする

それでは、サイトを構築していきます。そこで、

```
$ gatsby new
```

と入力します。

すると、プロジェクト名をきいてきますので、「mysite」と入力します。

```
[moniker@workserver ~]$ gatsby new
? What is your project called? › my-gatsby-project
```

▼

```
[moniker@workserver ~]$ gatsby new
? What is your project called? › mysite
```

「mysite」と入力してReturn(Enter)キーを押します。

続いて、使用するスターターをきいてきますので、最もシンプルなスターターである、「gatsby-starter-hello-world」を選択します。

```
✔What is your project called? … mysite
? What starter would you like to use? › - Use arrow-keys.
❯   gatsby-starter-default
    gatsby-starter-hello-world
    gatsby-starter-blog
    (Use a different starter)
```

▼

```
✔What is your project called? … mysite
? What starter would you like to use? › - Use arrow-keys.
    gatsby-starter-default
❯   gatsby-starter-hello-world
    gatsby-starter-blog
    (Use a different starter)
```

上下矢印キーで「gatsby-starter-hello-world」を選択して、Return(Enter)キーを押します。

これで、「mysite」というプロジェクトフォルダが作成され、その中にスターターがダウンロードされて準備が整います。

npmとyarn

インストール中にyarnとnpmのどちらを使用するか確認された場合、上下矢印キーで選択します。ここでは「yarn」を選択します。
なお、ここからの作業ではyarnを使います。公式のチュートリアルなどでもnpmを使うとトラブルの発生する問題が存在しており、yarnを使った方が安全だからです。

```
Unpacking objects: 100% (16/16), done.
success Created starter directory layout
info Installing packages...
? Which package manager would you like to use ? › - Use arrow-keys.
❯ yarn
  npm
```

yarnを選択。

gatsby new

「gatsby new」はGatsbyを利用してサイトを作成する際の初期設定のコマンドで、次の形で使用します。

```
$ gatsby new [<project-name> [<starter-url>]]
```

project-nameには、スターターをダウンロードするプロジェクトフォルダ名を指定します。
starter-urlには、スターターのURLを指定します。スターターは、スターターライブラリに数多く登録されていますので、目的に応じて選択することができます。

Starter Library
https://www.gatsbyjs.org/starters/?v=2

starter-urlを省略した場合には、「gatsby-starter-default」がダウンロードされます。
今回のプロジェクトの場合、次のように入力しても、同じように準備が整います。

```
$ gatsby new mysite https://github.com/gatsbyjs/gatsby-starter-hello-world
```

④ スターターの確認

ダウンロードしたスターターを確認します。

```
$ cd mysite
```

で、プロジェクトフォルダ「mysite」の中に移動します。

フォルダの中には、右のようなファイルが用意されているのが確認できます。

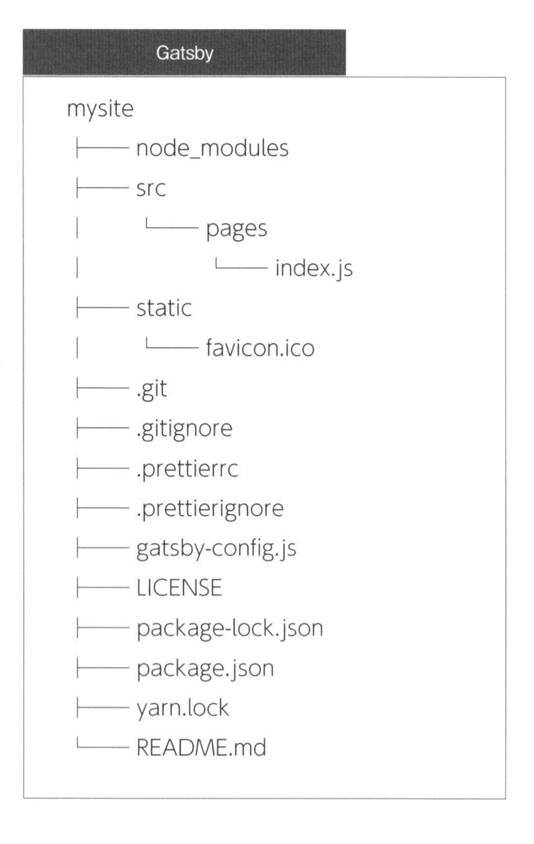

Gatsby
mysite
├── node_modules
├── src
│ └── pages
│ └── index.js
├── static
│ └── favicon.ico
├── .git
├── .gitignore
├── .prettierrc
├── .prettierignore
├── gatsby-config.js
├── LICENSE
├── package-lock.json
├── package.json
├── yarn.lock
└── README.md

⑤ 開発サーバーを起動する

プロジェクトフォルダのルートにいることを確認して、

```
$ gatsby develop
```

と入力し、プロジェクトの開発サーバー（development server）を起動します。

「http://localhost:8000/」と URL が表示されたら起動完了です。この URL にブラウザでアクセスすると、サイトのトップページが開いて「Hello world!」と表示されます。

通常は、このように開発サーバーを起動して、ページを表示した状態で作業を進めていきます。

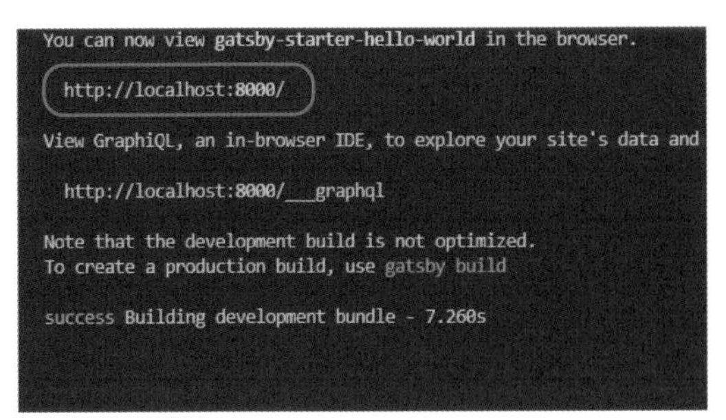
You can now view gatsby-starter-hello-world in the browser.
http://localhost:8000/
View GraphiQL, an in-browser IDE, to explore your site's data and
http://localhost:8000/___graphql
Note that the development build is not optimized.
To create a production build, use gatsby build
success Building development bundle - 7.260s

開発サーバーが起動したときの表示。

Hello world!

サイトのトップページ
http://localhost:8000/

同じネットワーク上の他のデバイスからアクセスできるようにする場合、次のコマンドで開発サーバーを起動します。起動すると、「http://localhost:8000/」に加えて、IP アドレスの URL が示されます。

```
$ gatsby develop -H 0.0.0.0
```

開発サーバーを終了させるには、「Ctrl+C」を入力します。

```
You can now view gatsby-starter-hello-world in the browser.

  Local:            http://localhost:8000/
  On Your Network:  http://192.168.0.48:8000/

View GraphiQL, an in-browser IDE, to explore your site's data and

  Local:            http://localhost:8000/___graphql
  On Your Network:  http://192.168.0.48:8000/___graphql

Note that the development build is not optimized.
To create a production build, use gatsby build

success Building development bundle - 4.500s
```

STEP

1-2　トップページを編集してみる

トップページを編集してみます。トップページの内容が記述されているのは、src/pages の中にある index.js です。そこで、このファイルをエディタで開きます。

```
import React from "react"

export default () => <div>Hello world!</div>
```

React コンポーネントの最もシンプルな形になっています。
「Hello world!」を「こんにちは」に書き換えて保存します。

```
import React from "react"

export default () => <div>こんにちは</div>
```

src/pages/index.js

「ホットリロード」と呼ばれる機能によって、開いていたトップページにリロードがかかり、ページの表示が変わります。

このように、開発サーバーを起動した状態で表示を確認しながら、トップページの編集をしていきます。

こんにちは

トップページの表示が変わります。

src/pages にあるファイルは、Gatsby ではページコンポーネントとして扱われ、サイト上のページを構成します。

トップページにもう少し手を加え、次のように書き換えて保存してみます。

```
import React from "react"

export default () => <h1>挨拶</h1> <p>こんにちは</p> <footer>Presented by Moniker</footer>
```

src/pages/index.js

再び「ホットリロード」が反応しますが、ブラウザ画面には次のようなエラーが表示されます。

Failed to compile

```
./src/pages/index.js
Module Error (from ./node_modules/eslint-loader/index.js):

/home/moniker/mysite/src/pages/index.js
  3:34  error  Parsing error: Adjacent JSX elements must be wrapped in an enclosing tag. Did you want a JSX fragment
<>...</>?

  1 | import React from "react"
  2 |
> 3 | export default () => <h1>挨拶</h1> <p>こんにちは</p> <footer>Presented by Moniker</footer>
    |                                   ^
  4 |

✖ 1 problem (1 error, 0 warnings)
```

This error occurred during the build time and cannot be dismissed.

エラーメッセージを翻訳してみると、HTMLのように見えるコードは「JSX要素（JSX elements）」として処理されていることがわかります。

```
Adjacent JSX elements must be wrapped in an enclosing tag. Did you want a JSX fragment <>...</>?

隣接するJSX要素は、囲むタグでラップする必要があります。 JSXフラグメント<> ... </>が必要ですか?
```

STEP

1-3 JSX

JSX は JavaScript の構文の拡張であり、JavaScript の中で HTML を簡単に扱うことができます。ただし、HTML そのものではなく、最終的には JavaScript に変換されるものですので、JSX のルールに従わなければなりません。

たとえば、次のように変換されます。

JSX
```
export default () => <div>Hello world!</div>
```

▼

JavaScript
```
export default (() => React.createElement("div", null, "Hello world!"));
```

JSX にはいくつかの基本ルールがあります。まずは、以下のものをおさえておいてください。

HTMLコードは1つの最上位要素でラップする必要があります

先ほどのエラーはこれが原因です。JSX では、最上位の要素は一つでなければなりません。
エラーが出たコードは次のように最上位の要素が複数になっていました。

```
import React from "react"

export default () => <h1> 挨拶 </h1> <p> こんにちは </p> <footer>Presented by Moniker</footer>
```

src/pages/index.js

そこで、先程のコードに <div> を追加し、次のように書き換えます。

```
import React from "react"

export default () => <div><h1> 挨拶 </h1> <p> こんにちは </p> <footer>Presented by Moniker</footer></div>
```

src/pages/index.js

すると、エラーが出なくなり、問題なくトップページが表示されます。

挨拶

こんにちは

Presented by Moniker

トップページの表示。

複数行でHTMLを記述するにはHTMLを括弧内に入れます

早速書き換えてみます。コードが一気に見やすくなります。

```
import React from "react"

export default () => <div><h1> 挨拶 </h1> <p> こんにちは </p> <footer>Presented by Moniker</footer></div>
```

▼

```
import React from "react"

export default () => (
  <div>
    <h1> 挨拶 </h1>
    <p> こんにちは </p>
    <footer>Presented by Moniker</footer>
  </div>
)
```

src/pages/index.js

要素は必ず閉じなければなりません

ここからはこの先で必要になるルールです。たとえば、通常の HTML では閉じなくても問題のない要素も、必ず閉じる形で記述しなければなりません。

×

```
import React from "react"

export default () => (
  <div>
    <h1> 挨拶 </h1>
    <p> こんにちは </p>
    <hr>
    <footer>Presented by Moniker</footer>
  </div>
)
```

○

```
import React from "react"

export default () => (
  <div>
    <h1> 挨拶 </h1>
    <p> こんにちは </p>
    <hr />
    <footer>Presented by Moniker</footer>
  </div>
)
```

class は className と書かなければなりません

class 属性は className と記述します。

×

```
import React from "react"

export default () => (
  <div class="contents">
    <h1> 挨拶 </h1>
    <p> こんにちは </p>
    <hr />
    <footer>Presented by Moniker</footer>
  </div>
)
```

○

```
import React from "react"

export default () => (
  <div className="contents">
    <h1> 挨拶 </h1>
    <p> こんにちは </p>
    <hr />
    <footer>Presented by Moniker</footer>
  </div>
)
```

style属性の値は {{}} の中に書かなければなりません

style 属性の値は次のような形で記述します。

×

```
import React from "react"

export default () => (
  <div className="contents">
    <h1 style="color:red; font-weight: normal;">挨拶</h1>
  </div>
)
```

○

```
import React from "react"

export default () => (
  <div className="contents">
    <h1 style={{ color: "red", fontWeight: "normal" }}>挨拶</h1>
  </div>
)
```


式（Expression）をJSXの中で使う場合は {} で囲います

JavaScript の式（Expression）は { } で囲うことで、JSX の中に埋め込むことができます。

```
import React from "react"

const hello = "こんにちは"

export default () => (
  <div class="contents">
    <h1>挨拶 {hello}</h1>
  </div>
)
```

▶

挨拶 こんにちは

それでは、ページを作成していきます。

STEP 1-4 トップページを取り込む

ダウンロードデータに同梱したベースとなるトップページ（base-index.html）から <body> の中身をコピーし、index.js に取り込みます。

ただし、コピーしたHTMLはJSXへの変換が必要です。問題点を確認しながら修正しても構いませんが、ここではオンラインの変換ツール（HTML to JSX）を利用します。
コピーしたHTMLの変換ポイントは右のとおりです。

変換ポイント

- 全体を <div>でマークアップ
- class 属性 → className
- <img> → <img />
-
 →
- <i></i> → <i />

HTML to JSX
https://magic.reactjs.net/htmltojsx.htm

ベースとなるトップページ: base-index.html

```
<!DOCTYPE html>
<html lang="ja">
…
<body>

<header class="header">
  <div class="container">
    <div class="site">
      <a href="index.html">
        <img src="images/logo.svg" alt="ESSENTIALS">
      </a>
    </div>
  …
  </div>
</header>

<section class="hero">
…
    <h1>There is no love sincerer than<br>
    the love of food.</h1>
…
</section>

<section class="food">
…
</section>

<section class="photo">
…
</section>

<footer class="footer">
  <div class="container">
  …
    <ul class="sns">
      <li>
        <a href="https://twitter.com/">
          <i class="fab fa-twitter"></i>
          <span class="sr-only">Twitter</span>
        </a>
      </li>
      …
    </ul>
  </div>
</footer>

</body>
</html>
```

JSXに変換してコピー

Gatsby: src/pages/index.js

```
import React from "react"

export default () => (
 <div>
  <header className="header">
    <div className="container">
      <div className="site">
        <a href="index.html">
          <img src="images/logo.svg" alt="ESSENTIALS" />
        </a>
      </div>
    …
    </div>
  </header>

  <section className="hero">
  …
      <h1>There is no love sincerer than<br />
      the love of food.</h1>
  …
  </section>

 <section className="food">
 …
 </section>

 <section className="photo">
 …
 </section>

 <footer className="footer">
   <div className="container">
   …
     <ul className="sns">
       <li>
         <a href="https://twitter.com/">
           <i className="fab fa-twitter" />
           <span className="sr-only">Twitter</span>
         </a>
       </li>
       …
     </ul>
   </div>
 </footer>

 </div>
)
```

ESSENTIALS

- TOP
- ABOUT

There is no love sincerer than the love of food.

食物を愛するよりも誠実な愛はない ― バーナード・ショー

Food Essence

フルーツ

FRUIT

甘くてすっぱくておいしい果実たち。
旬のフルーツを満喫します。

穀物

GRAIN

食事の基本となる穀物。
毎日の活動のエネルギー源になります。

飲み物

BEVERAGE

リラックスするのに欠かせない飲み物。
お気に入りの一杯はありますか？

Photo

赤く熟したベリー

ESSENTIALS

おいしい食材と食事を探求するサイト

- Twitter
- Facebook
- Instagram

これで、Gatsbyで作成しているトップページが右のような表示になります。この段階では画像やアイコンフォントは表示されません。

> 「HTML to JSX」では <i></i> を <i /> に変換しますが、どちらの記述も閉じているため、元の記述のままでも問題はありません。

HTML to JSXを使った変換

HTML to JSX では、左側の画面に HTML を入力すると、右側に変換結果の JSX が表示されますので、コピーして利用します。

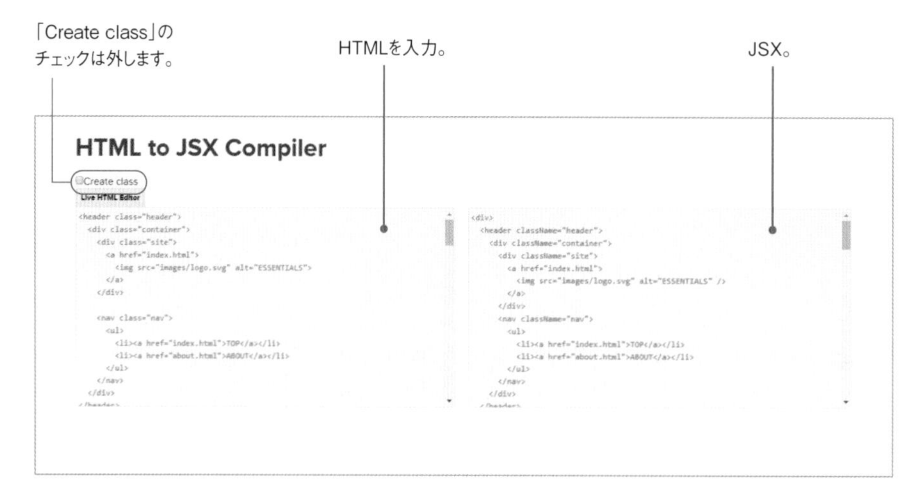

HTML to JSX
`https://magic.reactjs.net/htmltojsx.htm`

装飾目的の画像のaltの記述について

ベースとなるページのHTMLでは、装飾目的の画像のalt属性は値を空にして<img alt="">と記述し、装飾目的であることを明示しています。

この記述は、使用するJSXの変換ツールによっては<img alt />と変換される場合があります。しかし、GatsbyのESLintでは開発サーバーを起動したシェルにWarningが表示され、装飾目的の画像では「alt=""」と記述するように言われます。

```
import React from "react"

export default () => (
  <div class="contents">
    <img src="/images/hero.jpg" alt />
  </div>
)
```

```
success extract queries from components - 0.025s
warn ESLintError:
/home/moniker/mysite/src/pages/index.js
  5:5  warning  Invalid alt value for img. Use alt="" for presentational images

✖1 problem (0 errors, 1 warning)

success Re-building development bundle - 0.635s
```

▼

Warningが出ないようにするためには、<img alt="" />と記述します。なお、HTML to JSXで変換した場合は<img alt="" />となっています。

```
import React from "react"

export default () => (
  <div class="contents">
    <img src="/images/hero.jpg" alt="" />
  </div>
)
```

STEP
1-5 画像の表示

続いて、画像を表示します。Gatsby の機能を利用した最適化はこの段階では行わず、static フォルダを使った基本的な方法で表示します。

① 画像を用意する

まずは、プロジェクトフォルダのルートにある static/ フォルダ内に画像をコピーします。ここではベースとなるページで使用している images フォルダをそのままコピーします。

ベースとなるページ

```
base
├── base-index.html
├── favicon.ico
├── images
│    └── about.jpg
│    └── berry.jpg
│    └── beverage.jpg
│    └── fruit.jpg
│    └── grain.jpg
│    └── hero.jpg
│    └── icon.png
│    └── logo.svg
│    └── logo-w.svg
│    └── pattern.jpg
│    └── wave.svg
├── style.css
…
```

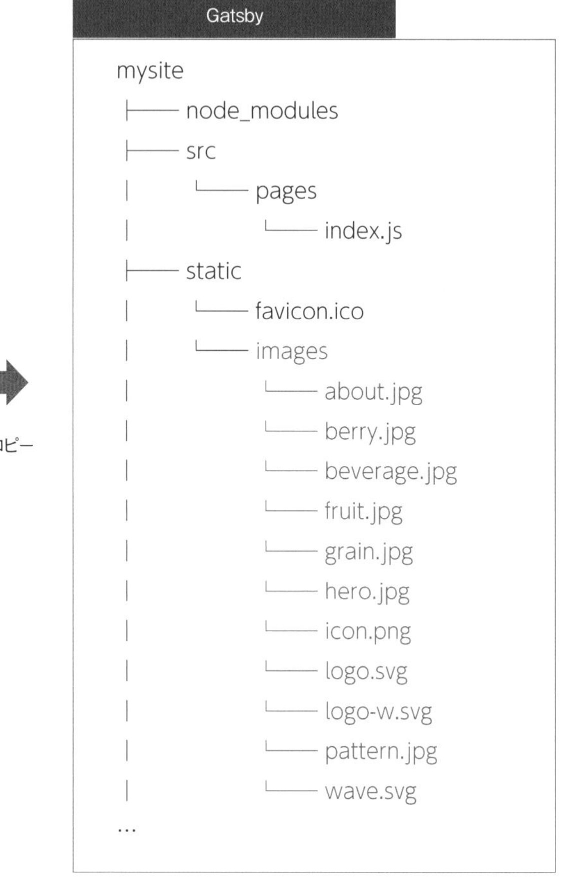

② 画像を表示する

static/ フォルダの中身は Gatsby が作成するサイトのサイトルートに置かれます。そのため、static/images/ 内の画像はサイト内のどのページからも「/images/ ~」で読み込むことができます。たとえば、static/images/logo.svg は「/images/logo.svg」で読み込みます。

index.js では元になるページの記述のまま相対パスでの指定になっています。トップページの URL は「/」なため、相対パスのままでも画像は表示されます。しかし、ページの階層構造が変わると表示されなくなりますので、ここでは念のため絶対パスの形「/images/ ~」に書き直しています。

```
import React from "react"

export default () => (
 …
 <img src="/images/logo.svg" alt="ESSENTIALS" />
 …
 <img src="/images/hero.jpg" alt="" />
 …
 <img src="/images/wave.svg" alt="" />
 …
 <img src="/images/fruit.jpg" alt="" />
 …
 <img src="/images/grain.jpg" alt="" />
 …
 <img src="/images/beverage.jpg" alt="" />
 …
 <img src="/images/berry.jpg" alt=" 赤く熟したベリー " />
 …
 <img src="/images/logo-w.svg" alt="ESSENTIALS" />
  …
)
```

src/pages/index.js

1

❸ ファビコンを変える

static/ フォルダ内には Gatsby が標準で用意したファビコン画像（favicon.ico）が入っています。サイトではこの favicon.ico がサイトルートに置かれるため、HTML で指定しなくてもブラウザがファビコンとして認識し、タブなどの表示に使用されます。

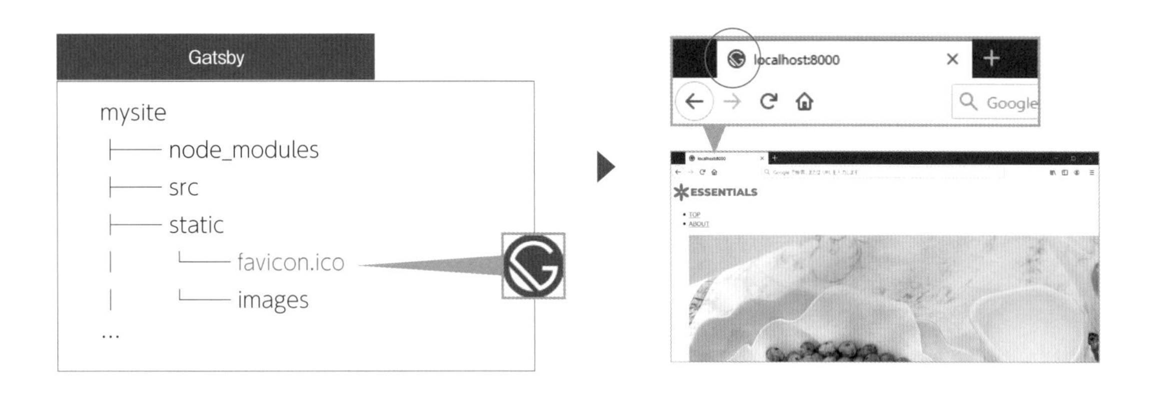

favicon.ico を作成するサイトのものに置き換えます。

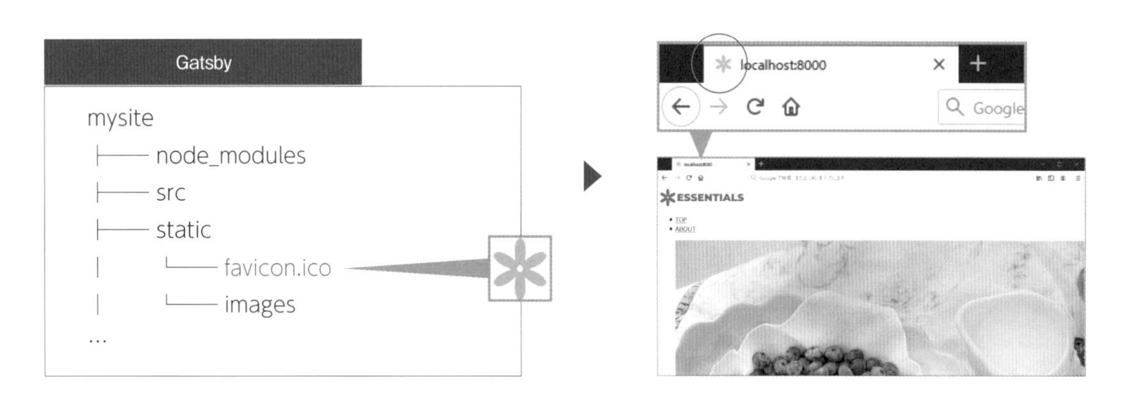

favicon.icoを変更してもブラウザのキャッシュがきいて表示が変わらない場合、スーパーリロード（キャッシュをクリアしてリロードする）を行います。スーパーリロードの方法はブラウザによってさまざまですが、主要ブラウザでは以下のいずれかの方法で実行できます。

- Shift + 更新ボタン
- Ctrl + 更新ボタン
- Ctrl + Shift + R

ファビコンはHTMLの<link>で指定して表示する方法もあり、複数サイズのアイコン画像を指定することができます。
この方法での設定はP.173で行います。

STEP
1-6 CSSを適用する

ベースとなるページではデザインやレイアウトに関する設定をCSSファイル（style.css）に記述し、すべてのページに適用しています。そこで、このCSSファイルをコピーし、同じようにGatsbyでもサイト内のすべてのページに適用するように設定していきます。

❶ CSSを用意する

CSSファイル（style.css）はsrc/styles/にコピーします。stylesフォルダは用意されていませんので、作成します。

ベースとなるページ

```
base
├── base-index.html
├── favicon.ico
├── images
├── style.css
…
```

コピー

Gatsby

```
mysite
├── node_modules
├── src
│     └── pages
│           └── index.js
│     └── styles
│           └── style.css
├── static
…
```

```
@charset "UTF-8";

/* 基本 */
body {
   font-family: sans-serif;
   color: #222;
}
…
```

src/styles/style.css

② CSSを適用する

CSS を適用するため、プロジェクトフォルダのルートに gatsby-browser.js というファイルを作成します。gatsby-browser.js には style.css を読み込む設定を記述します。

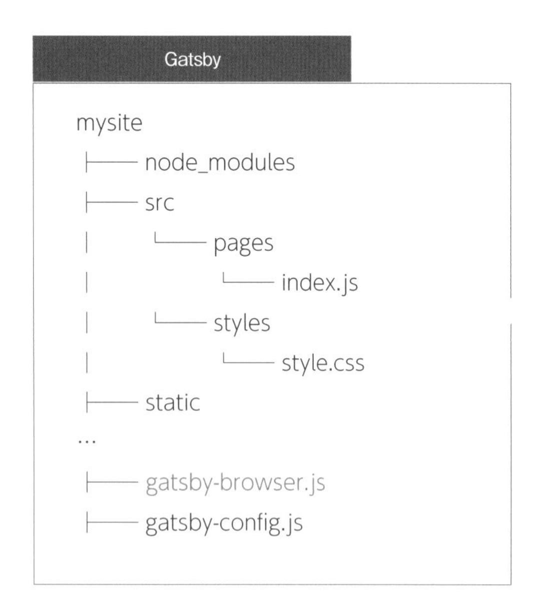


```
import "./src/styles/style.css"
```

gatsby-browser.js

gatsby-browser.js

Gatsbyのブラウザでの動作を設定するファイルです。
ここでは、グローバルCSSの設定を行っています。
Gatsby Browser APIの設定を行うのもこのファイルです。

https://www.gatsbyjs.org/docs/browser-apis/

gatsby-browser.js の設定を反映させるため、開発サーバーを起動しなおします。しかし、起動中に次のようにエラーが表示されてしまいます。「Can't resolve './images/pattern.jpg' in '/home/moniker/mysite/src/styles'」と出ていることから、style.css 内で指定した画像 pattern.jpg の記述に問題がありそうです。

```
success run queries - 0.056s - 2/2 36.03/s

 ERROR #98123  WEBPACK

Generating development JavaScript bundle failed

Can't resolve './images/pattern.jpg' in '/home/moniker/mysite-fix/src/styles'

File: src/styles/style.css

failed Building development bundle - 5.061s
```

開発サーバーの起動画面。

❸ CSS内の画像のパスを修正する

style.css で「pattern.jpg」を検索すると、フッターの背景画像として background-image で指定されています。pattern.jpg は STEP 1-5（P.48）でコピーした画像に含まれていますが、相対パスで指定されています。

そこで、絶対パスでの指定に書き換えます。すると、エラーは出なくなり、CSS が適用された形でトップページが表示されます。もちろん、pattern.jpg も表示されています。


```
/* フッター */
.footer {
   padding-top: 60px;
   padding-bottom: 60px;
   color: #fff;
   background-image: url(images/pattern.jpg);
   background-size: cover;
   background-color: #477294;
}
```

▼

```
/* フッター */
.footer {
   padding-top: 60px;
   padding-bottom: 60px;
   color: #fff;
   background-image: url(/images/pattern.jpg);
   background-size: cover;
   background-color: #477294;
}
```

src/styles/style.css

CSSが適用された形で表示されます。

フッターの背景には
pattern.jpgが表示されます。

以上で、ベースとなるページを持ってきて、Gatsby が作るサイトの最低限の構成に載せる設定は完了です。ただし、Gatsby の機能はまだまだ使っていないため、次の章から本格的に使っていきます。

なお、次の章に行く前に、できあがったサイトを公開する方法を確認しておきます。

STEP 1-7 できあがったサイトを公開してみる

サイトが形になったら、公開してみましょう。

ビルドする

サイトを公開するためには、開発用のサーバーを停止して

```
$ gatsby build
```

と入力して、ビルド処理を実行します。

問題がなければ、public/ フォルダの中にサイトのデータができあがります。これを公開すれば完了です。

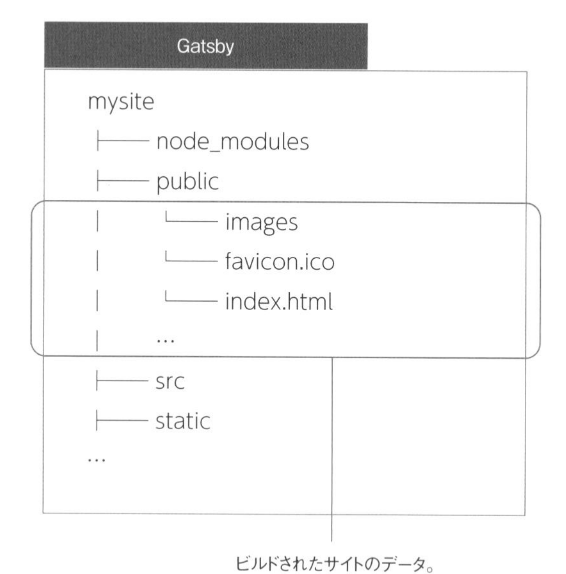

ビルドされたサイトのデータ。

「gatsby develop」や「gatsby build」でエラーが出たり、思い通りの結果にならないといった場合には、

```
$ gatsby clean
```

でキャッシュを削除して再度処理を行ってみます。それでも解決しない場合は、コードを確認してしっかりと修正しなければなりません。

ビルドしたサイトの表示を確認する

ビルドしたサイトの表示を確認する場合、

```
$ gatsby serve
```

と入力します。次のように表示されますので、「http://localhost:9000/」にアクセスし、サイトの表示を確認します。

確認を終了する場合は「Ctrl+C」を入力します。

ビルドしたサイトが表示されます。
http://localhost:9000/

サイトを公開する

Gatsbyで作成したサイトは、FTPなどを利用しなくても、手軽に公開・更新することができます。本書ではGitHubとNetlifyを組み合わせて公開・更新し、オンラインでの表示を確認していきます。
詳しい公開･更新手順については、本書ダウンロードデータに同梱したセットアップPDF（setup.pdf）の「SETUP 3　サイトの公開」を参照してください。

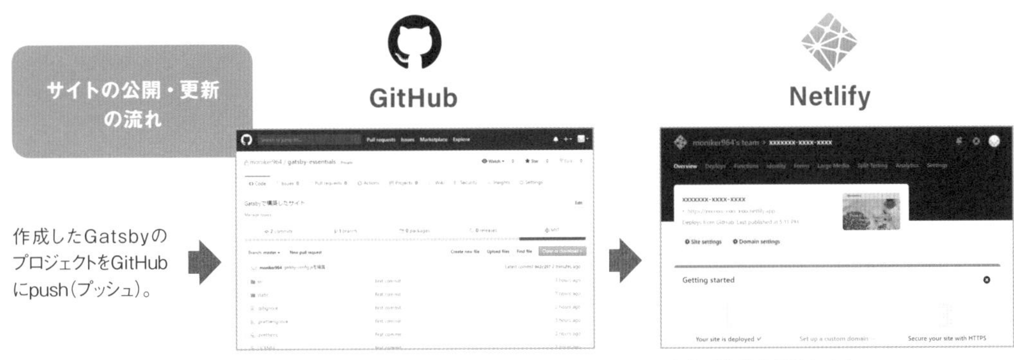

サイトが公開･更新されます。

パフォーマンスを測定する

サイトを公開したら、パフォーマンスを測定できるようになります。
たとえば、Netlify でサイトを公開し、Google の Lighthouse で測定してみると、次のように結果が表示されます。ページが静的に生成されているため、この段階でも十分に高速なスコアが出ています。

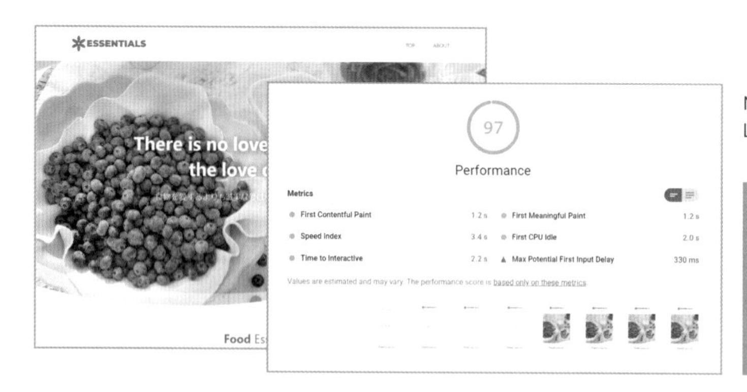

Netlifyで公開したサイトをLighthouseで測定したもの。

> LighthouseはChromeの拡張機能などで利用できます。
> https://developers.google.com/web/tools/lighthouse?hl=ja

ただし、画像は最適化を行っておらず、static/ フォルダに置いた画像を <img src=" ~ " /> で直接読み込んでいるだけですので、表示がワンテンポ遅くなる重たい表示になります。
次の章では画像の最適化を行い、こうした表示を改善していきます。

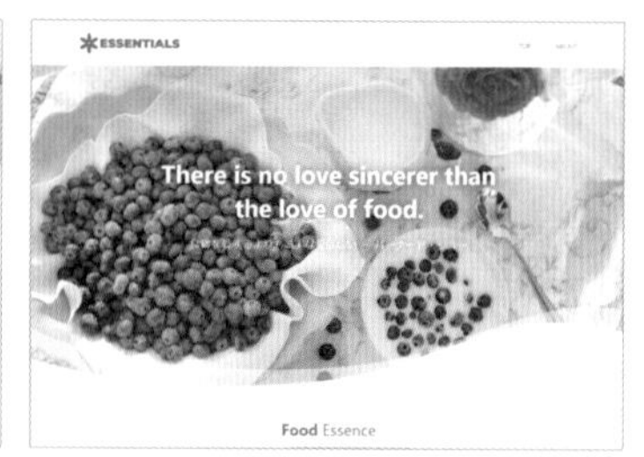

> **表示CHECK**
>
> Chapter 1の完成サンプル
> https://gatsby-essentials-1.netlify.app/

Chapter 2

画像の最適化

STEP

2-1 Gatsbyで画像を扱うための準備

Gatsby では、gatsby-image という非常に強力な機能が用意されています。この機能を利用することで、

- 劣化が目立たない範囲で圧縮
- ファイルサイズが小さくなるフォーマット WebP を使用
- デバイスの画面サイズや解像度に応じて適切なサイズで表示
- 遅延読み込み (Lazy Load)

といった、最適化や高速化をすべて処理してくれます。

ただし、Gatsby ではファイルの読み込みや、外部からのデータの入力をする際には、GraphQL を利用するのが基本となります。画像ファイルも同様で、GraphQL を通して読み込むことになります。
そこで、GraphQL を試してみましょう。

❶ GraphQLを試してみる

GraphQL は、Facebook が開発した API のためのクエリ言語です。現在では、OSS として開発が行われています。

API のためのクエリ言語と言われてもなかなかピンとこないのですが、GraphQL を通すことでどこからのデータも同じように扱うことが可能になります。さまざまなデータを同じように扱えるのは、とても便利です。

また、Gatsby では簡単に試すことのできる環境が用意されています。

```
$ gatsby develop
```

で開発サーバーを起動すると、次のように表示されます。

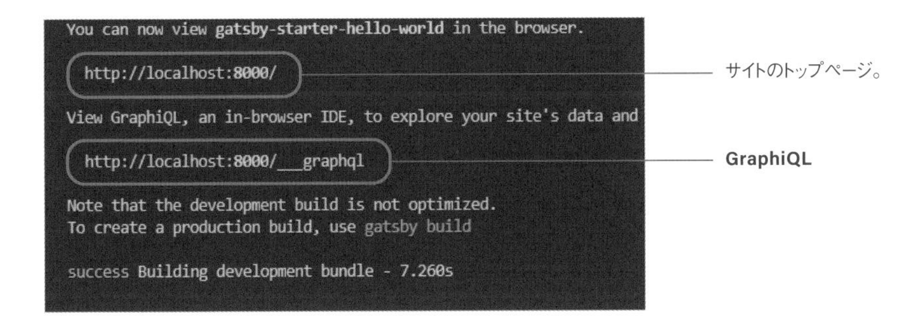

上の URL にアクセスするとサイトのトップページが開きますが、下の URL では GraphQL の IDE（統合開発環境）である「**GraphiQL**」を開くことができます。

GraphiQL にアクセスすると、3つのパーツに別れたページが開きます。一番左の Explorer では、現在扱うことのできるデータが階層構造で表示されています。Gatsby では、プラグインを追加することで扱う対象を増やすことが可能です。

Explorerで取得したいデータをチェックしていくと、その隣にqueryを構築できます。queryができあがったら、上部の ▶（queryの実行ボタン）をクリックします。すると、このqueryで得られるデータが、さらにその右側に表示されます。

たとえば、Explorerで「site」内の「host」と「port」にチェックを付けると、queryが構築され、▶ をクリックすることでデータが得られます。

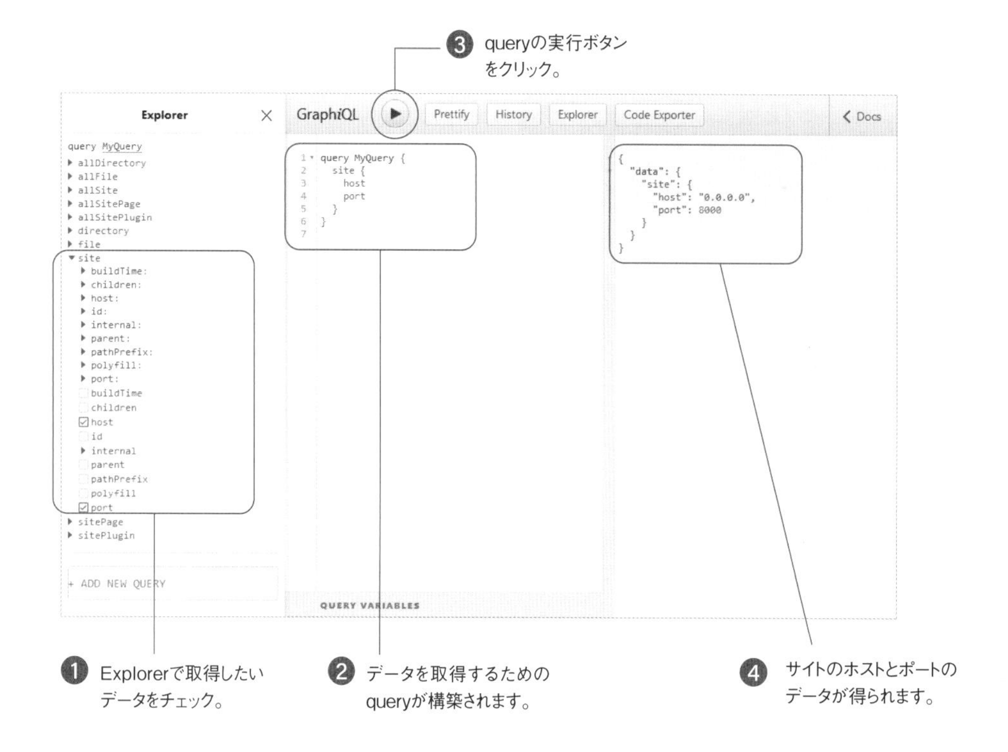

Gatsbyでは、こうして得られたデータを加工し、ページを作成していくことになります。

❷ 画像を準備する

GraphQL を利用して画像を読み込むため、static/ に置いた画像を src/ にコピーします。
ここでは images/ フォルダごとコピーします。
なお、作業中に画像が表示されなくなるのを避けるため、static/ に置いた画像は残しておき、
最適化の設定が終わったら削除します。

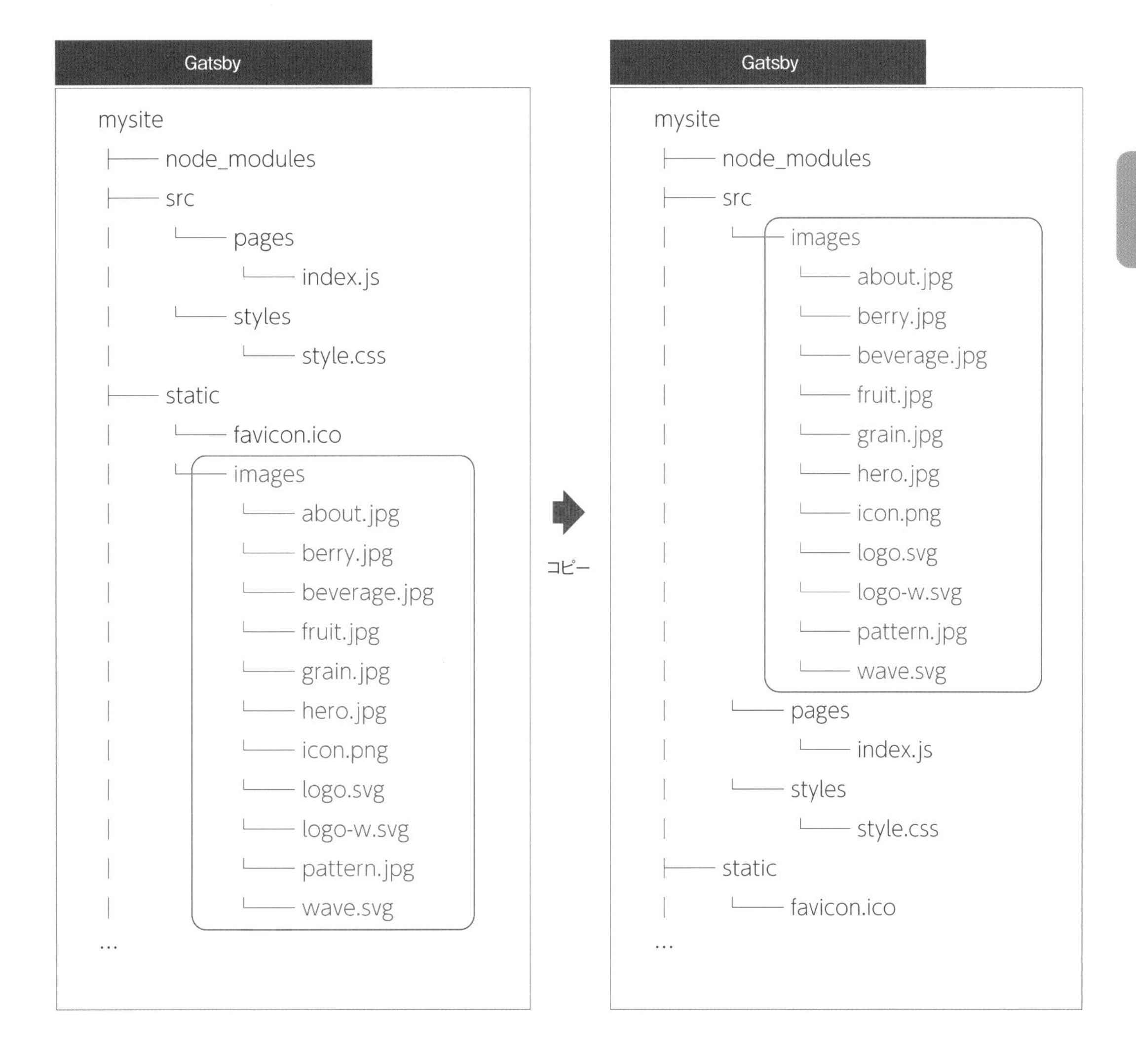

③ プラグインを準備する

画像を扱うのに必要なプラグインを準備していきます。まずは、gatsby-image をインストールします。

```
$ yarn add gatsby-image
```

続けて、gatsby-transformer-sharp と gatsby-plugin-sharp をインストールします。

```
$ yarn add gatsby-transformer-sharp gatsby-plugin-sharp
```

さらに、ファイルを扱う gatsby-source-filesystem をインストールします。

```
$ yarn add gatsby-source-filesystem
```

プロジェクトフォルダのルートにある gatsby-config.js に、右のようにプラグインの設定を追加します。gatsby-source-filesystem のオプションでは GraphQL で見に行く場所を指定します。ここでは画像を入れたフォルダ src/images/ を指定しています。

gatsby-image
https://www.gatsbyjs.org/packages/gatsby-image/

gatsby-transformer-sharp
https://www.gatsbyjs.org/packages/gatsby-transformer-sharp/

gatsby-plugin-sharp
https://www.gatsbyjs.org/packages/gatsby-plugin-sharp/

```
/**
 * Configure your Gatsby site with this file.
 *
 * See: https://www.gatsbyjs.org/docs/gatsby-config/
 */

module.exports = {
  /* Your site config here */
  plugins: [
    `gatsby-transformer-sharp`,
    `gatsby-plugin-sharp`,
    {
      resolve: `gatsby-source-filesystem`,
      options: {
        name: `images`,
        path: `${__dirname}/src/images/`,
      },
    },
  ],
}
```

gatsby-config.js

gatsby-config.js

作成するサイトのメタデータや、プラグインの設定を始め、サイトの構成を設定するファイルです。
Gatsby Config APIの設定もこのファイルで行います。

https://www.gatsbyjs.org/docs/gatsby-config/

gatsby-source-filesystem

ローカルにあるファイルを読み込むために必要なプラグインです。ファイルパスを生成するためのcreateFilePathや、リモートのデータをローカルにダウンロードして扱うcreateRemoteFileNodeなどのHelper functionsの機能も持っています。

https://www.gatsbyjs.org/packages/gatsby-source-filesystem/

❹ GraphiQLで確認する

プラグインを追加したら開発サーバーを起動しなおし、**GraphiQL** にアクセスして、プラグインが機能するようになったことを確認します。
Explorerを見ると、「allImageSharp」と「ImageSharp」というフィールドが増えていることがわかります。また、「allFile」や「file」内に「childImageSharp」というフィールドも増えています。
これらを利用して画像に関するデータにアクセスし、画像を最適化した設定に置き換えていきます。

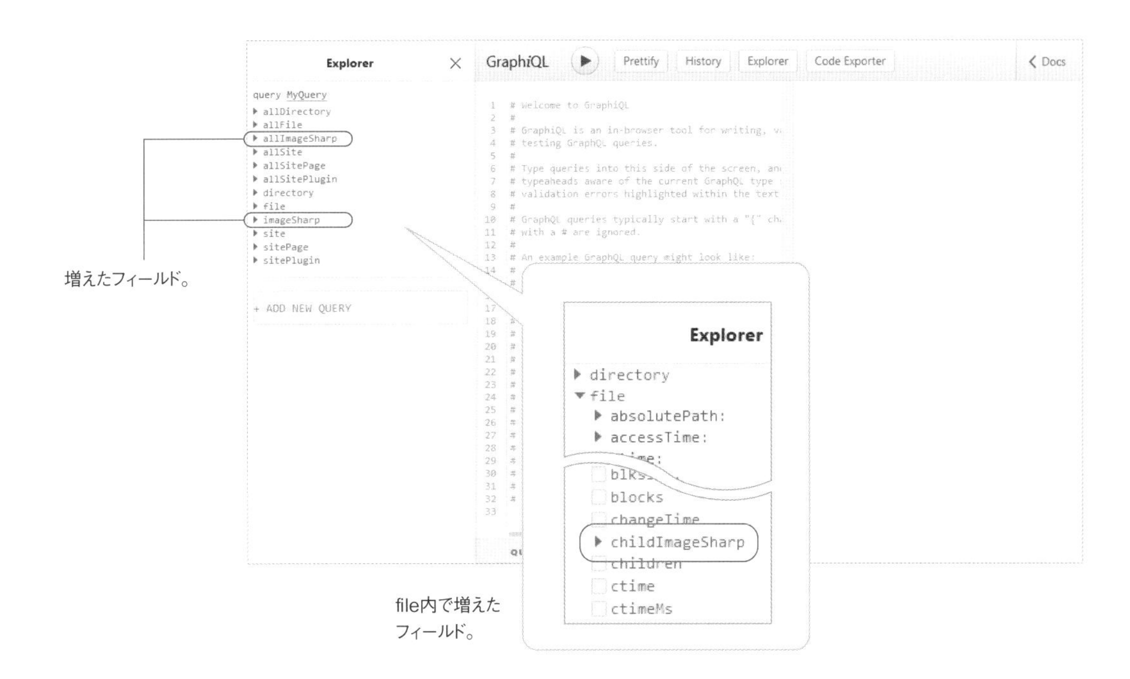

STEP

2-2 画像を最適化した設定に置き換える

まずは、ヒーローイメージとして表示している画像（hero.jpg）を最適化した設定に置き換えてみます。

❶ 最適化したい画像の表示を確認する

最適化した設定にするため、hero.jpg のオリジナルの画像サイズと、トップページでどのように表示しているかを確認しておきます。

hero.jpg の場合、オリジナルの画像サイズは 1600 × 1067 ピクセルです。これを画面の横幅に合わせて可変（fluid）な表示にしています。

hero.jpg（1600×1067ピクセル）。

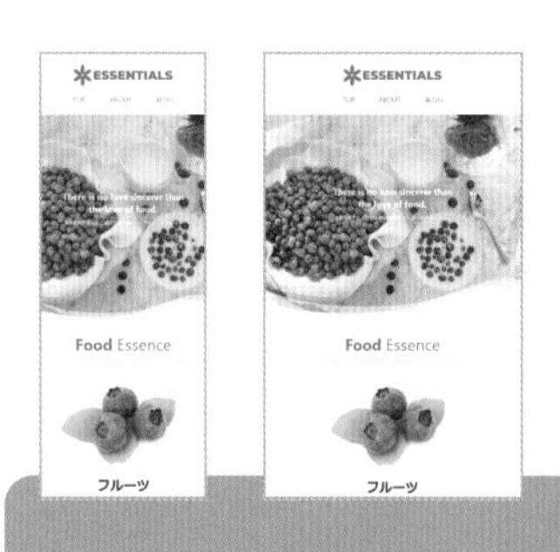

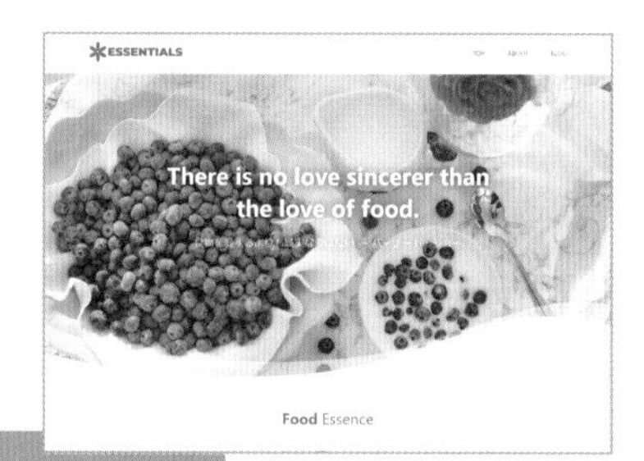

画面の横幅を変えたときの表示

② クエリを作成する

hero.jpg のデータを取得するクエリを作成していきます。ポイントとなるのは、プラグインで増えたフィールドの中からどれを使うかです。ここでは画像のファイル名をキーにしてデータを取得するため、file の中の childImageSharp フィールドを利用します。

そこで、**GraphiQL** の Explorer で file > relativePath にチェックを付け、次のようにクエリを作成して実行します。
src/images/ フォルダ内の画像のファイル名が取得されます。ここでは「icon.png」というファイル名が取得されています。これにより、画像のファイル名をキーとして利用できることがわかります。

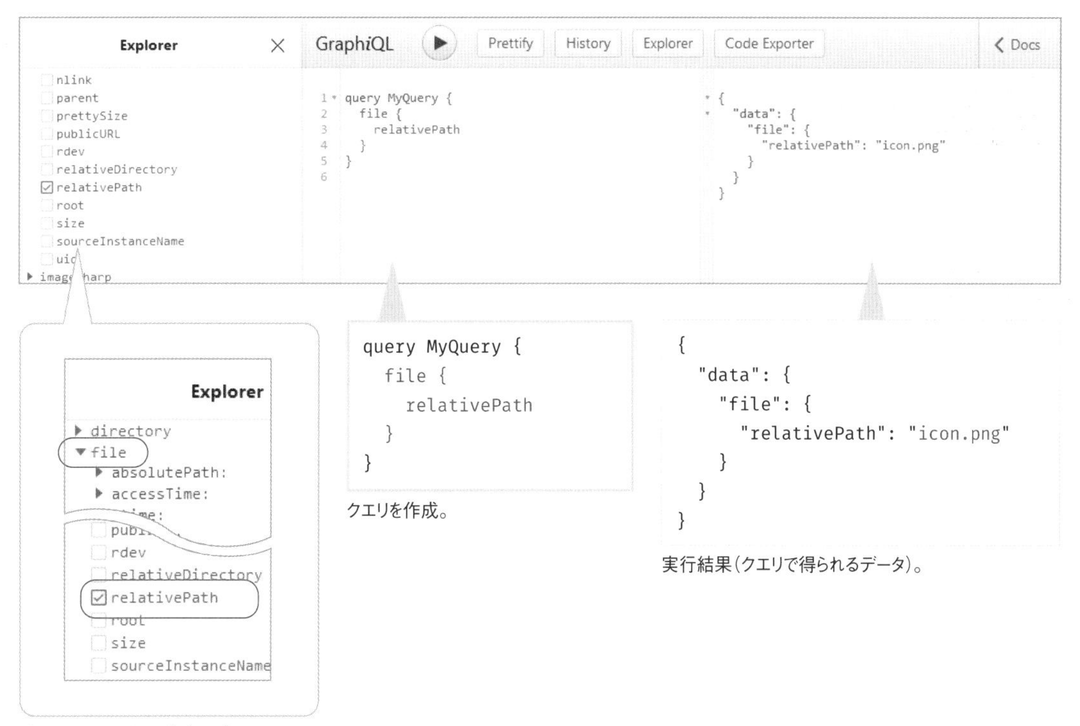

file>relativePathをチェック。

```
query MyQuery {
  file {
    relativePath
  }
}
```

クエリを作成。

```
{
  "data": {
    "file": {
      "relativePath": "icon.png"
    }
  }
}
```

実行結果(クエリで得られるデータ)。

③ hero.jpgに関するデータを取得する

画像のファイル名をキーとして、hero.jpg に関するデータを取得します。そのためには、file の上部に用意された紫色の部分から引数を渡します。

relativePath > eq にチェックを付けるとキーを入力するように求められますので、「hero.jpg」と入力します。

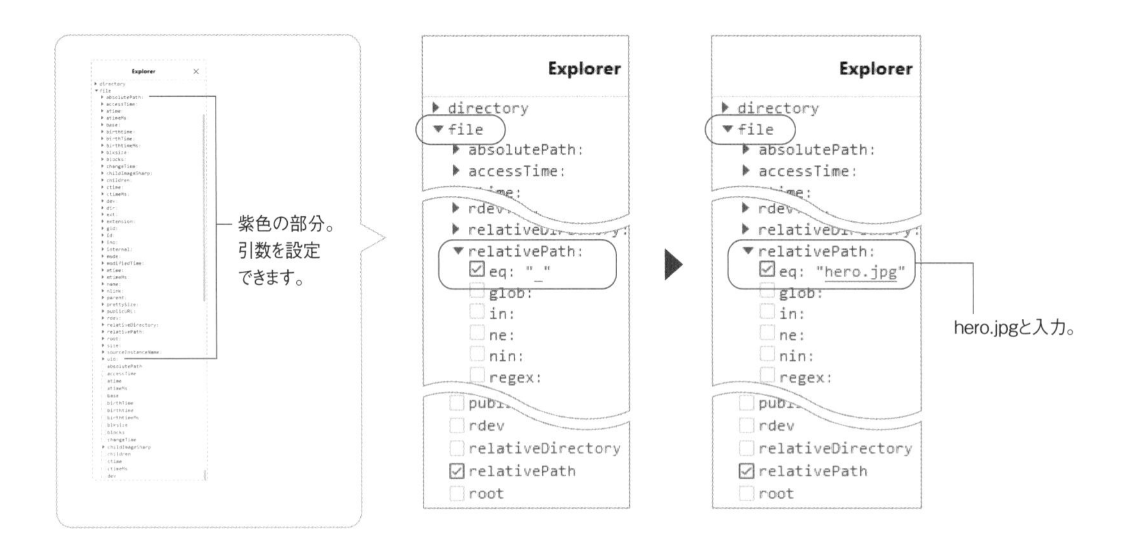

クエリに設定が追加されます。実行すると、relativePath で得られる値が「hero.jpg」になります。

```
query MyQuery {
  file(relativePath: {eq: "hero.jpg"}) {
    relativePath
  }
}
```

```
{
  "data": {
    "file": {
      "relativePath": "hero.jpg"
    }
  }
}
```

④ 可変な画像を最適化するのに必要なデータを取得する

可変（fluid）な画像を最適化するのに必要なデータを取得するため、file > childImageSharp > fluid 内のフィールドにチェックを付けます。ここでは標準的な最適化設定のうち、「対応ブラウザでは WebP フォーマットで画像を表示する」設定にしたいので、fluid 内の右のフィールドにチェックを付けています。

なお、relativePath のデータは不要なため、file > relativePath フィールドのチェックは外してクエリを作成しています。

- base64
- aspectRatio
- src
- srcSet
- srcWebp
- srcSetWebp
- sizes

file>childImageSharp>fluid内のフィールド。

```
query MyQuery {
  file(relativePath: {eq: "hero.jpg"}) {
    childImageSharp {
      fluid {
        base64
        aspectRatio
        src
        srcSet
        srcWebp
        srcSetWebp
        sizes
      }
    }
  }
}
```

```
{
  "data": {
    "file": {
      "childImageSharp": {
        "fluid": {
          "base64": "data:image/jpeg;base64…",
          "aspectRatio": 1.499531396438613,
          "src": "/…/hero.jpg",
          "srcSet": "/…f836f/hero.jpg 200w,…2244e/
hero.jpg 400w,…14b42/hero.jpg 800w,…47498/hero.jpg
1200w,…0e329/hero.jpg 1600w",
          "srcWebp": "/…/hero.webp",
          "srcSetWebp": "/…61e93/hero.webp 200w,…
1f5c5/hero.webp 400w,…58556/hero.webp 800w,…99238/
hero.webp 1200w,…7c22d/hero.webp 1600w",
          "sizes": "(max-width: 800px) 100vw, 800px"
        }
      }
    }
  }
}
```

取得されたデータを見ると、横幅 200、400、800、1200、1600 ピクセルの画像が用意されていることがわかります。これらは gatsby-plugin-sharp によって生成されたものです。

ただし、sizes の値が「(max-width: 800px) 100vw, 800px」となっているため、この画像の最大幅は 800 ピクセルで処理されます。その結果、用意された横幅 1200 と 1600 ピクセルの画像は高解像度な端末でしか使用されないことになります。

hero.jpg の場合、オリジナルの横幅が 1600 ピクセルあります。そこで、fluid の引数で maxWidth を「1600」と指定し、画像の最大幅を 1600 ピクセルに変更します。sizes の値が「(max-width: 1600px) 100vw, 1600px」になったことが確認できます。

以上で、クエリの作成は完了です。

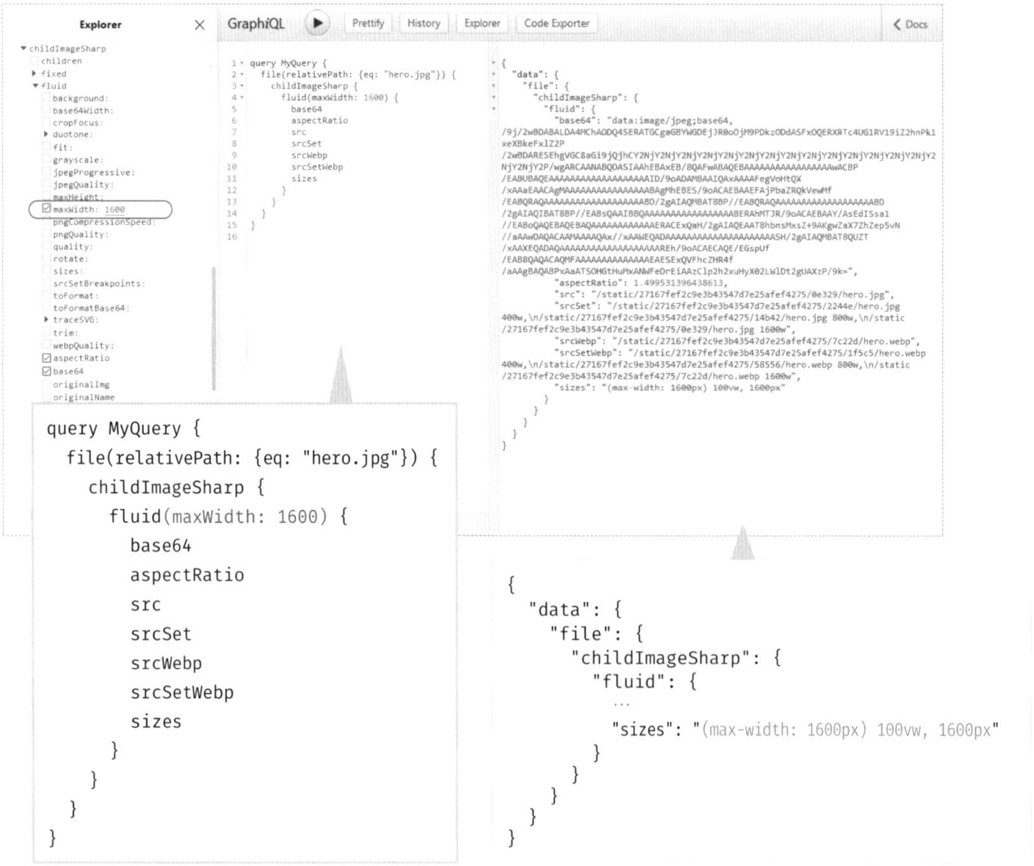

Explorer

```
▼childImageSharp
  children
  ▶ fixed
  ▼ fluid
    background:
    base64Width:
    cropFocus:
    ▶ duotone:
    fit:
    grayscale:
    jpegProgressive:
    jpegQuality:
    maxHeight:
    ☑ maxWidth: 1600
    pngCompressionSpeed:
    pngQuality:
    quality:
    rotate:
    sizes:
    srcSetBreakpoints:
    toFormat:
    toFormatBase64:
    ▶ traceSVG:
    trim:
    webpQuality:
    ☑ aspectRatio
    ☑ base64
    originalImg
    originalName
```

GraphiQL Prettify History Explorer Code Exporter < Docs

```
1  query MyQuery {
2    file(relativePath: {eq: "hero.jpg"}) {
3      childImageSharp {
4        fluid(maxWidth: 1600) {
5          base64
6          aspectRatio
7          src
8          srcSet
9          srcWebp
10         srcSetWebp
11         sizes
12       }
13     }
14   }
15 }
16
```

```
{
  "data": {
    "file": {
      "childImageSharp": {
        "fluid": {
          "base64": "data:image/jpeg;base64,
```

```
/9j/2wBDABALDA4MChAODQ4SERATGCgaGBYWGDEjJR0oOjM9PDkzODdASFxOQERXRTc4UG1RV19iZ2hnPk1
xeXBkeFxlZ2P
/2wBDARESEhgVGC8aGi9jQjhCY2NjY2NjY2NjY2NjY2NjY2NjY2NjY2NjY2NjY2NjY2NjY2NjY2NjY2NjY2
NjY2NjY2P/wgARCAANABQDASIAAhEBAxEB/8QAFwABAQEBAAAAAAAAAAAAAAAAAAwACBP
/EABUBAQEAAAAAAAAAAAAAAAAAAAID/9oADAMBAAIQAxAAAAFegVoHtQX
/xAAaEAACAgMAAAAAAAAAAAAAAAABAgMhEBES/9oACAEBAAEFAjPbaZRQkVewMf
/EABQRAQAAAAAAAAAAAAAAAAAAABD/2gAIAQMBAT8BP//EABQRAQAAAAAAAAAAAAAAAAAAABD
/2gAIAQIBAT8BP//EABsQAAIBBQAAAAAAAAAAAAAAAAABERAhMTJR/9oACAEBAAY/AsEdISsa1
//EABoQAQEBAQEBAQAAAAAAAAAAAERACExQaH/2gAIAQEAAT8hbnsMxsZ+9AKgwZaX7ZhZep5vN
//aAAwDAQACAAMAAAAQAx//xAAWEQADAAAAAAAAAAAAAAAAAAAAASH/2gAIAQMBAT8QUZT
/xAAXEQADAQAAAAAAAAAAAAAAAAAAAREh/9oACAECAQE/EGspUf
/EAB8QAQACAQMFAAAAAAAAAAAAAAAEAESExQVFhcZHR4f
/aAAgBAQABPxAaATSOHGtHuMxANWFeDrEiAAzClp2h2xuHyX02LWlDt2gUAXzP/9k=",
```

```
          "aspectRatio": 1.499531396438613,
          "src": "/static/27167fef2c9e3b43547d7e25afef4275/0e329/hero.jpg",
          "srcSet": "/static/27167fef2c9e3b43547d7e25afef4275/2244e/hero.jpg
400w,\n/static/27167fef2c9e3b43547d7e25afef4275/14b42/hero.jpg 800w,\n/static
/27167fef2c9e3b43547d7e25afef4275/0e329/hero.jpg 1600w",
          "srcWebp": "/static/27167fef2c9e3b43547d7e25afef4275/7c22d/hero.webp",
          "srcSetWebp": "/static/27167fef2c9e3b43547d7e25afef4275/1f5c5/hero.webp
400w,\n/static/27167fef2c9e3b43547d7e25afef4275/58556/hero.webp 800w,\n/static
/27167fef2c9e3b43547d7e25afef4275/7c22d/hero.webp 1600w",
          "sizes": "(max-width: 1600px) 100vw, 1600px"
        }
      }
    }
  }
}
```

```
query MyQuery {
  file(relativePath: {eq: "hero.jpg"}) {
    childImageSharp {
      fluid(maxWidth: 1600) {
        base64
        aspectRatio
        src
        srcSet
        srcWebp
        srcSetWebp
        sizes
      }
    }
  }
}
```

```
{
  "data": {
    "file": {
      "childImageSharp": {
        "fluid": {
          …
          "sizes": "(max-width: 1600px) 100vw, 1600px"
        }
      }
    }
  }
}
```

⑤ index.jsでGraphQLを使えるようにする

作成したクエリを使用し、トップページに最適化した画像を表示していきます。まずは、index.jsでGraphQLを使えるようにするため、gatsbyからgraphqlをimportします。

```
import React from "react"
import { graphql } from "gatsby"

export default () => (
    …略…
)
```

src/pages/index.js

⑥ クエリを追加する

2

作成したクエリをコピーしてきて、exportします。すると、クエリの処理が行われます（クエリ名の「MyQuery」は削除しています）。
処理は「graphql」という文字列に反応して行われます。そのため、exportしている変数はquery以外でも構いません。ファイルごとに1つのページクエリしか設定できないことに注意してください。

GraphiQL ▶ Prettify History

```
1  query MyQuery {
2    file(relativePath: {eq: "hero.jpg"}) {
3      childImageSharp {
4        fluid(maxWidth: 1600) {
5          base64
6          aspectRatio
7          src
8          srcSet
9          srcWebp
10         srcSetWebp
11         sizes
12       }
13     }
14   }
15 }
16
```

作成したクエリ。

コピー。

```
import React from "react"
import { graphql } from "gatsby"

export default () => (
    …略…
)

export const query = graphql`
  query {
    file(relativePath: { eq: "hero.jpg" }) {
      childImageSharp {
        fluid(maxWidth: 1600) {
          base64
          aspectRatio
          src
          srcSet
          srcWebp
          srcSetWebp
          sizes
        }
      }
    }
  }
`
```

src/pages/index.js

queryの構造

GraphQL の query は以下のような構造になっています。

```
query SiteInformation {
  site {
    id
    siteMetadata {
      title
    }
  }
}
```

```
オペレーションタイプ オペレーションネーム {

  フィールド

}
```

オペレーションタイプでは、GraphQL のオペレーションタイプを指定します。gatsby では「query」を指定します。
オペレーションネームには、このクエリの名前を指定します。ただし、プロジェクト全体でユニーク（唯一）なものでなければなりません。
オペレーションタイプとオペレーションネームは省略が可能ですが、本書籍では、オペレーションネームのみ省略しています。

```
query {
  site {
    id
    siteMetadata {
      title
    }
  }
}
```

オペレーションネームのみ省略。

```
{
  site {
    id
    siteMetadata {
      title
    }
  }
}
```

オペレーションタイプとオペレーションネームを省略。

7 gatsby-imageを使えるようにする

gatsby-image を使えるようにするため、インストールしたプラグインから Img のコンポーネントを import します。

```
import React from "react"
import { graphql } from "gatsby"
import Img from "gatsby-image"

export default () => (
    …略…
```

src/pages/index.js

❽ gatsby-imageで画像を表示する

<img /> を gatsby-image のコンポーネントに置き換えます。ページコンポーネントでのクエリの結果は data プロパティに返ってきますので、コンポーネントに渡し、そこから fluid のデータを取り出して gatsby-image のコンポーネントへ渡します。

```
export default () => (
    …略…
    <section className="hero">
      <figure>
        <img src="/images/hero.jpg" alt="" />
      </figure>
```

▼

dataを追加。

```
export default ({ data }) => (
    …略…
    <section className="hero">
      <figure>
        <Img fluid={data.file.childImageSharp.fluid} alt="" />
      </figure>
```

src/pages/index.js

```
{
  "data": {
    "file": {
      "childImageSharp": {
        "fluid": {
          "base64": "data:image/jpeg;base64…",
          "aspectRatio": 1.499531396438613,
          "src": "/…/hero.jpg",
          "srcSet": "/…f836f/hero.jpg 200w,…0e329/hero.jpg 1600w",
          "srcWebp": "/…/hero.webp",
          "srcSetWebp": "/…61e93/hero.webp 200w,…7c22d/hero.webp 1600w",
          "sizes": "(max-width: 1600px) 100vw, 1600px"
        }
      }
    }
  }
}
```

クエリの実行結果で得たfluidのデータ。

トップページを開くと画像が最適化された形で表示されます。画像の読込中は「blur-up」と呼ばれるテクニックでブラーのかかった画像のプレースホルダが表示されます。

画像部分のコードは次のようになっています。

```
<figure>
<div class=" gatsby-image-wrapper" style="position: relative; overflow: hidden;">
<div aria-hidden="true" style="width: 100%; padding-bottom: 66.6875%;">
</div>

<img aria-hidden="true" src="data:image/jpeg;base64,/9j/2wBDABA…UAXzP/9k="
alt="" style="position: absolute; top: 0px; left: 0px; width: 100%; height: 100%;
object-fit: cover; object-position: center center; opacity: 0; transition-delay:
500ms;">

<picture>
<source type="image/webp" srcset="/static/…/1f5c5/hero.webp 400w,
                                  /static/…/58556/hero.webp 800w,
                                  /static/…/7c22d/hero.webp 1600w"
                          sizes="(max-width: 1600px) 100vw, 1600px">
<source srcset="/static/…/2244e/hero.jpg 400w,
                /static/…/14b42/hero.jpg 800w,
                /static/…/0e329/hero.jpg 1600w"
        sizes="(max-width: 1600px) 100vw, 1600px">
<img sizes="(max-width: 1600px) 100vw, 1600px"
     srcset="/static/…/2244e/hero.jpg 400w,
             /static/…/14b42/hero.jpg 800w,
             /static/…/0e329/hero.jpg 1600w"
     src="/static/…/0e329/hero.jpg"
     alt="" loading="lazy"
     style="position: absolute; top: 0px; left: 0px; width: 100%; height: 100%;
object-fit: cover; object-position: center center; opacity: 1; transition:
opacity 500ms ease 0s;">
</picture>
<noscript>
…
</noscript>
</div>
</figure>
```

blur-up用のbase64画像。

WebP画像。
対応ブラウザではこの画像が使用されます。

JPEG画像。
WebPに未対応なブラウザではこの画像が使用されます。

画像の基本設定。

JavaScriptが無効なブラウザ用の設定。

STEP
2-3 Fragmentに置き換える

可変な画像のデータを取得するとき、クエリの赤字で示した部分は定型となっています。そこで、Fragment（フラグメント）に置き換えてシンプルな記述にしておきます。

```
…略…
export const query = graphql`
  query {
    file(relativePath: { eq: "hero.jpg" }) {
      childImageSharp {
        fluid(maxWidth: 1600) {
          base64
          aspectRatio
          src
          srcSet
          srcWebp
          srcSetWebp
          sizes
        }
      }
    }
  }
`
```

▶

```
…略…
export const query = graphql`
  query {
    file(relativePath: { eq: "hero.jpg" }) {
      childImageSharp {
        fluid(maxWidth: 1600) {
          ...GatsbyImageSharpFluid_withWebp
        }
      }
    }
  }
`
```

Fragment。

src/pages/index.js

処理は変わらないため、表示は変化しません。

Fragment（フラグメント）

よく使うGraphQLのクエリのパターンは、Fragmentにすることで簡単に再利用することができます。Fragmentは次のような形で定義することができます。

```
fragment FragmentName on TypeName {
  field1
  field2
}
```

FragmentName:

Fragment名を指定します。

TypeName

Fragmentを使うGraphQLタイプを指定します。図のように**GraphiQL**で確認できます。

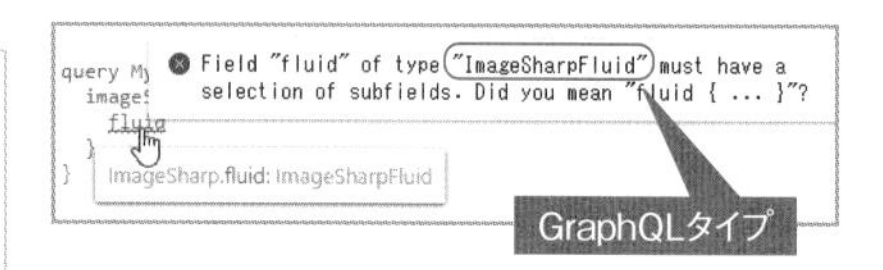

また、プラグインによっては、gatsby-imageに合わせたデータを揃えるためのクエリをFragmentとして用意しているものもあります。

Fragments
https://www.gatsbyjs.org/packages/gatsby-image/#fragments

gatsby-transformer-sharpプラグインが用意しているFragmentの定義
https://github.com/gatsbyjs/gatsby/blob/master/packages/gatsby-transformer-sharp/src/fragments.js

たとえば、サンプルで使用した「GatsbyImageSharpFluid_withWebp」の定義は右のようになっています。このFragmentを利用すると、base64による「blur-up」のプレースホルダを表示し、WebPフォーマットの画像を使用した最適化が行われます。

```
fragment GatsbyImageSharpFluid_
withWebp on ImageSharpFluid {
    base64
    aspectRatio
    src
    srcSet
    srcWebp
    srcSetWebp
    sizes
}
```

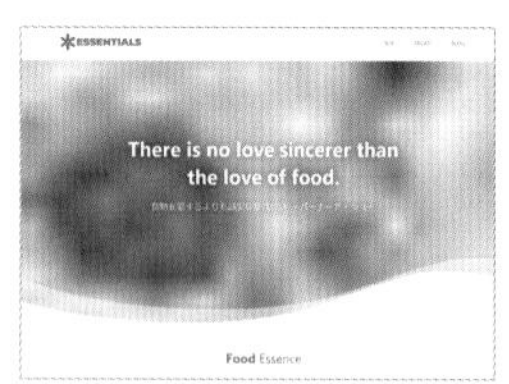

使用するFragmentを変えてみる

使用するFragmentを「GatsbyImageSharpFluid_withWebp_tracedSVG」に変えると、プレースホルダをtraced SVGに変えることもできます。「GatsbyImageSharpFluid_withWebp_tracedSVG」の定義は右のようになっています。

```
fragment GatsbyImageSharpFluid_
withWebp_tracedSVG on
ImageSharpFluid {
    tracedSVG
    aspectRatio
    src
    srcSet
    srcWebp
    srcSetWebp
    sizes
}
```



```
…略…
export const query = graphql`
  query {
    file(relativePath: { eq: "hero.jpg" }) {
      childImageSharp {
        fluid(maxWidth: 1600) {
          ...GatsbyImageSharpFluid_withWebp_tracedSVG
        }
      }
    }
  }
`
```

Fragmentを変更。

src/pages/index.js

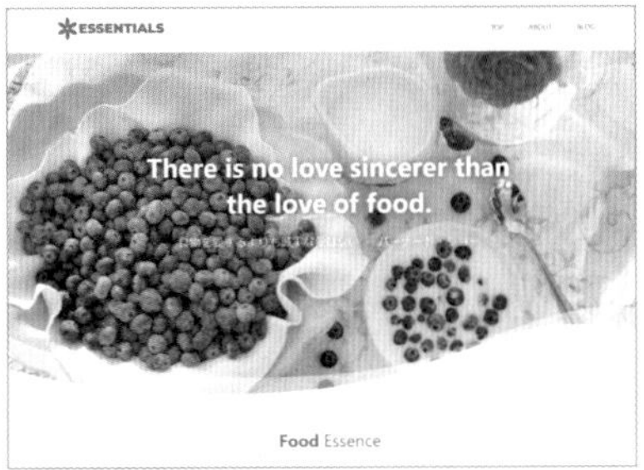

画像の読み込み中はtracedSVGが表示されるようになります。

STEP

2-4 残りの画像も最適化した設定に置き換える

JPEG で表示している残りの画像も gatsby-image で最適化した設定に置き換えます。いずれの画像も可変（fluid）ですが、3つ並べた画像は CSS で最大幅が 320 ピクセルに設定してありますので、それに合わせて最適化の設定を行います。

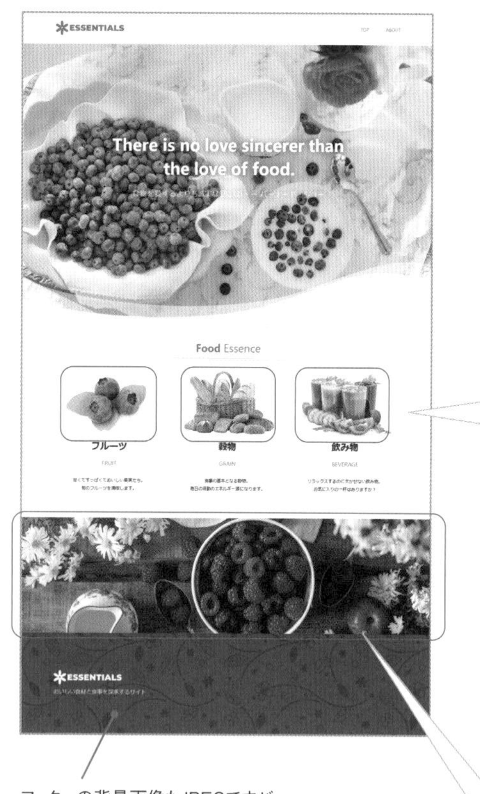

フッターの背景画像もJPEGですが、後からgatsby-imageで表示することを考えます。

fruit.jpg（1500×1000ピクセル）。

grain.jpg（1500×1000ピクセル）。

beverage.jpg（1500×1000ピクセル）。

最大幅
320px
で表示

berry.jpg（1600×1067ピクセル）。

画面の横幅に
合わせて表示

❶ クエリを用意する

残りの画像も hero.jpg と同じようにクエリを用意します。hero.jpg のクエリをコピーし、画像のファイル名と最大幅を書き換えると次のようになります。

```
…略…
export const query = graphql`
  query {
    file(relativePath: { eq: "hero.jpg" }) {
      childImageSharp {
        fluid(maxWidth: 1600) {
          ...GatsbyImageSharpFluid_withWebp
        }
      }
    }
    file(relativePath: { eq: "fruit.jpg" }) {
      childImageSharp {
        fluid(maxWidth: 320) {
          ...GatsbyImageSharpFluid_withWebp
        }
      }
    }
    file(relativePath: { eq: "grain.jpg" }) {
      childImageSharp {
        fluid(maxWidth: 320) {
          ...GatsbyImageSharpFluid_withWebp
        }
      }
    }
    file(relativePath: { eq: "beverage.jpg" }) {
      childImageSharp {
        fluid(maxWidth: 320) {
          ...GatsbyImageSharpFluid_withWebp
        }
      }
    }
    file(relativePath: { eq: "berry.jpg" }) {
      childImageSharp {
        fluid(maxWidth: 1600) {
          ...GatsbyImageSharpFluid_withWebp
        }
      }
    }
  }
`
```

hero.jpgの設定をコピー

fruit.jpg。

grain.jpg。

beverage.jpg。

画像の最大幅maxWidthを320ピクセルに指定。

berry.jpg。

画像の最大幅maxWidthを1600ピクセル（画像のオリジナルの横幅）に指定。

src/pages/index.js

しかし、ブラウザ画面にはエラーが表示されます。file フィールドでコンフリクトが起こっていると言われているようです。
これは、同じフィールドから異なるデータを呼び出しているためです。ここでは file フィールドから複数のデータを取り出そうとしているため、コンフリクトが生じています。

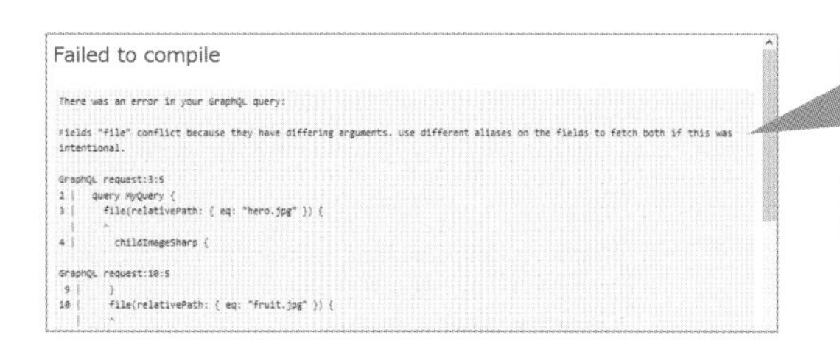


```
Fields "file" conflict because they have
differing arguments. Use different aliases
on the fields to fetch both if this was
intentional.
```

❷ エイリアスを利用する

こうしたコンフリクトを回避するためには、GraphQL のエイリアスという機能を利用します。
ここでは画像のファイル名を使って次のようにエイリアスを設定します。すると、取得するデータの「file」だった箇所が「hero」になります。

```
query MyQuery {
  hero: file(relativePath: {eq: "hero.jpg"}) {
    childImageSharp {
      fluid(maxWidth: 1600) {
        …
      }
    }
  }
}
```

エイリアスを「hero」と指定。

```
{
  "data": {
    "hero": {
      "childImageSharp": {
        "fluid": {
          …
        }
      }
    }
  }
}
```

index.js のクエリをエイリアスを利用した形に書き換えます。

しかし、今度は「data.file is undefined」とエラーが表示されます。
クエリで取得するデータの「file」がエイリアス名に変わっているのに、クエリの実行結果で得たデータを <Img /> に渡す箇所が「{data.file.childImageSharp.fluid}」になっているためです。

```
TypeError: data.file is undefined

_default
src/pages/index.js:28

  25 | </header>
  26 | <section className="hero">
  27 |   <figure>
> 28 |     <Img fluid={data.file.childImageSharp.fluid} alt="" />
  29 |   </figure>
  30 |   <div className="catch">
  31 |     <h1>

View compiled

▸ 16 stack frames were collapsed.
```

```
…略…
export const query = graphql`
  query {
    hero: file(relativePath: { eq: "hero.jpg" }) {
      childImageSharp {
        fluid(maxWidth: 1600) {
          ...GatsbyImageSharpFluid_withWebp
        }
      }
    }
    fruit: file(relativePath: { eq: "fruit.jpg" }) {
      childImageSharp {
        fluid(maxWidth: 320) {
          ...GatsbyImageSharpFluid_withWebp
        }
      }
    }
    grain: file(relativePath: { eq: "grain.jpg" }) {
      childImageSharp {
        fluid(maxWidth: 320) {
          ...GatsbyImageSharpFluid_withWebp
        }
      }
    }
    beverage: file(relativePath: { eq: "beverage.jpg" }) {
      childImageSharp {
        fluid(maxWidth: 320) {
          ...GatsbyImageSharpFluid_withWebp
        }
      }
    }
    berry: file(relativePath: { eq: "berry.jpg" }) {
      childImageSharp {
        fluid(maxWidth: 1600) {
          ...GatsbyImageSharpFluid_withWebp
        }
      }
    }
  }
`
```

src/pages/index.js

hero.jpg を表示する <Img /> の「file」を「hero」に書き換えます。これでエラーが出なくなり、画像が表示されます。

```
<section className="hero">
  <figure>
    <Img fluid={data.file.childImageSharp.fluid} alt="" />
  </figure>
```

⬇

```
<section className="hero">
  <figure>
    <Img fluid={data.hero.childImageSharp.fluid} alt="" />
  </figure>
```

src/pages/index.js

hero.jpgが表示されます。

③ 残りの画像もgatsby-imageで表示する

hero.jpg と同じように、残りの画像も <img /> を gatsby-image のコンポーネント <Img /> に置き換えます。

```
<figure>
  <img src="/images/fruit.jpg" alt="" />
</figure>
…
<figure>
  <img src="/images/grain.jpg" alt="" />
</figure>
…
<figure>
  <img src="/images/beverage.jpg" alt="" />
</figure>
…
<figure>
  <img src="/images/berry.jpg" alt=" 赤く熟したベリー " />
</figure>
```

↓

```
<figure>
  <Img fluid={data.fruit.childImageSharp.fluid} alt="" />
</figure>
…
<figure>
  <Img fluid={data.grain.childImageSharp.fluid} alt="" />
</figure>
…
<figure>
  <Img fluid={data.beverage.childImageSharp.fluid} alt="" />
</figure>
…
<figure>
  <Img fluid={data.berry.childImageSharp.fluid} alt=" 赤く熟したベリー " />
</figure>
```

src/pages/index.js

これで、各画像が gatsby-image で最適化された形で表示されます。

画像の遅延読み込み（Lazy Load）

gatsby-imageで最適化した画像には、遅延読み込み（Lazy Load）の設定も施されています。たとえば、Chromeのデベロッパーツールでデバイスを「iPhone 6/7/8」に設定し、「Network」タブを開いてページのリソースがどのように読み込まれるかを確認してみます。

画像の最適化前

ページ内のすべての画像が他のリソースと並行して読み込まれます。

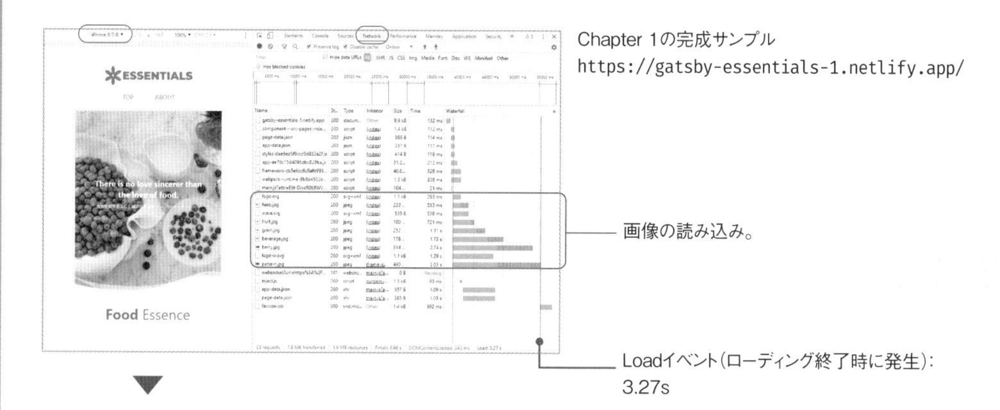

画像の最適化後

サイズの小さいプレースホルダ画像が先に読み込まれ、表示が行われます。最終的な表示に使用されるWebPフォーマットの画像は、他のリソースの読み込み完了後にロードされます。

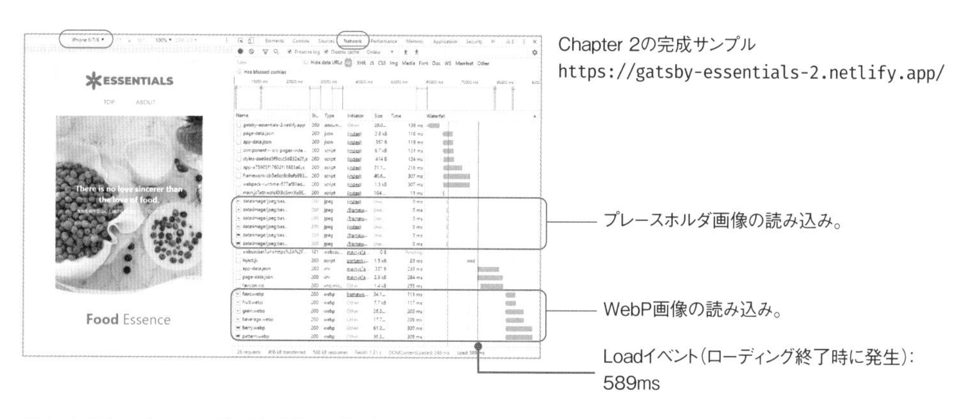

※もっと多くのスクロールが必要な位置に画像があるようなケースでは、スクロールに応じてWebP画像が読み込まれます。
※読み込みの細かな処理はブラウザによって異なります。

STEP

2-5 gatsby-imageで画像を切り抜いて表示する

gatsby-imageで最適化した画像のうち、ヒーローイメージ(hero.jpg)と赤いベリーの画像(berry.jpg)については、ベースとなるページとは異なるサイズで表示されているように見えます。

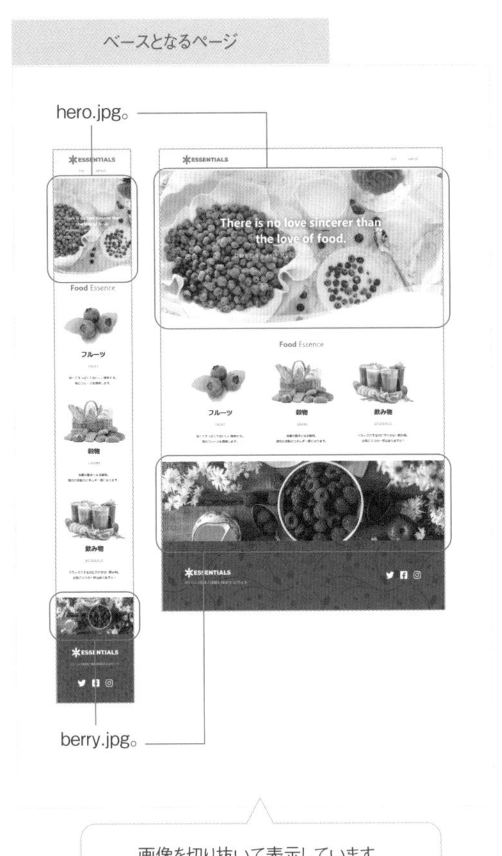

画像を切り抜いて表示しています。

画像の切り抜きが無効になっています。

表示結果が異なるのは、ベースとなるページではCSSで指定した高さで画像を切り抜いて表示していますが、gatsby-imageで最適化するとCSSの設定が無効となり、切り抜かれずに表示されるためです。
ここではgatsby-imageで最適化した画像も切り抜くように設定し、ベースとなるページと同じサイズで表示するように設定していきます。

❶ 画像に適用したCSSを確認する

まずは、ヒーローイメージ（hero.jpg）から設定していきます。style.cssでヒーローイメージに適用したCSSを確認すると、<figure>内の<img />にobject-fitを適用し、heightで指定した高さで切り抜くように設定してあります。

しかし、ブラウザの開発ツールでgatsby-imageの生成コードである<picture>内の<img />を選択すると、style.cssで適用したCSSが無効になっていることがわかります。これは、gatsby-imageの適用するCSSの優先度が高いためです。

```
<section className="hero">
 <figure>
   <Img
    fluid={data.hero.childImageSharp.fluid
    alt="" />
 </figure>
```

src/pages/index.js

```
/* ヒーロー */
…
.hero figure img {
   width: 100%;
   height: 450px;
   object-fit: cover;
}
…
@media (min-width: 768px) {
   .hero figure img {
        height: 750px;
   }
   …
}
```

style.css

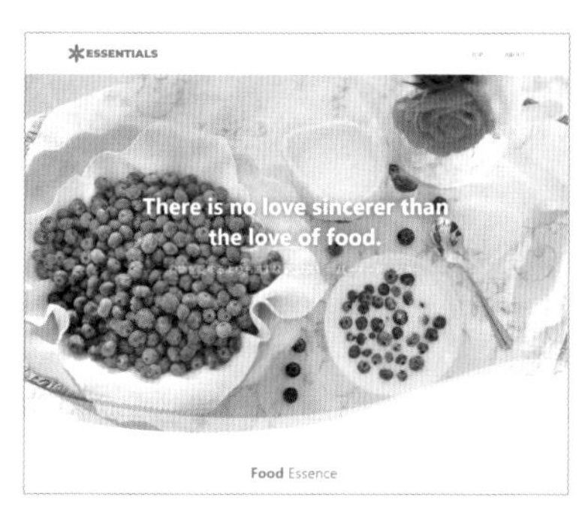
ESSENTIALS
There is no love sincerer than
the love of food.
Food Essence

ESSENTIALS

gatsby-imageのCSS。
要素 {
position: absolute;
top: 0px;
left: 0px;
width: 100%;
height: 100%;
object-fit: cover;
object-position: center center;
opacity: 1;
transition: opacity 500ms
}
.hero figure img 8cd3aefb-2b7e-47a5-b8e
{
height: 750px;
}
.hero figure img {
width: 100%;
height: 450px;
-o-object-fit: cover;
object-fit: cover;
}
style.cssで適用したCSS。

Firefoxの開発ツールでの表示。

そこで、style.css の CSS の優先度を高くしてみます。しかし、切り抜かれる範囲がおかしくなったり、画像の下に余計なスペースが入ったりしてしまいます。

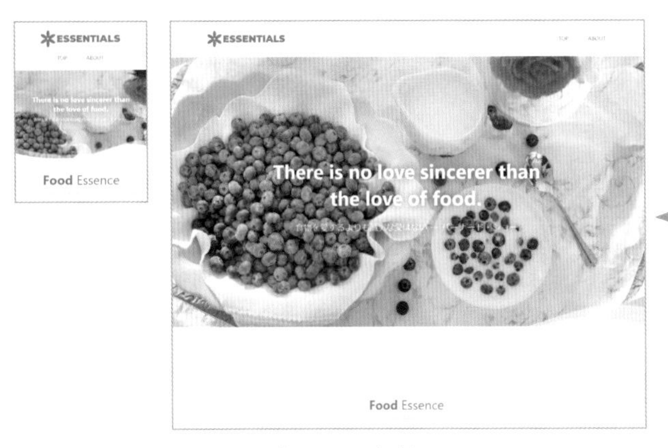
ESSENTIALS
There is no love sincerer than the love of food.
Food Essence
ESSENTIALS
There is no love sincerer than the love of food.
Food Essence

開発ツールでstyle.cssのCSSに「!important」を付けて
優先度を高くしたときの表示。

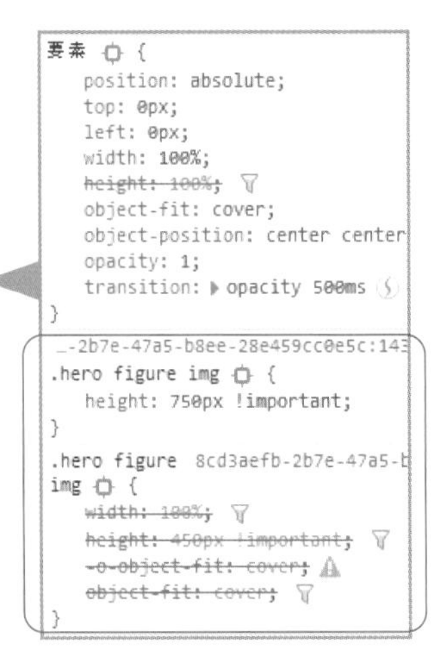
要素 {
position: absolute;
top: 0px;
left: 0px;
width: 100%;
height: 100%;
object-fit: cover;
object-position: center center
opacity: 1;
transition: opacity 500ms
}
_-2b7e-47a5-b8ee-28e459cc0e5c:143
.hero figure img {
height: 750px !important;
}
.hero figure 8cd3aefb-2b7e-47a5-b
img {
width: 100%;
height: 450px !important;
-o-object-fit: cover;
object-fit: cover;
}

これは、画像の読み込み中でも画像の表示スペースを確保するため、gatsby-image のラッパー <div class="gatsby-image-wrapper"> が画像の縦横比に合わせたボックスを構成しているためです。

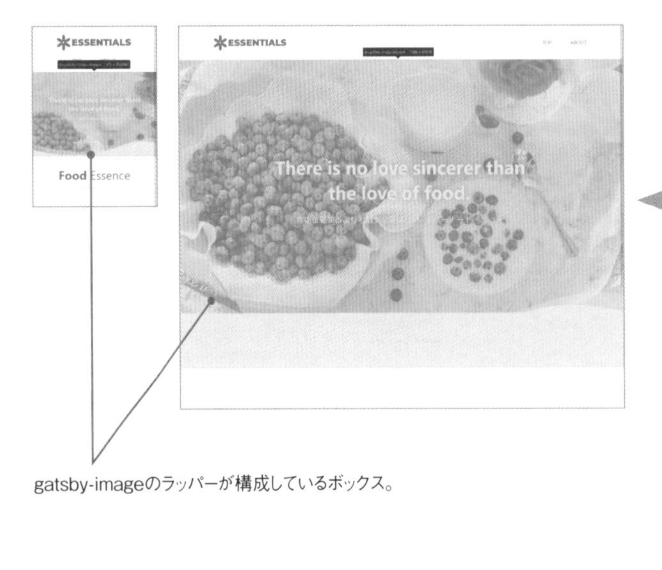
ESSENTIALS
Food Essence
ESSENTIALS
There is no love sincerer than the love of food.

gatsby-imageのラッパーが構成しているボックス。

```
<figure>
<div class="gatsby-image-wrapper"
style="position: relative;
overflow: hidden;">
<div aria-hidden="true"
style="width: 100%; padding-bottom:
66.6875%;">
</div>

<img aria-hidden="true"
src="data:image/jpeg;…" …>

<picture>
…
</picture>
<noscript>
…
</noscript>
</div>
</figure>
```

gatsby-imageの生成コード。
ラッパーで囲まれています。

❷ 切り抜くための設定を行う

gatsby-imageで画像を切り抜くためには、gatsby-imageのコンポーネント<Img />のstyle属性で「height: 100%」と指定します。
これで、gatsby-imageのラッパーに「height: 100%」の設定が追加されます。

```
<section className="hero">
  <figure>
    <Img
      fluid={data.hero.childImageSharp.fluid}
      alt=""
      style={{ height: "100%" }}
    />
  </figure>
```

src/pages/index.js

```
<figure>
<div class="gatsby-image-wrapper"
style="position: relative; overflow:
hidden; height: 100%; ">
…
</div>
</figure>
```

gatsby-imageの生成コード。
ラッパーに「height: 100%」が追加されます。

続けて、親要素<figure>のmax-heightを「100%」と指定し、heightで何ピクセルの高さで切り抜くかを指定します。このとき、@mediaで画面幅に応じて切り抜く高さを変えますが、style属性では@mediaが使えないため、ここではstyle.cssに設定を追加して対処します。
これで、gatsby-imageで最適化した画像も切り抜いて表示されます。

```
/* ヒーロー */
…
.hero figure {
   max-height: 100%;
   height: 450px;
}

.hero figure img {
   width: 100%;
   height: 450px;
   object-fit: cover;
}
…
@media (min-width: 768px) {
   .hero figure {
        height: 750px;
   }

   .hero figure img {
        height: 750px;
   }
   …
}
```

style.css

hero.jpgが指定した高さで切り抜いて表示されます。

③ もう1つの画像も切り抜く

ヒーローイメージと同じように、赤いベリーの画像（berry.jpg）も高さを指定し、切り抜いて表示します。

以上で、gatsby-image で最適化した画像を切り抜く設定は完了です。

berry.jpgが指定した高さで切り抜いて表示されます。

```
<section className="photo">
  <h2 className="sr-only">Photo</h2>
  <figure>
    <Img
      fluid={data.berry.childImageSharp.fluid}
      alt=" 赤く熟したベリー "
      style={{ height: "100%" }}
    />
  </figure>
</section>
```

src/pages/index.js

```
/* フォト */
.photo figure {
   max-height: 100%;
   height: 170px;
}

.photo img {
   width: 100%;
   height: 170px;
   object-fit: cover;
}

@media (min-width: 768px) {
   .photo figure {
        height: 367px;
   }

   .photo img {
        height: 367px;
   }
}
```

style.css

STEP

2-6 SVGをインライン化する

SVG はスケーラブルなフォーマットなため、JPEG 画像のように最適化する必要はありません。しかし、JPEG 画像を gatsby-image で最適化したことで、SVG 画像がワンテンポ遅れて表示されるのが見えるようになってしまいます。

サンプルの場合、サイトのロゴ画像と、ヒーローイメージの下部をカットする波画像が SVG フォーマットになっており、static/ フォルダに置いたファイルを直接読み込んでいます。
ローカル環境ではほんどわかりませんが、Netlify にデプロイして表示を確認すると、ヒーローイメージのプレースホルダ画像が先に表示され、ロゴと波画像が遅れて表示されます。

ロゴ画像（logo.svg）。

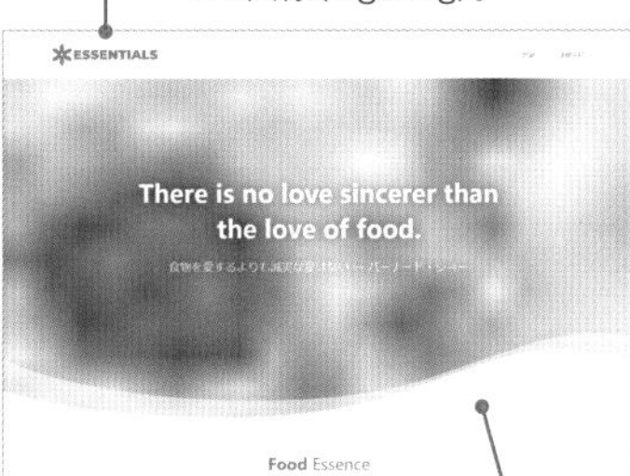

表示CHECK

STEP 2-5の完成サンプル（JPEG画像を最適化したもの）
https://gatsby-essentials-2-5.netlify.app/

SVGの波画像（wave.svg）。

wave.svg

JPEG画像を最適化する前（P.56）の表示では、JPEG画像の表示が遅いため、SVG画像が遅れて見えるということはありませんでした。

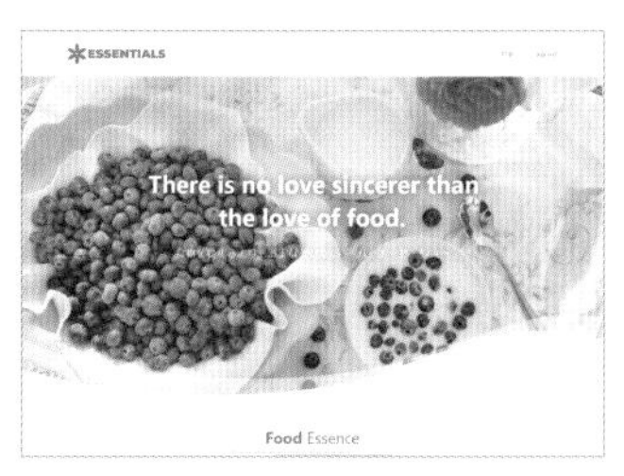

❶ SVGをインライン化する

SVG をより早く表示するためには、インライン化します。ここでは簡単な手順でインライン化するため、<img /> の記述を SVG のコード（SVG ファイルの中身）に置き換えます。ここではヘッダーのロゴ画像、ヒーローイメージの波画像、フッターのロゴ画像の3つの SVG をインライン化します。

なお、SVG のコードも HTML と同じように JSX に変換する必要があります。サンプルで使用している SVG のコードは STEP 1-3（P.40）の JSX の基本ルールに反する記述を含んでいないため、そのまま貼り込んでも問題はありません。

ヘッダーのロゴ画像

ヘッダーのロゴ画像（logo.svg）をインライン化します。

```
<header className="header">
  <div className="container">
    <div className="site">
      <a href="index.html">
        <img src="/images/logo.svg" alt="ESSENTIALS" />
      </a>
    </div>
```

▼

```
<header className="header">
  <div className="container">
    <div className="site">
      <a href="index.html">
        <svg
          xmlns="http://www.w3.org/2000/svg"
          width="225.65"
          height="46.59"
        >
          <defs></defs>
          <desc>ESSENTIALS</desc>
          <path
            fill="#477294"
            d="M52.6 25.36h8…2.33-2.33z"
          />
        </svg>
      </a>
    </div>
```

src/pages/index.js

ヒーローイメージの波画像

ヒーローイメージの下部をカットする波画像（wave.svg）をインライン化します。

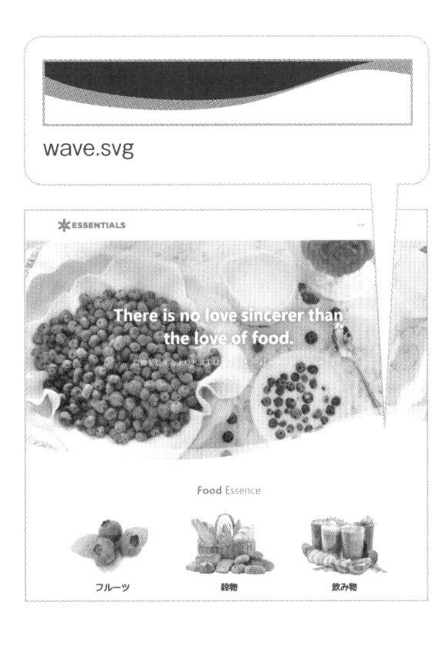


```
<section className="hero">
  …
  <div className="wave">
    <img src="/images/wave.svg" alt="" />
  </div>
</section>
```

▼

```
<section className="hero">
  …
  <div className="wave">
    <svg
      xmlns="http://www.w3.org/2000/svg"
      viewBox="0 0 1366 229.5"
      fill="#fff"
    >
      <path
        d="M1369,6.3C1222.….2V6.3z"
        opacity=".53"
      />
      <path d="M1369 229.5….4h1371z" />
    </svg>
  </div>
</section>
```

src/pages/index.js

フッターのロゴ画像

フッターのロゴ画像（logo-w.svg）をインライン化します。

```
<footer className="footer">
  <div className="container">
    <div className="site">
      <a href="index.html">
        <img src="/images/logo-w.svg" alt="ESSENTIALS" />
        <p> おいしい食材と食事を探求するサイト </p>
      </a>
    </div>
```

▼

▼

```
<footer className="footer">
  <div className="container">
    <div className="site">
      <a href="index.html">
        <svg
          xmlns="http://www.w3.org/2000/svg"
          width="225.65"
          height="46.59"
        >
          <defs></defs>
          <desc>ESSENTIALS</desc>
          <path
            fill="#fff"
            d="M52.6 25.36h8…2.33-2.33z"
          />
        </svg>
        <p> おいしい食材と食事を探求するサイト </p>
      </a>
    </div>
```

src/pages/index.js

❷ 表示を確認する

Netlify にデプロイして表示を確認すると、SVG のロゴと波画像が遅れることなく表示されることがわかります。

ロゴ画像(logo.svg)。

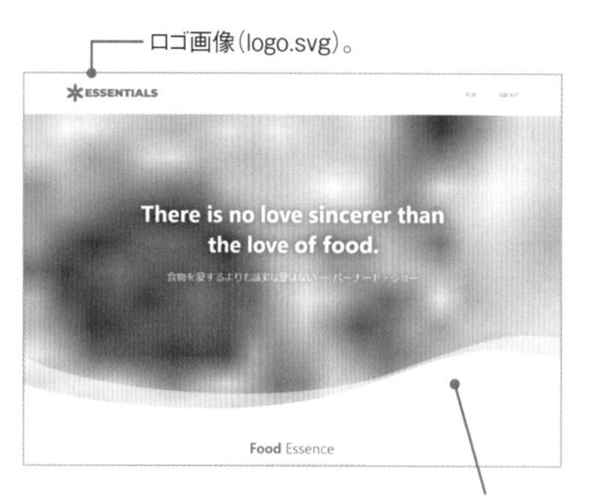

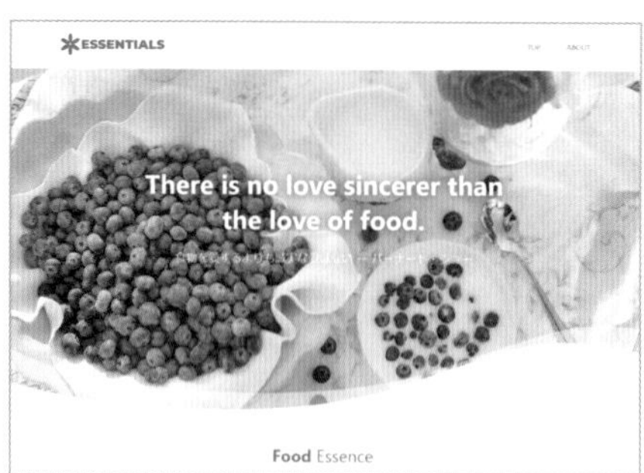

SVGの波画像(wave.svg)。

表示CHECK

STEP 2-6の完成サンプル(SVGをインライン化したもの)
https://gatsby-essentials-2-6.netlify.app/

SVGのコードについて

SVGのコードの記述形式は作成に使用したツールによってさまざまです。インライン化してエラーが出る場合は、HTMLと同じようにP.46のツールでJSXに変換して対処するのが簡単です。

SVGのコードを圧縮するツール

本書のサンプルでは、右のツールを利用してSVGのコードを圧縮し、できるだけコンパクトにしています。

nano
https://vecta.io/nano

SVGの代替テキスト

SVGでは、代替テキストを<img />のalt属性に相当する<desc>～</desc>で指定しています。

```
<svg …>
  <defs></defs>
  <desc>ESSENTIALS</desc>
  <path … />
</svg>
```

SVGの<title>は<img />のtitle属性に相当します。

STEP
2-7 背景画像をgatsby-imageで表示する

フッターの背景画像（pattern.jpg）は背景画像として表示しています。背景画像はCSSで外部ファイルを読み込む形で表示されるため、最適化が難しい要素です。プラグインを使って最適化するなどさまざまな方法がありますが、ここではgatsby-imageで表示する形に置き換え、最適化を行います。

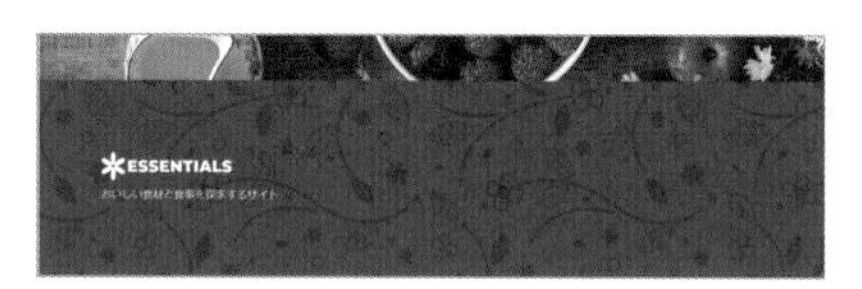

フッター。

pattern.jpg（1920×1080）。

背景画像を最適化するプラグイン

「gatsby-background-image」というプラグインを利用すると、背景画像を最適化し、blur-upの効果などを付加して表示することができます。
ただ、本書のサンプルで試した場合、他の処理が入ることによってgatsby-imageで表示した画像の表示が遅くなったり、ブラウザによっては画像の表示順が変わるといった現象が見られました。そのため、サンプルでは背景画像もgatsby-imageで表示して最適化していきます。

なお、背景画像を切り抜く表示はgatsby-imageでも実現できますが、縦横に繰り返し並べる表示はCSSの背景画像でなければ実現が困難です。そのような場合、gatsby-imageには置き換えず、背景画像として表示することを考えます。

❶ フッターの構成

フッターは全体を <footer> で、中身を <div className="container"> でマークアップしたシンプルな構成になっています。背景画像（pattern.jpg）は <footer> の background-image で指定し、<footer> が構成するボックスの大きさに合わせて切り抜いて表示しています。

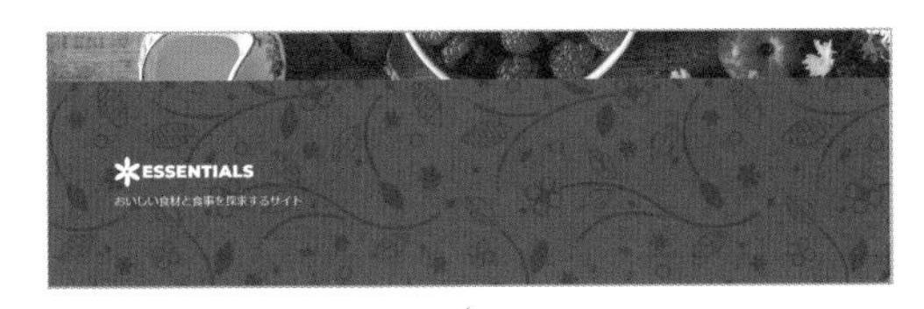

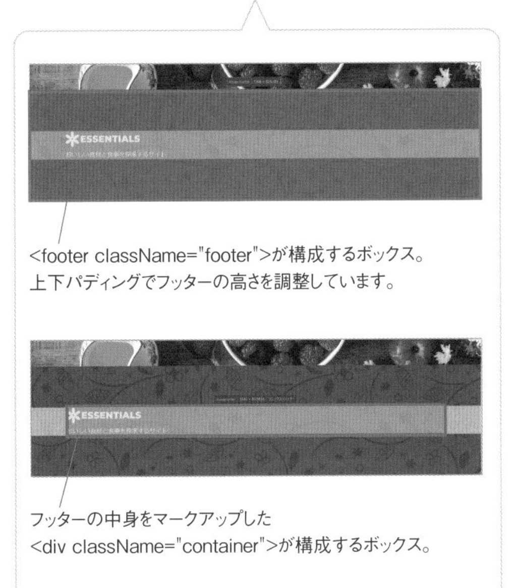

<footer className="footer">が構成するボックス。
上下パディングでフッターの高さを調整しています。

フッターの中身をマークアップした
<div className="container">が構成するボックス。

```
<footer className="footer">
  <div className="container">
    …
  </div>
</footer>
```

src/pages/index.js

```
/* フッター */
.footer {
   padding-top: 60px;
   padding-bottom: 60px;
   color: #fff;
   background-image: url(/images/pattern.jpg);
   background-size: cover;
   background-color: #477294;
}

.footer .container {
   display: flex;
   flex-direction: column;
   align-items: center;
}
…略…
```

src/styles/style.css

② 背景画像を削除する

背景画像を削除します。ここではbackground-imageの値を「none」にして削除しています。
フッターはbackground-colorで指定した背景色（#477294）で表示されます。

```
/* フッター */
.footer {
  padding-top: 60px;
  padding-bottom: 60px;
  color: #fff;
  background-image: none;
  background-size: cover;
  background-color: #477294;
}
…略…
```

src/styles/style.css

③ クエリを追加する

他のJPEG画像と同じように、index.jsにクエリを追加して背景画像pattern.jpgのデータを取得します。

```
…
export const query = graphql`
  query {
    …略…
    berry: file(relativePath: { eq: "berry.jpg" }) {
      childImageSharp {
        fluid(maxWidth: 1600) {
          ...GatsbyImageSharpFluid_withWebp
        }
      }
    }
    pattern: file(relativePath: { eq: "pattern.jpg" }) {
      childImageSharp {
        fluid(maxWidth: 1920) {
          ...GatsbyImageSharpFluid_withWebp
        }
      }
    }
  }
`
```

エイリアスは「pattern」と指定。maxWidthではpattern.jpgのオリジナルの横幅1920ピクセルを最大幅に指定しています。

src/pages/index.js

④ gatsby-imageで表示する

<footer> 内に gatsby-image のコンポーネント <Img /> を追加し、取得した fluid のデータを渡します。これで、gatsby-image で最適化された形で pattern.jpg が表示されます。
なお、画像は切り抜いて表示するため、<Img /> の style を {{ height: "100%" }} と指定し、<div className="back"> でマークアップしています。

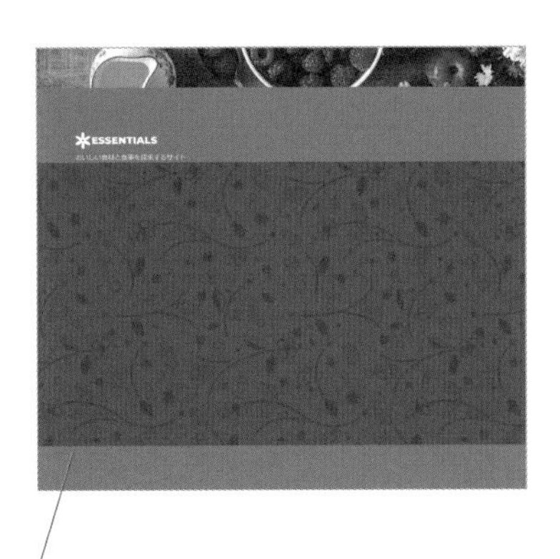

最適化されたpattern.jpgの表示。この段階では切り抜かれず、<footer>の中に表示されます。

```
<footer className="footer">
  <div className="container">
    …
  </div>
  <div className="back">
    <Img
      fluid={data.pattern.childImageSharp.fluid}
      alt=""
      style={{ height: "100%" }}
    />
  </div>
</footer>
```

src/pages/index.js

⑤ フッターの大きさに合わせて切り抜く

画像をフッターの大きさに合わせて切り抜くため、<footer> と <div class="back"> に右のように position を適用します。これで <div class="back"> の構成するボックスが <footer> と同じサイズになり、そのサイズで画像が切り抜かれます。
さらに、<div class="back"> は <footer> に重なるため、次のような表示になります。

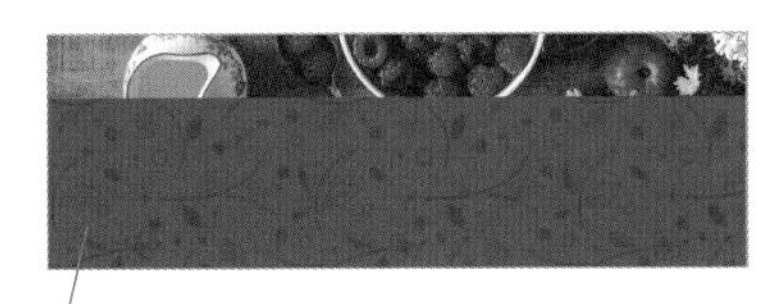

<footer>と同じサイズで切り抜かれ、重ねて表示されます。

```
/* フッター */
…略…
   .footer .site p {
             margin-top: 10px;
             margin-bottom: 0;
             font-size: 18px;
   }
}

/* フッター 背景画像 */
.footer {
   position: relative;
}

.footer .back {
   position: absolute;
   top: 0;
   bottom: 0;
   left: 0;
   right: 0;
   margin: auto;
}

/* SNS メニュー */
```

src/styles/style.css

⑥ フッターの中身を表示する

フッターの中身が隠れてしまっているため、<div className="container"> の z-index で重なり順を上にします。z-index を機能させるため、position も「relative」と指定しています。

フッターの中身であるロゴ画像などが表示されます。

```
/* フッター 背景画像 */
.footer {
   position: relative;
}

.footer .container {
   position: relative;
   z-index: 10;
}

.footer .back {
   position: absolute;
   top: 0;
   bottom: 0;
   left: 0;
   right: 0;
   margin: auto;
}
```

src/styles/style.css

以上で、背景画像を gatsby-image で表示する設定は完了です。
ただし、画像のクオリティが少し気になります。

⑦ 画像のクオリティを指定する

gatsby-image では、一緒にインストールした gatsby-plugin-sharp によって最適化した画像が生成されます。このとき、画像のクオリティは「50」で生成されます。ここまで、写真系の画像では気になりませんでしたが、イラスト系の画像である pattern.jpg では劣化が目立ちます。

右のようにオリジナルと比較すると、絵柄がぼやけていることがわかります。

gatsby-imageで表示したWebPフォーマットの画像。

オリジナルの画像。

画像の劣化を防ぐため、クエリのfluidの引数でqualityを追加し、クオリティを指定します。ここでは「90」に指定しています。

画像のクオリティが高くなります。

```
…
export const query = graphql`
  query {
    …略…
    pattern: file(relativePath: { eq: "pattern.jpg" }) {
      childImageSharp {
        fluid(maxWidth: 1920, quality: 90) {
          ...GatsbyImageSharpFluid_withWebp
        }
      }
    }
  }
`
```

fluidの引数でqualityを「90」に指定。

src/pages/index.js

これで、トップページで使用しているJPEG画像はすべてgatsby-imageで表示し、SVG画像はインライン化しました。以上で、画像を最適化する設定は完了です。

簡単にgatsby-imageを使うためのモジュールについてはP.296を参照してください。

STEP 2-8 staticの画像を削除する

画像を最適化したことで、STEP 2-1 の❷で残しておいた static/images/ フォルダの画像は使用しなくなりました。そこで、static/images/ フォルダは削除します。

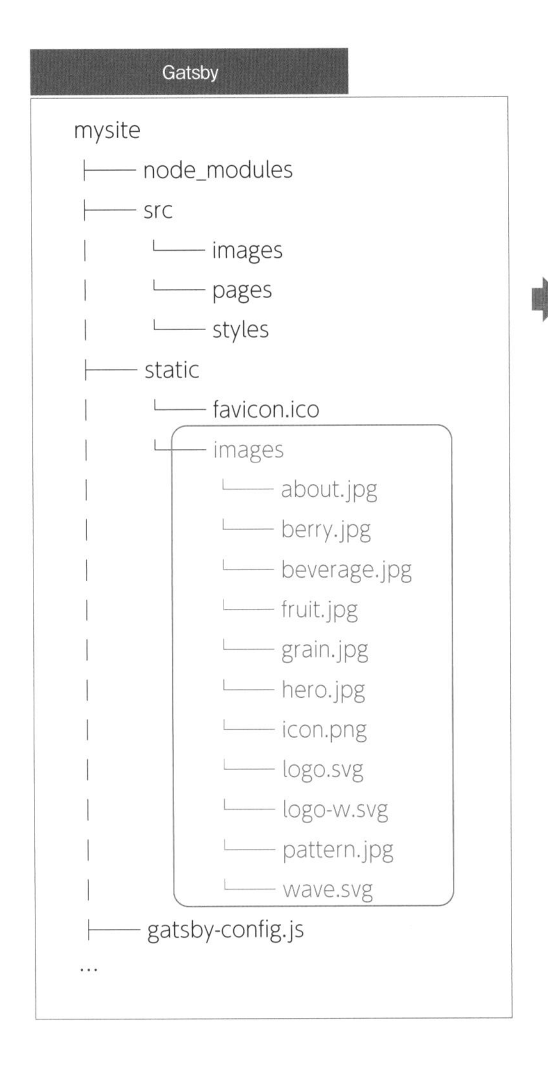

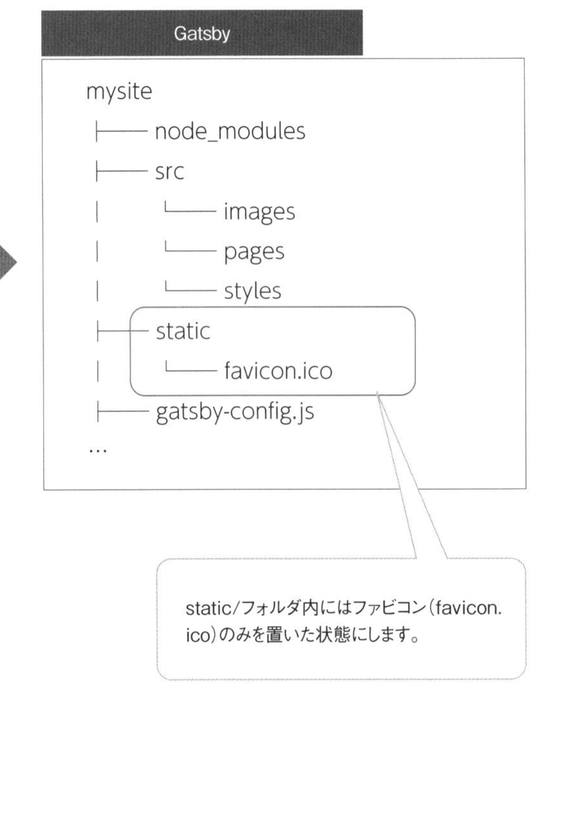

STEP

2-9 パフォーマンスを確認する

Chapter 2 で完成したサイトを Netlify にデプロイして、パフォーマンスを確認してみます。画像を最適化した効果で、最適化前（P.56）よりもパフォーマンスが向上していることがわかります。

Netlifyで公開したサイトをLighthouseで測定したもの。

表示CHECK

Chapter 2の完成サンプル
https://gatsby-essentials-2.netlify.app/

画像もプレースホルダが先行して表示されるため、体感としての表示速度も向上しています。

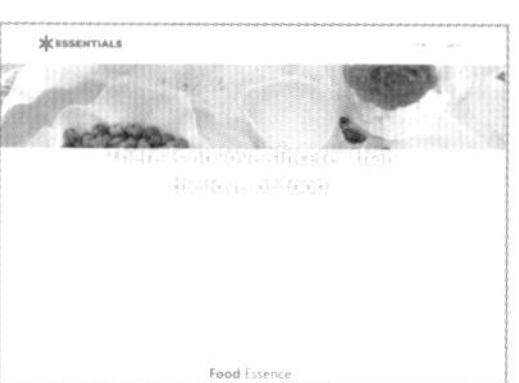

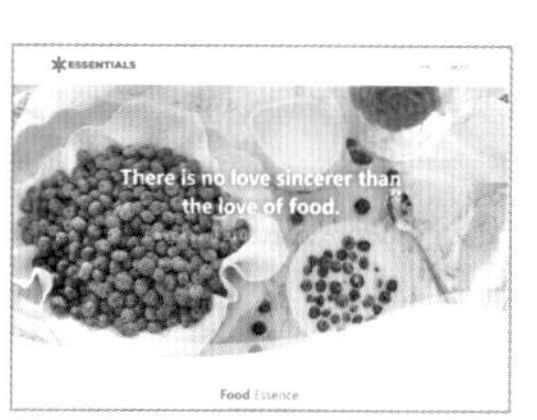

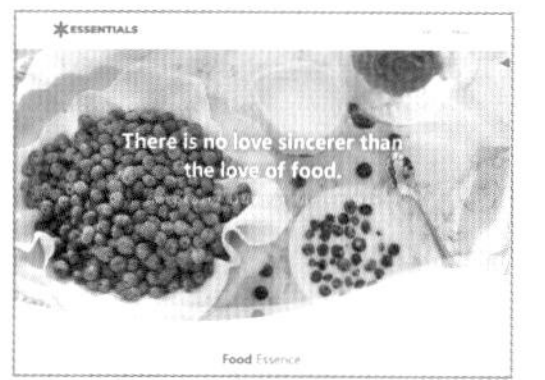

固定サイズの画像を最適化する

本書のサンプルではレスポンシブで可変（fluid）な画像を最適化しましたが、固定サイズ（fixed）の画像を最適化することもできます。
たとえば、3つ並べた画像を横幅200ピクセルの固定サイズにしてみます。固定サイズの画像を最適化するのに必要なデータは、file > childImageSharp > fixed 内のフィールドにチェックを付けて取得します。ここでは「対応ブラウザではWebPフォーマットで画像を表示する」設定に必要なフィールドにチェックを付けています。

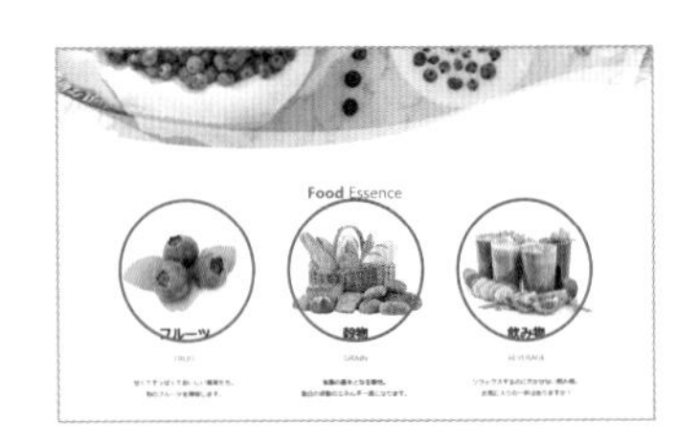

3つ並べた画像。

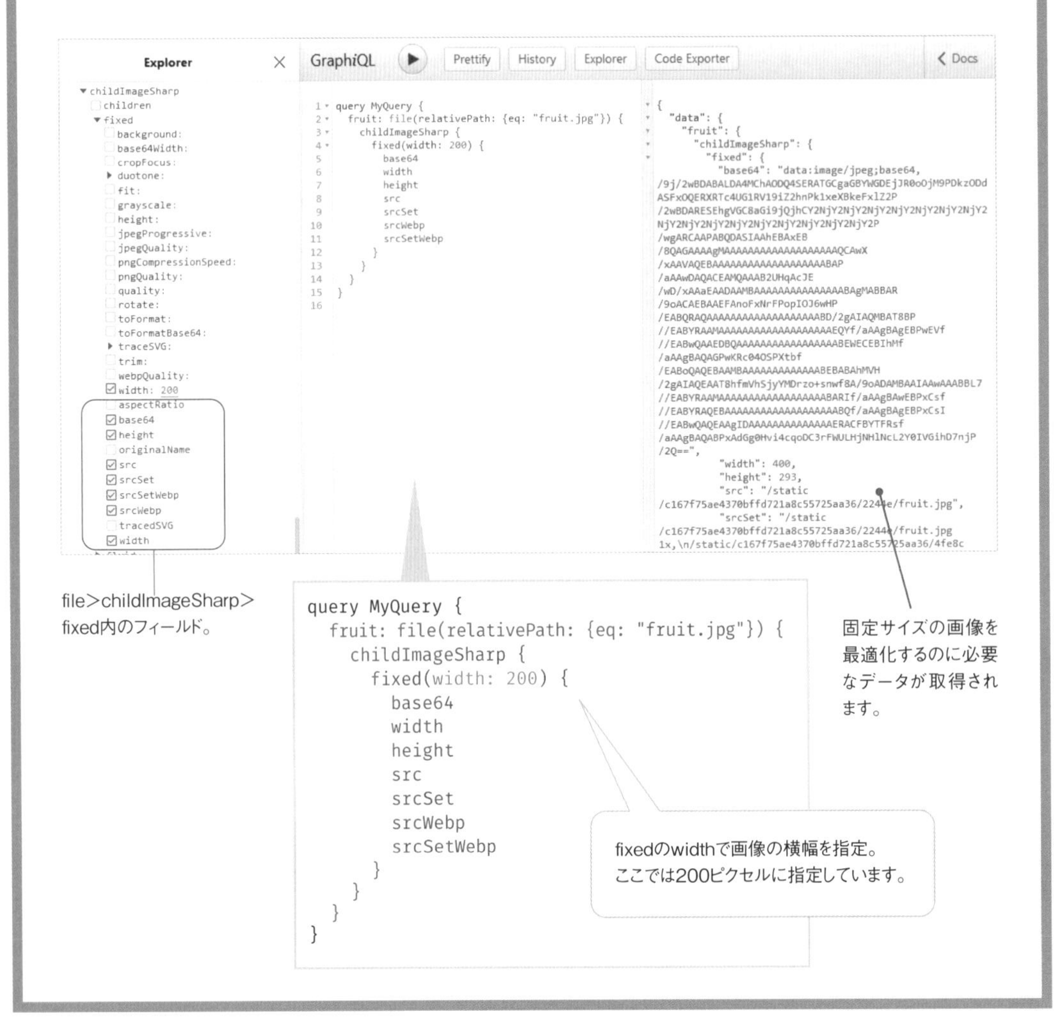

３つの画像のクエリを fixed に置き換えます。fixed の中身は定型のため、Fragment に置き換えています。取得したデータは <Img /> の fixed で指定します。

```
…
            <figure>
              <Img fixed={data.fruit.childImageSharp.fixed} alt="" />
            </figure>
            <h3>フルーツ</h3>
            …
            <figure>
              <Img fixed={data.grain.childImageSharp.fixed} alt="" />
            </figure>
            <h3>穀物</h3>
            …
            <figure>
              <Img fixed={data.beverage.childImageSharp.fixed} alt="" />
            </figure>
            <h3>飲み物</h3>
…
export const query = graphql`
  query {
    …
    fruit: file(relativePath: { eq: "fruit.jpg" }) {
      childImageSharp {
        fixed(width: 200) {
          ...GatsbyImageSharpFixed_withWebp    ◀ Fragment
        }
      }
    }
    grain: file(relativePath: { eq: "grain.jpg" }) {
      childImageSharp {
        fixed(width: 200) {
          ...GatsbyImageSharpFixed_withWebp    ◀ Fragment
        }
      }
    }
    beverage: file(relativePath: { eq: "beverage.jpg" }) {
      childImageSharp {
        fixed(width: 200) {
          ...GatsbyImageSharpFixed_withWebp    ◀ Fragment
        }
      }
    }
    …
  }
`
```

src/pages/index.js

画像の表示を確認すると、fluid のときと同じように最適化され、読込中はブラーのかかったプレースホルダが表示されます。さらに、クエリで指定した横幅 200 ピクセルに固定され、画面幅を変えても表示サイズが変化しなくなります。

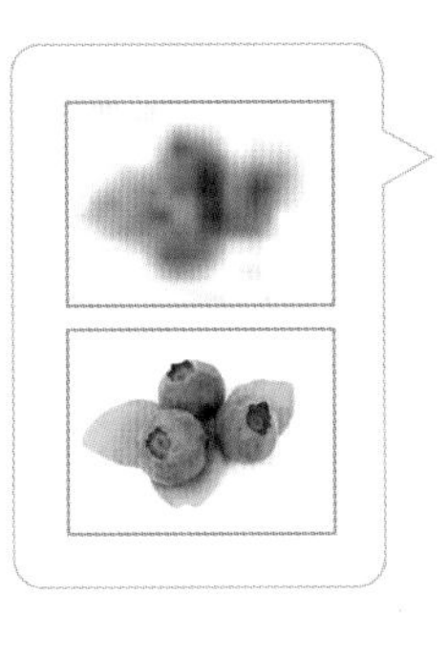

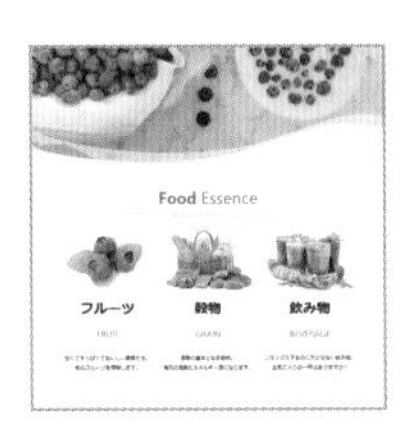

画像の表示サイズが変化しません。

画像部分のコードは次のようになっています。

```
<figure>
<div class=" gatsby-image-wrapper" style="position: relative;
overflow: hidden; display: inline-block; width: 200px; height:
147px;">

<img aria-hidden="true" src="data:image/jpeg;base64,/9j/2wBDABA
…P/2Q==" alt="" style="position: absolute; top: 0px; left: 0px;
width: 100%; height: 100%; object-fit: cover; object-position:
center center; opacity: 0; transition-delay: 500ms;">

<picture>
<source type="image/webp" srcset="/static/…/fruit.webp 1x,
                                  /static/…/fruit.webp 1.5x,
                                  /static/…/fruit.webp 2x">
<source srcset="/static/…/fruit.jpg 1x,
                /static/…/fruit.jpg 1.5x,
                /static/…/fruit.jpg 2x">
<img srcset="/static/…/fruit.jpg 1x,
             /static/…/fruit.jpg 1.5x,
             /static/…/fruit.jpg 2x"
     src="/static/…/fruit.jpg"
     alt="" loading="lazy"
     style="position: absolute; top: 0px; left: 0px; width: 100%;
height: 100%; object-fit: cover; object-position: center center;
opacity: 1; transition: opacity 500ms ease 0s;" width="200"
height="147">
</picture>
<noscript>
…:
</noscript>
</div>
</figure>
```

blur-up用のbase64画像。

WebP画像。
対応ブラウザではこの画像が使用されます。

JPEG画像。
WebPに未対応なブラウザではこの画像が使用されます。

画像の基本設定。

JavaScriptが無効なブラウザ用の設定。

Chapter 3

パーツのコンポーネント化

STEP

3-1 ページを増やす準備

トップページはできあがりましたので、ページを増やしていきます。このとき、ヘッダーとフッターはすべてのページに同じものを表示しますが、同じ設定をページごとに記述するのは手間がかかりますし、修正も難しくなります。そこで、コンポーネント化し、繰り返し利用できるようにします。

このサイトでは、src/components/ としてコンポーネントのためのフォルダを用意し、ヘッダーとフッターの設定を記述するファイルとして「header.js」と「footer.js」を作成しておきます。

Gatsby

```
mysite
├── node_modules
├── src
│    └── components
│         └── header.js
│         └── footer.js
│    └── images
│         └── about.jpg
│         …
│    └── pages
│         └── index.js
│    └── styles
│         └── style.css
├── static
…
```

STEP
3-2 ヘッダーをコンポーネント化する

ヘッダーをコンポーネント化していきます。

header.js を開き、右のように React コンポーネントのベースを用意しておきます。

```
import React from "react"

export default () => (

)
```

src/components/header.js

❶ ヘッダーの構成要素をコピーする

index.js からヘッダーを構成している <header> ～ </header> を header.js にコピーします。ヘッダーは 1 つの最上位要素 <header> でラップされていますので、さらに <div> などでラップする必要はありません。

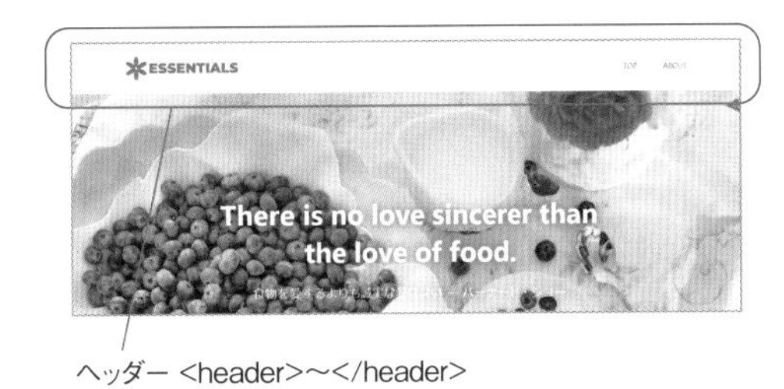

ヘッダー <header>～</header>

```
import React from "react"
import { graphql } from "gatsby"
import Img from "gatsby-image"

export default ({ data }) => (
  <div>
    <header className="header">
      <div className="container">
        …
      </div>
    </header>
    <section className="hero">
      …略…
```

src/pages/index.js

```
import React from "react"

export default () => (
    <header className="header">
      <div className="container">
        …
      </div>
    </header>
)
```

src/components/header.js

<header>をコピー。

② トップページのヘッダーをコンポーネントに置き換える

index.js の <header> ～ </header> を作成したコンポーネントに置き換えます。そこで、作成したコンポーネントを「Header」として import します。header.js は index.js から見た相対パスで指定します。

> Reactではユーザー定義のコンポーネントの名前は大文字で始めなければなりません。

```
import React from "react"
import { graphql } from "gatsby"
import Img from "gatsby-image"

import Header from "../components/header"

export default () => (
    …略…
```

src/pages/index.js

<header> ～ </header> を <Header /> に置き換えます。
コンポーネントに置き換えてもヘッダーが同じように表示されることを確認したら、設定完了です。

```
import React from "react"
import { graphql } from "gatsby"
import Img from "gatsby-image"

import Header from "../components/header"

export default ({ data }) => (
  <div>
    <header className="header">
      <div className="container">
        …
      </div>
    </header>
    <section className="hero">
      …略…
```

▶

```
import React from "react"
import { graphql } from "gatsby"
import Img from "gatsby-image"

import Header from "../components/header"

export default ({ data }) => (
  <div>
    <Header />
    <section className="hero">
      …略…
```

src/pages/index.js

STEP
3-3 フッターをコンポーネント化する

続けて、フッターをコンポーネント化していきます。

ヘッダーのときと同じように、footer.js を開き、React コンポーネントのベースを用意しておきます。

```
import React from "react"

export default () => (

)
```

src/components/footer.js

❶ フッターの構成要素をコピーする

index.js からフッターを構成している <footer> ～ </footer> を footer.js にコピーします。ヘッダーと同様に、フッターも1つの最上位要素 <footer> でラップされていますので、さらに <div> などでラップする必要はありません。

フッター <footer>～</footer>

```
import React from "react"
import { graphql } from "gatsby"
import Img from "gatsby-image"

import Header from "../components/header"

export default ({ data }) => (
 <div>
  …略…
  <footer className="footer">
   …
   <div className="back">
    <Img
     fluid={data.pattern.childImageSharp.fluid}
     alt=""
     style={{ height: `100%` }}
    />
   </div>
  </footer>
 </div>
)
```

src/pages/index.js

<footer>をコピー。

```
import React from "react"

export default () => (
 <footer className="footer">
  …
  <div className="back">
   <Img
    fluid={data.pattern.childImageSharp.fluid}
    alt=""
    style={{ height: `100%` }}
   />
  </div>
 </footer>
)
```

src/components/footer.js

❷ トップページのフッターをコンポーネントに置き換える

index.js の <footer> ～ </footer> を作成したコンポーネントに置き換えます。そこで、作成したコンポーネントを「Footer」として import し、<footer> ～ </footer> を <Footer /> に置き換えます。

```
import React from "react"
import { graphql } from "gatsby"
import Img from "gatsby-image"

import Header from "../components/header"

export default ({ data }) => (
  <div>
    …略…
    </section>
    <footer className="footer">
        …
    </footer>
  </div>
)
```

▶

```
import React from "react"
import { graphql } from "gatsby"
import Img from "gatsby-image"

import Header from "../components/header"
import Footer from "../components/footer"

export default ({ data }) => (
  <div>
    …略…
    </section>
    <Footer />
  </div>
)
```

src/pages/index.js

しかし、トップページを開いたブラウザ画面にはエラーが表示されます。エラーを見ると、footer.js の「Img」や「data」に問題がありそうです。

```
Failed to compile

./src/components/footer.js
Module Error (from ./node_modules/eslint-loader/index.js):

/home/moniker/mysite/src/components/footer.js
  41:8   error  'Img' is not defined   react/jsx-no-undef
  42:16  error  'data' is not defined  no-undef

✖ 2 problems (2 errors, 0 warnings)

This error occurred during the build time and cannot be dismissed.
```

「Img」や「data」といえば、gatsby-image やクエリまわりです。ヘッダーと異なり、フッターでは背景画像（pattern.jpg）を gatsby-image で表示しているため、関連する設定もコピーする必要があります。

③ フッターの背景画像を表示するのに必要な設定をコピーする

フッターの背景画像（pattern.jpg）を表示するのに必要なgraphqlとgatsby-imageの設定をコピーします。

```
import React from "react"
import { graphql } from "gatsby"
import Img from "gatsby-image"

export default ({ data }) => (
  <div>
    …略…
  </div>
)
```

src/pages/index.js

コピー。

```
import React from "react"
import { graphql } from "gatsby"
import Img from "gatsby-image"

export default () => (
    <footer className="footer">
        …略…
    </footer>
)
```

src/components/footer.js

続けて、クエリの設定もコピーしたいところですが、ページコンポーネント以外のコンポーネントでは、useStaticQuery（React Hook用のStaticQuery）を使用しなければなりません。そこで、gatsbyから「useStaticQuery」を追加でimportします。

```
import React from "react"
import { graphql, useStaticQuery } from "gatsby"
import Img from "gatsby-image"

export default () => (
    <footer className="footer">
      <div className="container">
        …
      </div>
    </footer>
)
```

useStaticQueryをimport。

src/components/footer.js

useStaticQuery で pattern.jpg に関するデータを取得するクエリを作成します。クエリの結果は data に受け取っています。
また、クエリの結果を受けて、コンポーネントを出力する形になりますので、「関数の処理が 1 つの式である場合には return が省略できる」という JavaScript のルールから外れるため、return を使って、以下のように書き換えます。

```
…
export const query = graphql`
 query {
  …略…
  pattern: file(relativePath:
                { eq: "pattern.jpg" }) {
   childImageSharp {
    fluid(maxWidth: 1920, quality: 90) {
     ...GatsbyImageSharpFluid_withWebp
    }
   }
  }
 }
`
```

src/pages/index.js

```
import React from "react"
import { graphql, useStaticQuery } from "gatsby"
import Img from "gatsby-image"

export default () => {
  const data = useStaticQuery(graphql`
    query {
      pattern: file(relativePath: { eq: "pattern.jpg" }) {
        childImageSharp {
          fluid(maxWidth: 1920, quality: 90) {
            ...GatsbyImageSharpFluid_withWebp
          }
        }
      }
    }
  `)

  return (
    <footer className="footer">
      …
      <div className="back">
        <Img
          fluid={data.pattern.childImageSharp.fluid}
          alt=""
          style={{ height: `100%` }}
        />
      </div>
    </footer>
  )
}
```

注意（`{` と `}`）

pattern.jpgのデータを取得するクエリはindex.jsからコピーします。

src/components/footer.js

これでエラーは出なくなり、Footer コンポーネントでフッターが表示されるようになります。

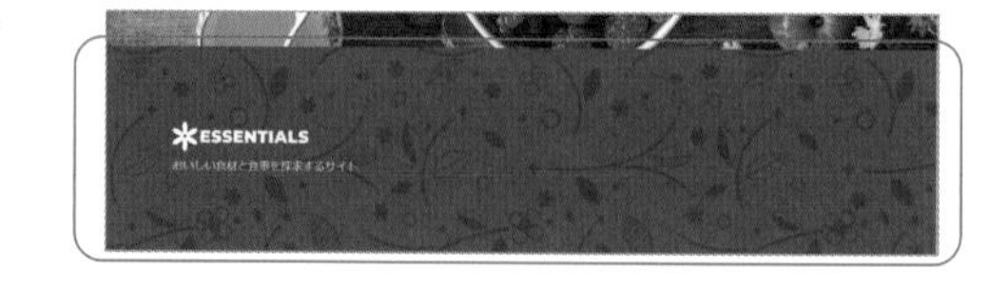

STEP

3-4 レイアウトコンポーネントを作成する

ヘッダーとフッターをコンポーネントにしたことで、トップページ（index.js）のコードは次のような構成になっています。
このうち、ページを増やしたときに変更が必要になるのは中央の「ページごとのコンテンツ」のみです。そこで、「ページごとのコンテンツ」以外の部分を、レイアウトコンポーネントとして、コンポーネント化します。

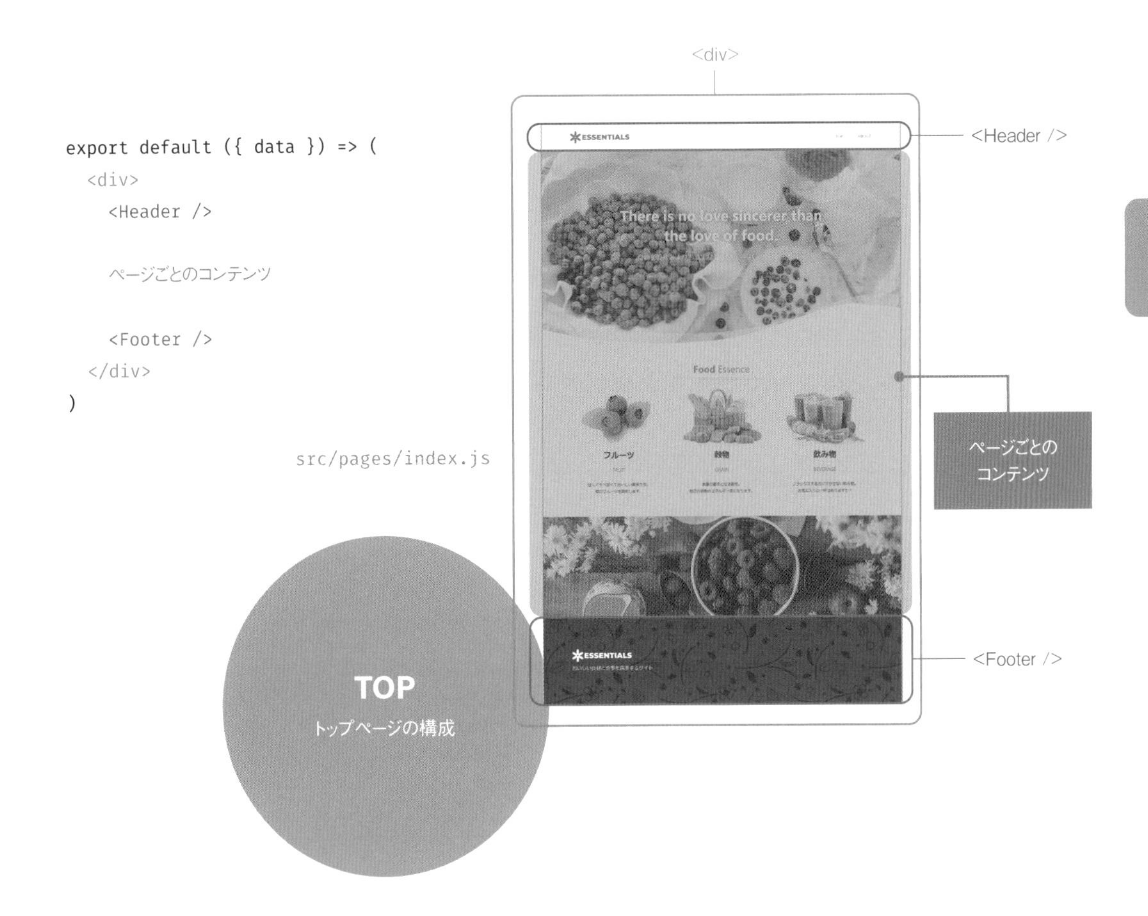

export default ({ data }) => (
<div>
<Header />
ページごとのコンテンツ
<Footer />
</div>
)
src/pages/index.js
<div>
<Header />
ESSENTIALS
There is no love sincerer than the love of food.
Food Essence
フルーツ
穀物
飲み物
ページごとのコンテンツ
<Footer />
TOP
トップページの構成

❶ レイアウトコンポーネントのファイルを用意する

レイアウトコンポーネントの設定を記述するファイルを用意します。ここでは src/components/ フォルダ内に「layout.js」というファイルを作成しています。

ヘッダーやフッターと同じように、layout.js にも React コンポーネントのベースを用意しておきます。

```
import React from "react"

export default () => (

)
```

src/components/layout.js

Gatsby

```
mysite
├── node_modules
├── src
|    └── components
|         └── header.js
|         └── footer.js
|         └── layout.js
|    └── images
…
```

❷ コンテンツ以外の設定をコピーする

index.js から、ページごとのコンテンツ以外の設定をコピーします。ここでは、最上位要素の <div>、ヘッダー <Header />、フッター <Footer /> をコピーしています。

ヘッダーとフッターについては import の記述もコピーします。

```
import React from "react"
import { graphql } from "gatsby"
import Img from "gatsby-image"

import Header from "../components/header"
import Footer from "../components/footer"

export default ({ data }) => (
  <div>
    <Header />
    <section className="hero">
    …略…
    </section>
    <Footer />
  </div>
)
```

src/pages/index.js

コピー。

```
import React from "react"

import Header from "../components/header"
import Footer from "../components/footer"

export default () => (
  <div>
    <Header />

    <Footer />
  </div>
)
```

src/components/layout.js

③ ページごとのコンテンツを受け取れるようにする

Header と Footer の間にページごとのコンテンツを受け取るため、React で子要素を扱うときに利用する children プロパティを使って、右のように記述します。

これで、レイアウトコンポーネントはできあがりです。

```
import React from "react"

import Header from "../components/header"
import Footer from "../components/footer"

export default ({ children }) => (
  <div>
    <Header />

    {children}

    <Footer />
  </div>
)
```

src/components/layout.js

④ トップページの設定をレイアウトコンポーネントに置き換える

トップページ index.js を開き、作成したレイアウトコンポーネントを「Layout」として import します。その上で、<div>、<Header />、<Footer /> を <Layout> ~ </Layout> に置き換えます。
置き換えにより、Header と Footer を import する必要はなくなりますので、削除しておきます。

```
import React from "react"
import { graphql } from "gatsby"
import Img from "gatsby-image"

import Header from "../components/header"
import Footer from "../components/footer"

export default ({ data }) => (
  <div>
    <Header />
    <section className="hero">
    …略…
    </section>
    <Footer />
  </div>
)
```

▶

```
import React from "react"
import { graphql } from "gatsby"
import Img from "gatsby-image"

import Layout from "../components/layout"

export default ({ data }) => (
  <Layout>
    <section className="hero">
    …略…
    </section>
  </Layout>
)
```

src/pages/index.js

<Layout> ～ </Layout> で囲んだコンテンツが children プロパティとして受け渡されるため、トップページはこれまでと同じ形で表示されます。

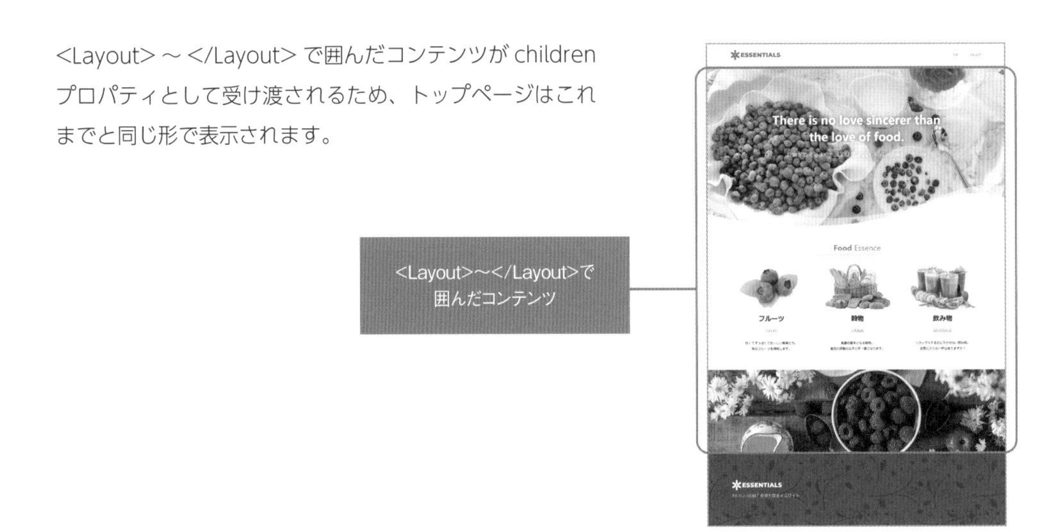

❺ レイアウトコンポーネントでCSSを指定する

レイアウトコンポーネントがこのサイトのベースとなるコンポーネントになりました。そこで、グローバルスタイルを記述した CSS（style.css）を、gatsby-browser.js からレイアウトコンポーネントへ付け替えます。

まずは、src/styles/ に置いた style.css を、src/components/ の中に layout.css としてコピーします。

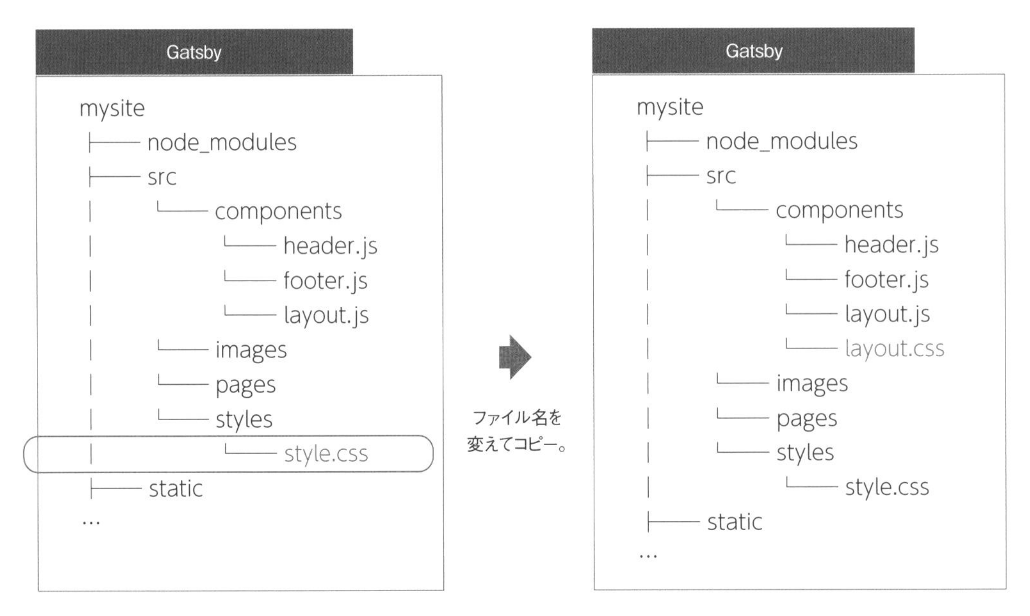

そして、レイアウトコンポーネントに layout.css を import します。

```
import React from "react"

import Header from "../components/header"
import Footer from "../components/footer"

import "./layout.css"

export default ({ children }) => (
  <div>
  …
```

src/components/layout.js

gatsby-browser.js は削除します。さらに、style.css も不要なため、src/styles/ ごと削除します。

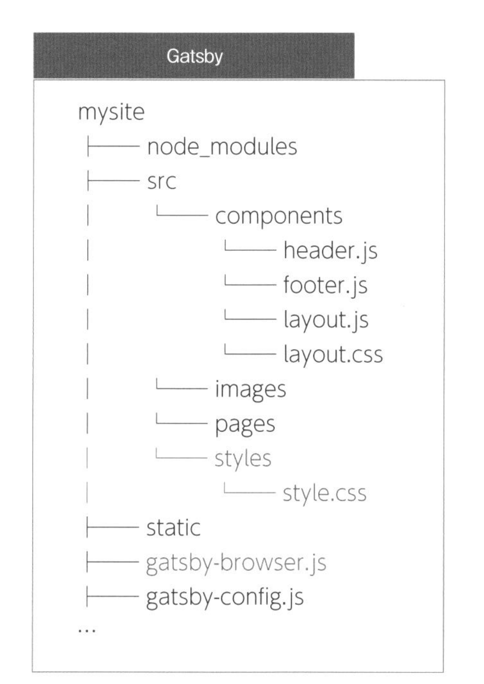

削除。

Gatsby

```
mysite
├── node_modules
├── src
│    └── components
│         └── header.js
│         └── footer.js
│         └── layout.js
│         └── layout.css
│    └── images
│    └── pages
├── static
├── gatsby-config.js
…
```

設定ができたら開発サーバーを起動しなおし、トップページに layout.css の設定が適用され、表示が変化していないことを確認しておきます。以上で、レイアウトコンポーネントの設定は完了です。

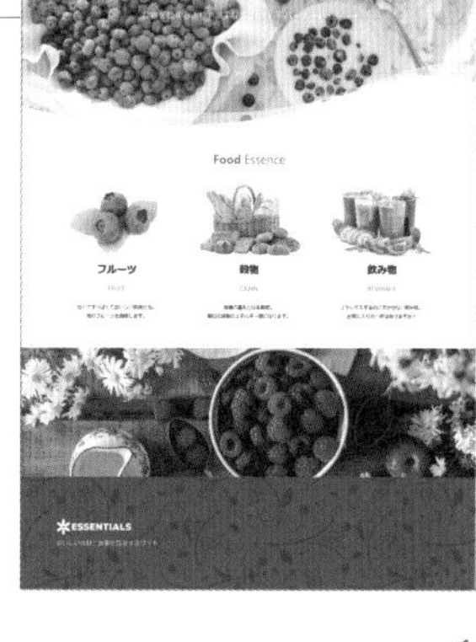

Gatsbyにおけるスタイルの適用

Gatsby は React ベースのフレームワークです。そのため、React で利用できるスタイルの適用方法をそのまま利用できます。
React で利用できるスタイリングの方法としては、大きく 4 つの選択肢があります。従来の HTML & CSSとは異なる、新しいCSSのスタイリングにチャレンジしてみてはいかがでしょう。

グローバルCSS

これまでのグローバルな CSS ファイルを利用するものです。既存の Web ページをベースとしているため、本書のサンプルでもこの方法を選択しています。

Gatsby で適用する場合には、Layout コンポーネントなど、サイトの基本となるコンポーネントを通して適用することが推奨されています。これは、gatsby-browser.js を通して適用した場合、後述する CSS in JS との併用に問題の生じるケースが有るためです。

また、SASS/SCSS を利用したい場合には、プラグインの gatsby-plugin-sass と node-sass を利用します。

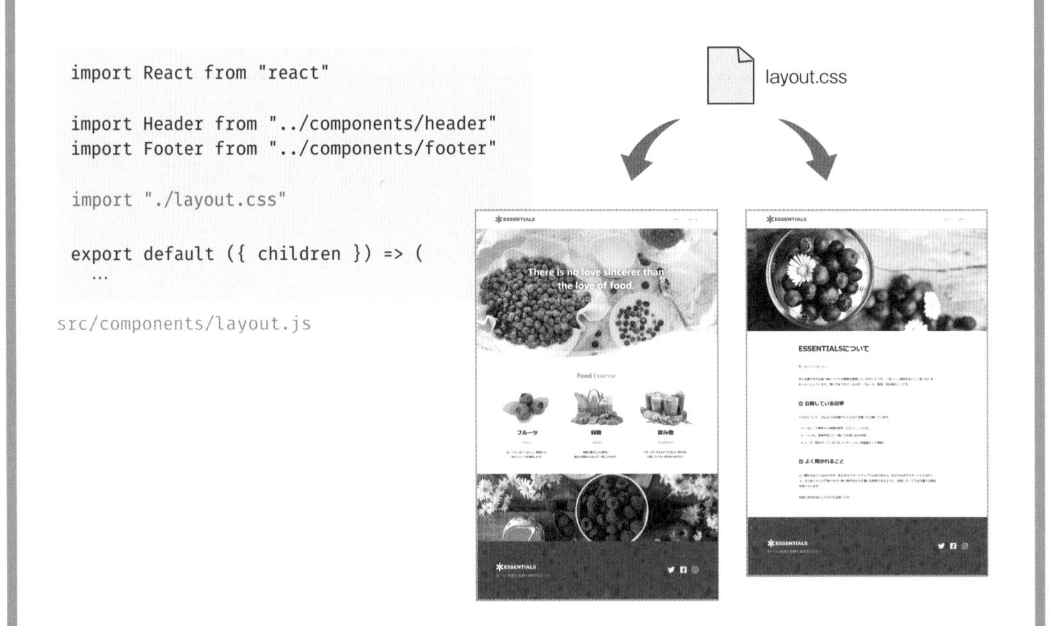
import React from "react"
import Header from "../components/header"
import Footer from "../components/footer"
import "./layout.css"
export default ({ children }) => (
…
src/components/layout.js
layout.css
ESSENTIALS
There is no love sincerer than the love of food.
Food Essence
フルーツ
穀物
飲み物
ESSENTIALSについて
公開している記事
よく聞かれること

インラインスタイル

React では、style 属性にオブジェクトとしてスタイルを指定することで、インラインスタイルを実現しています。ただし、メディアクエリや疑似要素セレクタが使えないといった制限もあります。

```
import React from "react"

export default () => (
  <div className="contents">
    <h1 style={{ color: "red", fontWeight: "normal" }}> 挨拶 </h1>
  </div>
)
```

CSSモジュール

ページのパーツをコンポーネント化していった場合、そのスタイルの管理をグローバルなスコープしか持たないこれまでの CSS で行うのは大変です。そこで、用意されているのが「CSS Modules（CSS モジュール）」です。CSS にローカルスコープを導入できます。

ヘッダーコンポーネントの<div class="container">に適用したい設定をCSSモジュール「header.module.css」として用意。

```
.container {
  display: flex;
  flex-direction: column;
  justify-content: center;
  height: 134px;
  text-align: center;
}

@media (min-width: 768px) {
  .container {
    flex-direction: row;
    justify-content: space-between;
    align-items: center;
    height: 100px;
  }
}
```

src/components/header.module.css

CSSモジュールをlocalStylesとしてimport。

```
import React from "react"
import { Link } from "gatsby"

import localStyles from "./header.module.css"

export default () => (
  <header className="header">
    <div
      className={`
        container
        ${localStyles.container}
      `}
    >
      <div className="site">
      …
```

CSSモジュールの設定を参照するクラスlocalStyles.containerを追加。

src/components/header.js

▼

```
<header className="header">
  <div class="container header-module--container--18lpt">
    …
```

ダイナミックなクラス名で適用され、他のコンポーネントの<div class="container">には影響を与えません。

CSS in JS

CSSの抱える問題をJavaScriptで解決することを目的として、さまざまなCSS in JSライブラリが開発されています。どのライブラリにも多様なスタイルの適用方法が用意されており、自分にマッチしたものを選択することになります。
Gatsbyの公式チュートリアルでは、styled-componentsやemotionが紹介されています。

styled-components
https://styled-components.com/

emotion
https://emotion.sh/

```
…
import { css } from "@emotion/core"

export default ({ data }) => (
 <Layout>
  <section className="hero">
   <figure
     css={css`
       max-height: 100%;
       height: 450px;
       @media (min-width: 768px) {
         height: 750px;
       }
     `}
   >
     <Img
       fluid={data.hero.childImageSharp.fluid}
       alt=""
       style={{ height: "100%" }}
     />
   </figure>
  …
```

src/pages/index.js

emotionのcssを使って、P.85の画像を切り抜く設定を<figure>に適用したもの。

```
…
import styled from "@emotion/styled"

const Postbody = styled.div`
  > * {
    margin-bottom: 2em;
  }
  h2 {
    margin-top: 2.5em;
    margin-bottom: 1.5em;
    font-size: 20px;
  }
  …
  li:not(:last-child) {
    margin-bottom: 1em;
  }

  @media (min-width: 768px) {
    h2 {
      font-size: 28px;
    }
  }
`
…
export default ({ data, … }) => (
 <Layout>
 …
  <Postbody>
   {documentToReactComponents(
     data.contentfulBlogPost.content.json,
     options
   )}
  </Postbody>
…
```

src/template/blogpost-template.js

emotionのstyledを使って、Chapter 8で作成するテンプレートの記事本文<div class="postbody">を、CSS込みで<Postbody>として管理する形にしたもの。

Chapter 4

ページを増やす

Build blazing-fast websites with GatsbyJS

GatsbyJS

STEP

4-1　アバウトページを作成する

アバウトページを作成していきます。

❶ アバウトページのファイルを用意する

アバウトページの内容を記述するファイルを用意します。アバウトページのURLは「/about/」としたいので、src/pages/ 内に「about.js」というファイルを用意します。
ここではトップページをベースに作成していくため、index.js をコピーして about.js を用意します。

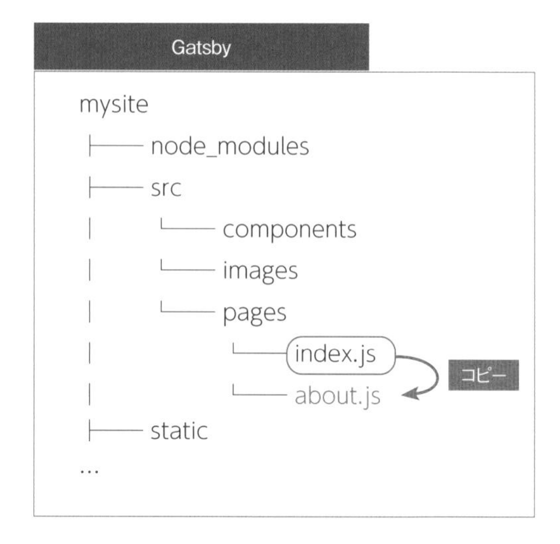

② アバウトページの表示を確認する

開発サーバーを起動し、「http://localhost:8000/about/」にアクセスすると、アバウトページが表示されます。
index.jsをコピーしたため、この段階ではトップページと同じ表示になります。

アバウトページの表示。

③ コンテンツを削除する

about.jsを開き、<Layout> ~ </Layout> 内のコンテンツを削除します。
これで、ヘッダーとフッターだけが表示された状態になります。

ヘッダーとフッターだけが表示されます。

```
…
export default ({ data }) => (
  <Layout>
    <section className="hero">
      …略…
    </section>
  </Layout>
)
```

▶

```
…
export default ({ data }) => (
  <Layout>

  </Layout>
)
```

src/pages/about.js

❹ ベースとなるページからコンテンツを取り込む

<Layout> ～ </Layout> 内に、ベースとなるアバウトページ (base-about.html) からヘッダーとフッターを除いたコンテンツを取り込みます。
コンテンツは JSX に変換します。ここでの変換ポイントは右のとおりです。

変換ポイント

- class 属性 → className
- <img> → <img />
- <i></i> → <i />

ベースとなるアバウトページ: base-about.html

```
<!DOCTYPE html>
<html lang="ja">
…
<body>

<header class="header">
…
</header>

<div class="eyecatch">
 <figure>
  <img src="images/about.jpg"
   alt=" ブルーベリー&ヨーグルト ">
 </figure>
</div>

<article class="content">
 <div class="container">
  <h1 class="bar">ESSENTIALS について </h1>

  <aside class="info">
   <div class="subtitle">
    <i class="fas fa-utensils"></i>
    ABOUT ESSENTIALS
   </div>
  </aside>

  <div class="postbody">
   <p> 体に必要不可欠な食べ物についての情報を発信している
   サイトです。「おいしい食材をおいしく食べる」をモットーにしてい
   ます。特に力を入れているのが、フルーツ、穀物、飲み物の3
   つです。</p>

   <h2><i class="fas fa-check-square"></i>
   公開している記事 </h2>

   <p> これらについて、次のような記事やレシピなどを書いて公開
   しています。</p>

   <ul>
    <li> ヘルシーで美味しい料理の研究・レビュー・レシピ。</li>
    <li> 一人でも、家族や友人と一緒にでも楽しめる料理。</li>
    <li> ユーザー間のオープンなコミュニケーションを基盤とした情報。</li>
   </ul>

   <h2><i class="fas fa-check-square"></i>
   よく聞かれること </h2>

   <p> よく聞かれることなのですが、私たちはスタートアップではあ
   りません。私たちはまだスタートしたばかりで、より多くの人々が
   食べやすい食べ物がもたらす違いを発見できるように、成長し
   サービスを改善する機会を待っています。</p>

   <p> 気長にお付き合いいただければ幸いです。</p>
  </div>
 </div>

</article>

<footer class="footer">
…
</footer>

</body>
</html>
```

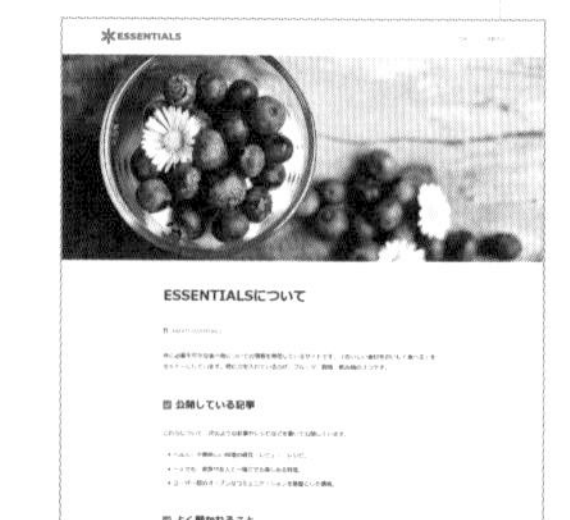

JSXに変換してコピー

Gatsby: src/pages/about.js

```
…
export default ({ data }) => (
 <Layout>
  <div className="eyecatch">
   <figure>
    <img src="images/about.jpg"
     alt=" ブルーベリー&ヨーグルト " />
   </figure>
  </div>

  <article className="content">
   <div className="container">
    <h1 className="bar">ESSENTIALS について </h1>

    <aside className="info">
     <div className="subtitle">
      <i className="fas fa-utensils" />
      ABOUT ESSENTIALS
     </div>
    </aside>

    <div className="postbody">
     <p> 体に必要不可欠な食べ物についての情報を発信して
     いるサイトです。「おいしい食材をおいしく食べる」をモットー
     にしています。特に力を入れているのが、フルーツ、穀物、
     飲み物の3つです。</p>

     <h2><i className="fas fa-check-square" />
     公開している記事 </h2>
     <p> これらについて、次のような記事やレシピなどを書いて
     公開しています。</p>

     <ul>
      <li> ヘルシーで美味しい料理の研究・レビュー・レシピ。</li>
      <li> 一人でも、家族や友人と一緒にでも楽しめる料理。</li>
      <li> ユーザー間のオープンなコミュニケーションを基盤とした情報。
      </li>
     </ul>

     <h2><i className="fas fa-check-square" />
     よく聞かれること </h2>

     <p> よく聞かれることなのですが、私たちはスタートアップで
     はありません。私たちはまだスタートしたばかりで、より多く
     の人々が食べやすい食べ物がもたらす違いを発見できるよう
     に、成長しサービスを改善する機会を待っています。</p>

     <p> 気長にお付き合いいただければ幸いです。</p>
    </div>
   </div>
  </article>

 </Layout>
)
…
```

これで、ヘッダーとフッターの間にアバウトページのコンテンツが表示されます。この段階では画像やアイコンフォントは表示されません。

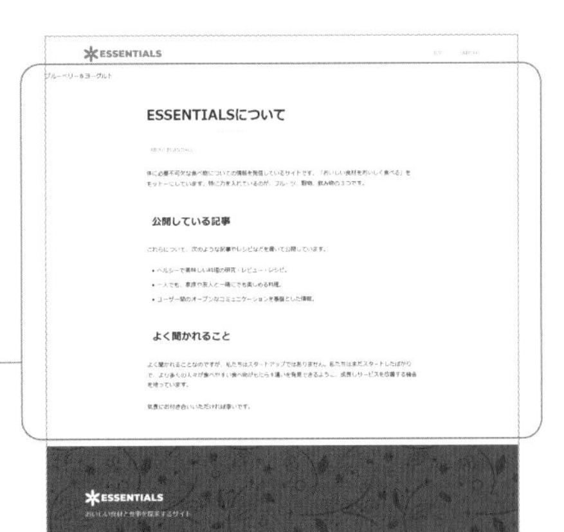

⑤ アイキャッチ画像のクエリを追加する

ページ上部にはアイキャッチ画像（about.jpg）を表示します。画像はgatsby-imageで最適化して表示するため、クエリを追加します。
トップページ用の画像のクエリは削除します。

about.jpg（1600×661ピクセル）。

```
…
export const query = graphql`
  query {
    hero: file(relativePath: { eq: "hero.jpg" }) {
      childImageSharp {
        fluid(maxWidth: 1600) {
          ...GatsbyImageSharpFluid_withWebp
        }
      }
    }
    …略…
    pattern: file(relativePath: { eq: "pattern.jpg" }) {
      childImageSharp {
        fluid(maxWidth: 1920, quality: 90) {
          ...GatsbyImageSharpFluid_withWebp
        }
      }
    }
  }
`
```

トップページ用の画像のクエリ。

▼

```
…
export const query = graphql`
  query {
    about: file(relativePath: { eq: "about.jpg" }) {
      childImageSharp {
        fluid(maxWidth: 1600) {
          ...GatsbyImageSharpFluid_withWebp
        }
      }
    }
  }
`
```

アイキャッチ画像のクエリ。

src/pages/about.js

❻ アイキャッチ画像を最適化して表示する

アイキャッチ画像を最適化して表示するため、<img /> を gatsby-image の <Img /> に置き換え、クエリで取得した fluid のデータを渡します。これで画像が表示されます。

以上で、アバウトページの基本的な表示は完成です。ただし、アイコンが表示されていないため、次のステップで設定していきます。

アイキャッチ画像が表示されます。

```
export default ({ data }) => (
  <Layout>
    <div className="eyecatch">
      <figure>
        <img src="images/about.jpg" alt=" ブルーベリー&ヨーグルト " />
      </figure>
    </div>
…
```

▼

```
export default ({ data }) => (
  <Layout>
    <div className="eyecatch">
      <figure>
        <Img
          fluid={data.about.childImageSharp.fluid}
          alt=" ブルーベリー&ヨーグルト "
        />
      </figure>
    </div>
…
```

src/pages/about.js

STEP

4-2 Font Awesomeでアイコンを表示する

ベースとなるアバウトページでは、Font Awesome を使ってアイコンを表示しています。同じアイコンを Gatsby でも表示するため、ここでは Font Awesome が提供している react-fontawesome を使って設定していきます。アイコンはインライン SVG として埋め込まれます。

react-fontawesome
https://github.com/FortAwesome/react-fontawesome

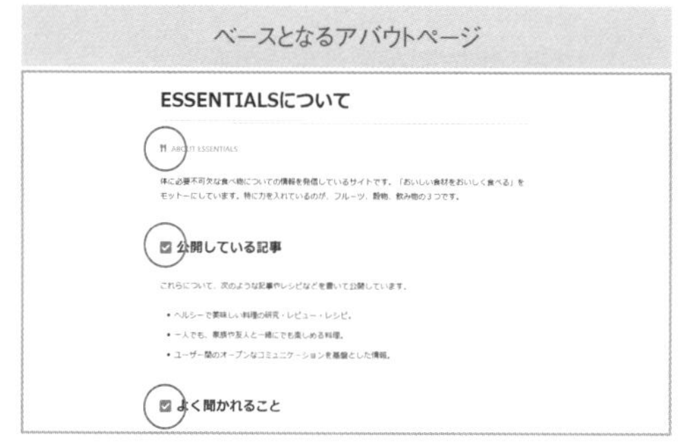

アイコンが表示されています。

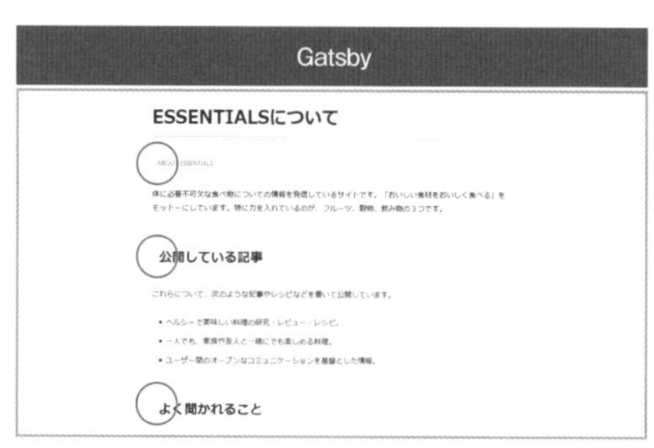

アイコンが表示されていません。

❶ react-fontawesomeをインストールする

まずは、react-fontawesome をインストールします。

```
$ yarn add @fortawesome/fontawesome-svg-core
```

```
$ yarn add @fortawesome/react-fontawesome
```

アイコンのスタイルはフリーで利用できるもの（Solid、Regular、Brands）をインストールしておきます。

```
$ yarn add @fortawesome/free-solid-svg-icons
```

```
$ yarn add @fortawesome/free-regular-svg-icons
```

```
$ yarn add @fortawesome/free-brands-svg-icons
```

❷ アイコンを使えるようにする

@fortawesome/react-fontawesome から FontAwesomeIcon のコンポーネントを import し、アイコンを使えるようにします。

```
...
import Layout from "../components/layout"

import { FontAwesomeIcon } from "@fortawesome/react-fontawesome"

export default ({ data }) => (
```

src/pages/about.js

続けて、使いたいアイコンを import します。ここでは @fortawesome/free-solid-svg-icons（Solid スタイル）の「faUtensils（ナイフとフォーク）」と「faCheckSquare（チェックマーク）」のアイコンを import しています。

```
...
import Layout from "../components/layout"

import { FontAwesomeIcon } from "@fortawesome/react-fontawesome"
import { faUtensils, faCheckSquare } from "@fortawesome/free-solid-svg-icons"

export default ({ data }) => (
...
```

src/pages/about.js

faUtensils

faCheckSquare

アイコン名とスタイル

アイコンはFont AwesomeのIconsページで検索できます。ここでは次の2つのアイコンを使用します。各アイコンのページではアイコン名やどのスタイルに属しているかを確認できます。

アイコン名は<i class=" ～ ">で指定されている「fa-」から始まる値をキャメルケースに変換して使用します。サンプルで使用したアイコンの場合、「fa-utensils」は「faUtensils」、「fa-check-square」は「faCheckSquare」となります。

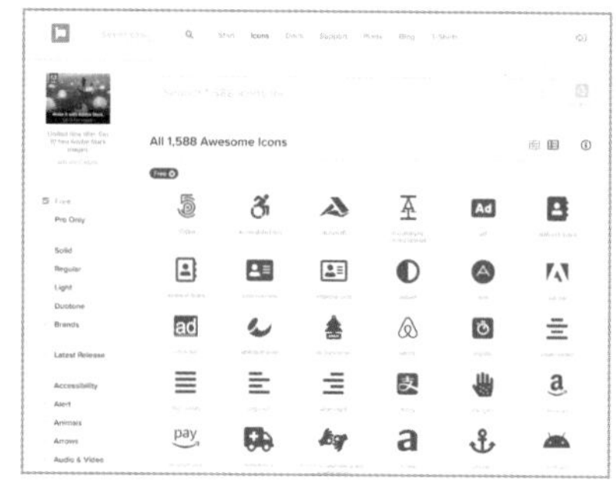

Iconsページ
https://fontawesome.com/icons/

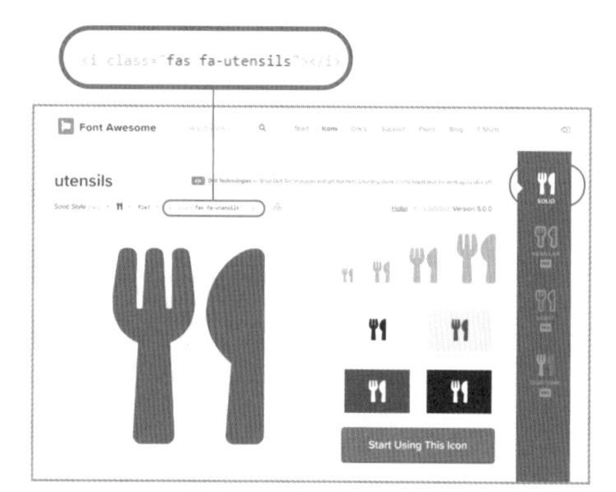

faUtensils

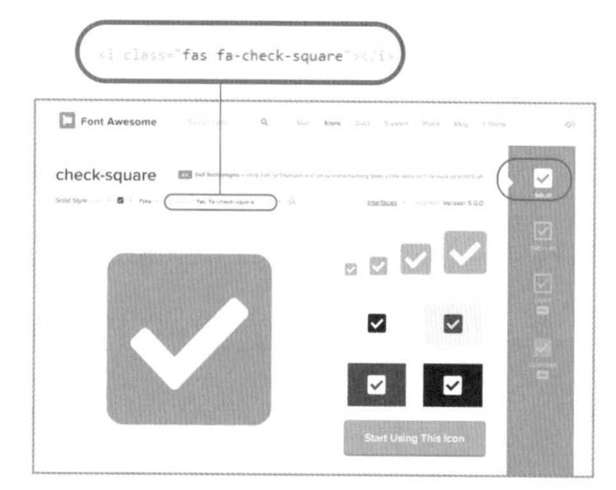

faCheckSquare

❸ アイコンを表示する

アイコンを表示するため、<i /> を <FontAwesomeIcon /> に置き換え、表示したいアイコンを設定します。

```
<aside className="info">
  <div className="subtitle">
    <i className="fas fa-utensils" />
    ABOUT ESSENTIALS
  </div>
</aside>
…
<h2>
  <i className="fas fa-check-square" />
  公開している記事
</h2>
…
<h2>
  <i className="fas fa-check-square" />
  よく聞かれること
</h2>
```

▶

```
<aside className="info">
  <div className="subtitle">
    <FontAwesomeIcon icon={faUtensils} />
    ABOUT ESSENTIALS
  </div>
</aside>
…
<h2>
  <FontAwesomeIcon icon={faCheckSquare} />
  公開している記事
</h2>
…
<h2>
  <FontAwesomeIcon icon={faCheckSquare} />
  よく聞かれること
</h2>
```

src/pages/about.js

アイコンが表示されます。アイコンのコードを確認すると、インライン化されたSVGになっていることがわかります。

```
<h2>
<svg aria-hidden="true" focusable="false"
data-prefix="fas" data-icon="check-square"
class="svg-inline--fa fa-check-square fa-w-14
" role="img" xmlns="http://www.w3.org/2000/svg"
viewBox="0 0 448 512"><path fill="currentColor"
d="M400…628.001z"></path></svg>
公開している記事
</h2>
```

見出しに付加したチェックマークのアイコン（faCheckSquare）のコード。

❹ アイコンが大きく表示されるのを防ぐ

ローカル環境ではほとんどわかりませんが、Netlify にデプロイしてページをロードすると、アイコンが一瞬大きく表示されてから最終的なサイズに変わるのが見えてしまいます。

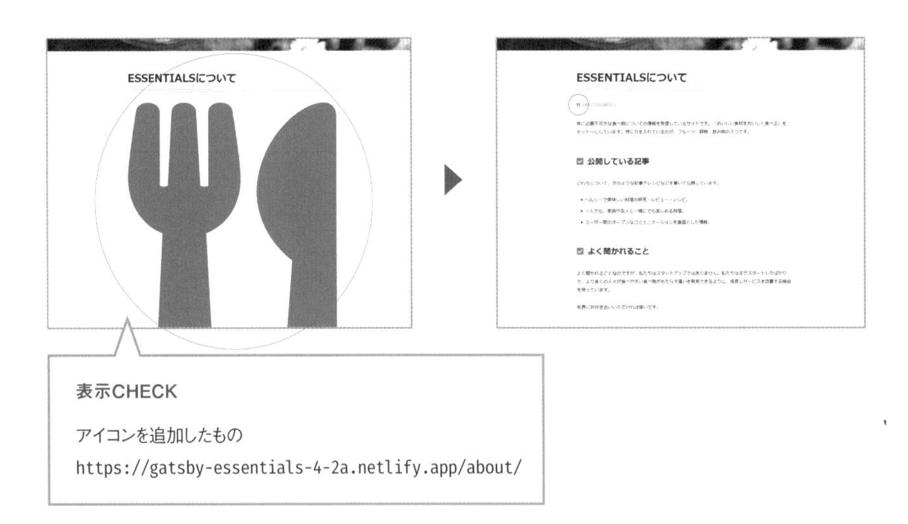

このような表示になるのは、SVG が表示されてから Font Awesome の CSS が適用されるためです。これを防ぐには Font Awesome の CSS を先読みします。そこで、layout.js に以下の設定を追加します。
Font Awesome のコンポーネント内では CSS を適用する必要がなくなったので、その設定も追加しておきます。

```
import "./layout.css"

import "@fortawesome/fontawesome-svg-core/styles.css"
import { config } from "@fortawesome/fontawesome-svg-core"
config.autoAddCss = false
```


src/components/layout.js

アイコンが大きく表示されなくなります。

表示CHECK

アイコンが大きく表示されるのを防止したもの

https://gatsby-essentials-4-2b.netlify.app/about/

STEP

4-3 フッターのSNSメニューをアイコンで表示する

ベースとなるアバウトページを見ると、フッターの SNS メニューも Font Awesome のアイコンで表示しています。そこで、Gatsby でも SNS メニューをアイコンで表示するように設定していきます。

ベースとなるアバウトページ

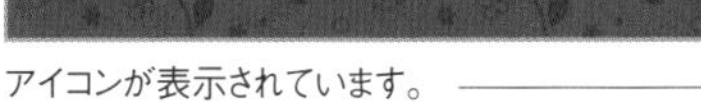
アイコンが表示されています。

Gatsby

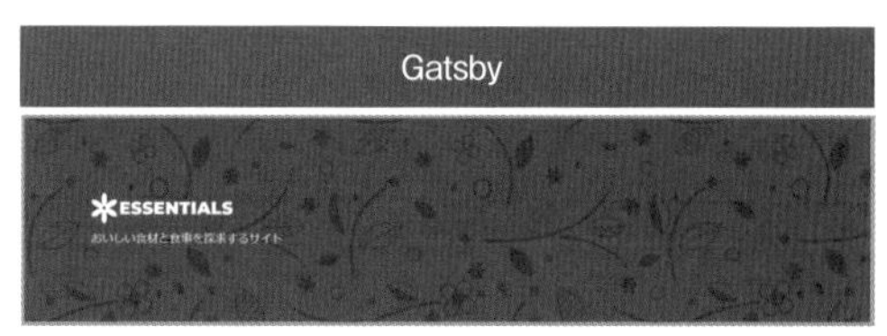

アイコンが表示されていません。

① アイコンを使えるようにする

フッターでもアイコンを使えるようにします。about.js と同じように、footer.js に FontAwesome を使うのに必要な設定を追加します。
さらに、Twitter、Facebook、Instagram のアイコンを使いたいので、@fortawesome/free-brands-svg-icons（Brand スタイル）から「faTwitter」、「faFacebookSquare」、「faInstagram」を import します。

```
import React from "react"
import { graphql, useStaticQuery } from "gatsby"
import Img from "gatsby-image"

import { FontAwesomeIcon } from "@fortawesome/react-fontawesome"
import {
  faTwitter,
  faFacebookSquare,
  faInstagram,
} from "@fortawesome/free-brands-svg-icons"

export default () => {
…
```

src/components/footer.js

② アイコンを表示する

<i /> を <FontAwesomeIcon /> に置き換え、アイコンを表示します。

以上で、Font Awesome を使ったアイコンの表示は完了です。

アイコンが表示されます。

```
<ul className="sns">
  <li>
    <a href="https://twitter.com/">
      <i className="fab fa-twitter" />
      <span className="sr-only">Twitter</span>
    </a>
  </li>
  <li>
    <a href="https://facebook.com/">
      <i className="fab fa-facebook-square" />
      <span className="sr-only">Facebook</span>
    </a>
  </li>
  <li>
    <a href="http://instagram.com/">
      <i className="fab fa-instagram" />
      <span className="sr-only">Instagram</span>
    </a>
  </li>
</ul>
```

▶

```
<ul className="sns">
  <li>
    <a href="https://twitter.com/">
      <FontAwesomeIcon icon={faTwitter} />
      <span className="sr-only">Twitter</span>
    </a>
  </li>
  <li>
    <a href="https://facebook.com/">
      <FontAwesomeIcon icon={faFacebookSquare} />
      <span className="sr-only">Facebook</span>
    </a>
  </li>
  <li>
    <a href="http://instagram.com/">
      <FontAwesomeIcon icon={faInstagram} />
      <span className="sr-only">Instagram</span>
    </a>
  </li>
</ul>
```

src/components/footer.js

STEP

4-4 リンクを設定する

ベースとなるアバウトページでは、ロゴ画像、ナビゲーションメニュー、SNS メニューに <a> でリンクを設定してあります。

このうち、SNS メニューは外部サイトへのリンクなため、<a> で設定したリンクのままにしておきます。

それ以外は、サイト内のページへの内部リンクです。内部リンクは Gatsby が用意した機能を利用することで、リンク先の先読みといった処理を付加し、ページ遷移を高速化できます。

❶ Gatsbyのリンクの機能を使えるようにする

まずはヘッダーの内部リンクを設定していきます。header.js を開き、gatsby から Link のコンポーネントを import します。これで、Gatsby のリンクの機能が使えるようになります。

```
import React from "react"
import { Link } from "gatsby"

export default () => (
  <header className="header">
…
```

src/components/header.js

❷ リンクを置き換える

ロゴ画像とナビゲーションメニューのリンク <a> ～ </a> を <Link> ～ </Link> に置き換えます。リンク先は絶対パスで、トップページは「/」、アバウトページは「/about/」と指定します。

```
…
export default () => (
  <header className="header">
    <div className="container">
      <div className="site">
        <a href="base-index.html">
          <svg xmlns=…>
            …略…
          </svg>
        </a>
      </div>
      <nav className="nav">
        <ul>
          <li>
            <a href="base-index.html">TOP</a>
          </li>
          <li>
            <a href="base-about.html">ABOUT</a>
          </li>
        </ul>
      </nav>
    </div>
  </header>
)
```

▶

```
…
export default () => (
  <header className="header">
    <div className="container">
      <div className="site">
        <Link to={`/`}>
          <svg xmlns=…>
            …略…
          </svg>
        </Link>
      </div>
      <nav className="nav">
        <ul>
          <li>
            <Link to={`/`}>TOP</Link>
          </li>
          <li>
            <Link to={`/about/`}>ABOUT</Link>
          </li>
        </ul>
      </nav>
    </div>
  </header>
)
```

src/components/header.js

リンクをクリックして、リンク先が開くことを確認します。

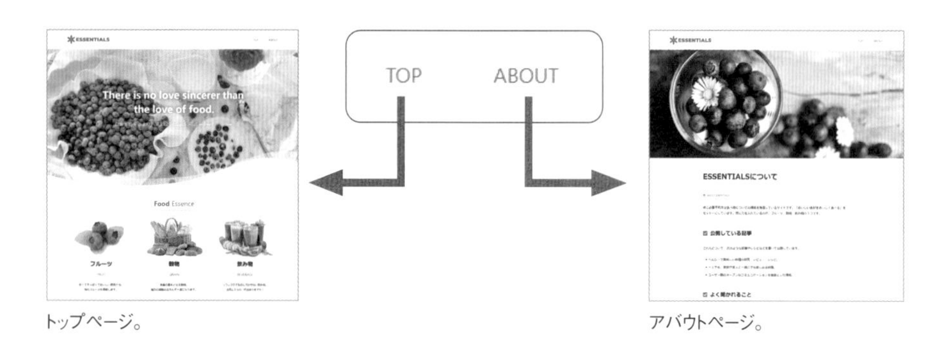

トップページ。

アバウトページ。

③ フッターのリンクも置き換える

ヘッダーと同じように、フッターも内部リンクの <a> ～ </a> を <Link> ～ </Link> に置き換えます。footer.js を開き、gatsby から Link のコンポーネントを import します。

```
import React from "react"
import { graphql, useStaticQuery, Link } from "gatsby"
import Img from "gatsby-image"
…
```

src/components/footer.js

ロゴ画像とテキストに設定したトップページへのリンクを <Link> ～ </Link> に置き換えます。

```
…
return (
  <footer className="footer">
    <div className="container">
      <div className="site">
        <a href="base-index.html">
          <svg xmlns=…>
            …略…
          </svg>
          <p> おいしい食材と食事を探求するサイト </p>
        </a>
      </div>
```

▶

```
…
return (
  <footer className="footer">
    <div className="container">
      <div className="site">
        <Link to={`/`}>
          <svg xmlns=…>
            …略…
          </svg>
          <p> おいしい食材と食事を探求するサイト </p>
        </Link>
      </div>
```

src/components/footer.js

リンクをクリックして、トップページが開くことを確認します。
以上で、リンクの設定は完了です。

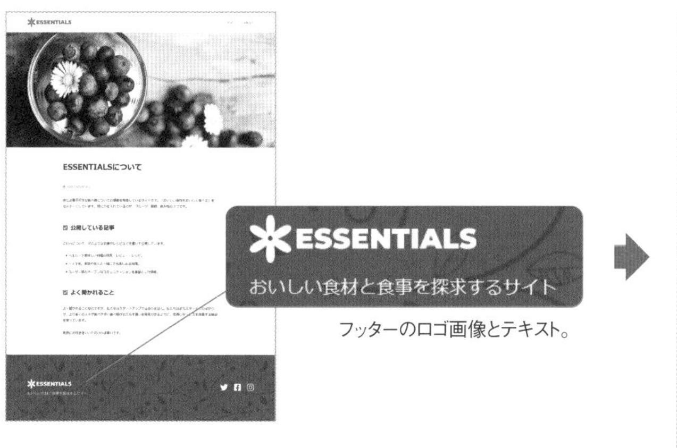

フッターのロゴ画像とテキスト。

STEP

4-5 404ページを作成する

存在しないページにアクセスがあったときに表示する404 ページを作成します。

404 ページの内容は、src/pages/ 内に「404.js」というファイルを用意して記述していきます。まずは他のページと同じように、React コンポーネントのベースを用意しておきます。

```
import React from "react"

export default () => (

)
```

src/pages/404.js

Gatsby

```
mysite
├── node_modules
├── src
|     └── components
|     └── images
|     └── pages
|           └── index.js
|           └── about.js
|           └── 404.js
├── static
…
```

❶ 404ページのコンテンツを記述する

404.js を開き、404 ページのコンテンツを記述します。ここでは「お探しのページが見つかりませんでした」というメッセージを記述し、大見出しとして <h1> でマークアップしています。

```
import React from "react"

export default () => (
  <h1> お探しのページが見つかりませんでした </h1>
)
```

src/pages/404.js

❷ 404ページの表示を確認する

開発サーバーを起動し、存在しないページのURLにアクセスしてみます。
たとえば、「http://localhost:8000/abc/」にアクセスすると、右のように表示されます。このページは開発サーバー用の404ページで、最終的にビルドして公開したときには表示されません。

404.jsで生成され、ビルドして公開したときに表示される404ページを確認するためには、「Preview custom 404 page」をクリックします。
すると、404.jsに記述したメッセージが表示されます。

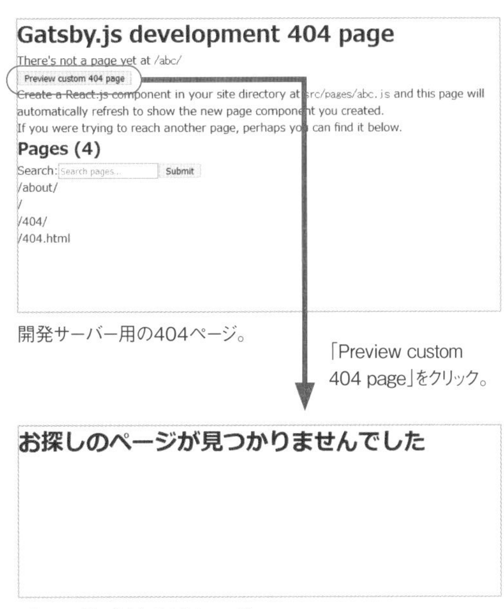
Gatsby.js development 404 page
There's not a page yet at /abc/
Preview custom 404 page
Create a React.js component in your site directory at src/pages/abc.js and this page will automatically refresh to show the new page component you created.
If you were trying to reach another page, perhaps you can find it below.
Pages (4)
Search:
Submit
/about/
/
/404/
/404.html
お探しのページが見つかりませんでした

開発サーバー用の404ページ。

「Preview custom 404 page」をクリック。

404.jsで生成される404ページ。

❸ ヘッダーとフッターを追加する

サイト内の1ページとして統一したデザインにするため、404ページにもヘッダーとフッターを追加します。レイアウトコンポーネントを「Layout」としてimportし、コンテンツ全体を<Layout>～</Layout>で囲みます。

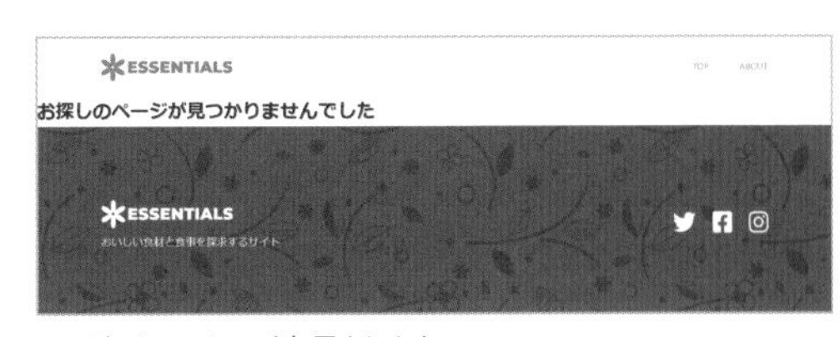
ESSENTIALS
お探しのページが見つかりませんでした
ESSENTIALS

ヘッダーとフッターが表示されます。

```
import React from "react"
import Layout from "../components/layout"

export default () => (
  <Layout>
    <h1>お探しのページが見つかりませんでした</h1>
  </Layout>
)
```

src/pages/404.js

❹ メッセージの表示を整える

CSSで404ページのメッセージの表示を整えます。ここでは<h1>のstyleでメッセージの上下に余白を追加し、中央揃えにしています。

メッセージの表示が整います。

```
import React from "react"
import Layout from "../components/layout"

export default () => (
  <Layout>
    <h1 style={{ padding: "20vh 0", textAlign: "center" }}>
      お探しのページが見つかりませんでした
    </h1>
  </Layout>
)
```

src/pages/404.js

開発用の404ページ

開発サーバーを利用しているときに表示される開発用の404ページでは、サイト内に存在するすべてのページへのリンクが表示されています。

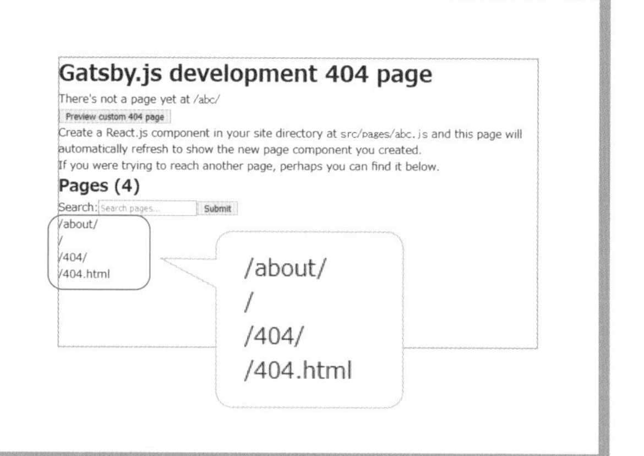
Gatsby.js development 404 page
There's not a page yet at /abc/
Preview custom 404 page
Create a React.js component in your site directory at src/pages/abc.js and this page will automatically refresh to show the new page component you created.
If you were trying to reach another page, perhaps you can find it below.
Pages (4)
Search:
Submit
/about/
/
/404/
/404.html
/about/
/
/404/
/404.html

Chapter 5

メタデータの設定

STEP

5-1　基本的なメタデータの追加

Web ページに関する情報はメタデータとして <head> 内に記述します。たとえば、Gatsby で生成したトップページのコードを確認すると、初期状態では次のようなメタデータが出力されています。
しかし、Web ページのメタデータとしては不十分です。

トップページの生成コード

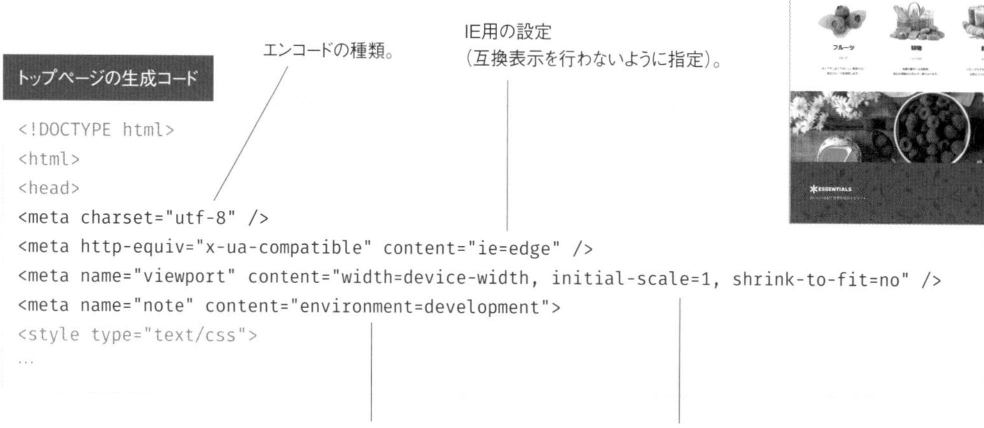

エンコードの種類。
IE用の設定
（互換表示を行わないように指定）。
開発サーバー環境で表示している場合に挿入される設定。
ビューポートの設定。

```
<!DOCTYPE html>
<html>
<head>
<meta charset="utf-8" />
<meta http-equiv="x-ua-compatible" content="ie=edge" />
<meta name="viewport" content="width=device-width, initial-scale=1, shrink-to-fit=no" />
<meta name="note" content="environment=development">
<style type="text/css">
…
```

ここでは基本的なメタデータとして、次のような形でページのタイトルと説明、言語の種類を追加していきます。

追加したいメタデータ

```
<!DOCTYPE html>
<html lang=" 言語の種類 ">
<head>
<meta charset="utf-8" />
<meta http-equiv="x-ua-compatible" content="ie=edge" />
<meta name="viewport" content="width=device-width, initial-scale=1, shrink-to-fit=no" />
<meta name="note" content="environment=development">
<title> ページのタイトル </title>
<meta name="description" content=" ページの説明 " />
<style type="text/css">
…
```

❶ メタデータを追加するための準備

メタデータを追加するためには、<head>を管理するReact Helmetとgatsby-plugin-react-helmetを使用します。まずはこれらをインストールします。

```
$ yarn add gatsby-plugin-react-helmet react-helmet
```

gatsby-config.jsに、gatsby-plugin-react-helmetの設定を追加します。

gatsby-plugin-react-helmet
https://www.gatsbyjs.org/packages/gatsby-plugin-react-helmet/

react-helmet
https://github.com/nfl/react-helmet

```
module.exports = {
  /* Your site config here */
  plugins: [
    `gatsby-transformer-sharp`,
    `gatsby-plugin-sharp`,
    {
      resolve: `gatsby-source-filesystem`,
      options: {
        name: `images`,
        path: `${__dirname}/src/images/`,
      },
    },
    `gatsby-plugin-react-helmet`
  ],
}
```

gatsby-config.js

❷ メタデータの設定を記述するファイルを用意する

メタデータの設定を記述するファイルを用意します。ここではsrc/components/フォルダ内に「seo.js」というファイルを作成し、Reactコンポーネントのベースを用意しています。

```
import React from "react"

export default () => (

)
```

src/components/seo.js

Gatsby

```
mysite
├── node_modules
├── src
│    └── components
│         └── header.js
│         └── footer.js
│         └── layout.js
│         └── layout.css
│         └── seo.js
│    └── images
…
```

5

③ メタデータを追加できるようにする

メタデータを追加できるようにするため、react-helmet からコンポーネントを「Helmet」として import します。

```
import React from "react"
import { Helmet } from "react-helmet"

export default () => (

)
```

src/components/seo.js

④ 追加したいメタデータを用意する

ページに追加したいメタデータを <Helmet> ～ </Helmet> 内に用意します。この段階では各メタデータには仮の値を入れておきます。

```
import React from "react"
import { Helmet } from "react-helmet"

export default () => (
  <Helmet>
    <html lang=" 言語の種類 " />
    <title> タイトル </title>
    <meta name="description" content=" 説明 " />
  </Helmet>
)
```

src/components/seo.js

⑤ メタデータを追加する

seo.js で用意したメタデータをトップページに追加してみます。

index.js を開き、seo.js からコンポーネントを「SEO」として import します。
その上で、<Layout> 内に <SEO /> を追加します。

```
import React from "react"
import { graphql } from "gatsby"
import Img from "gatsby-image"

import Layout from "../components/layout"

import SEO from "../components/seo"

export default ({ data }) => (
  <Layout>
    <SEO />
    <section className="hero">
…
```

src/pages/index.js

開発サーバーを起動しなおし、トップページの生成コードを確認すると、以下のように seo.js で用意したメタデータが追加されています。

トップページの生成コード

```
<!DOCTYPE html>
<html data-react-helmet="lang" lang=" 言語の種類 ">
<head>
<meta charset="utf-8" />
<meta http-equiv="x-ua-compatible" content="ie=edge" />
<meta name="viewport" content="width=device-width, initial-scale=1, shrink-to-fit=no" />
<title> ページのタイトル </title>
<meta name="description" content=" 説明 " data-react-helmet="true" />
<style type="text/css">
…
```

次のステップではメタデータの値を管理し、ページごとに値を変える設定をしていきます。

5

STEP

5-2 メタデータの値

メタデータの値は、サイト全体で使用する値と、ページごとに使用する値とで、用意する方法が変わってきます。そこで、各ページのメタデータの値をどのように設定したいかを書き出してみると次のようになります。

トップページ

タイトル　ESSENTIALS
説明　おいしい食材と食事を探求するサイト
言語の種類　ja

アバウトページ

タイトル　サイトについて | ESSENTIALS
説明　食べ物についての情報を発信しているサイトです
言語の種類　ja

404ページ

タイトル　ページが見つかりません | ESSENTIALS
説明　おいしい食材と食事を探求するサイト
言語の種類　ja

- タイトルについては、トップページは「サイト名」、それ以外のページは「ページごとのタイトル | サイト名」という形にします。サンプルのサイト名は「ESSENTIALS」です。
- 説明はトップページと404ページでは同じものを使用しますが、それ以外はページごとに用意します。
- 言語の種類は全ページ「ja（日本語）」です。

そのため、青字部分は「サイト全体で使用する値」、赤字部分は「ページごとに使用する値」として用意します。

❶ サイト全体で使用するメタデータの値を用意する

サイト全体で繰り返し使用したいメタデータは、siteMetadataとして用意しておくと、GraphQLのクエリで取得できるようになっています。
siteMetadataの設定はgatsby-config.jsに記述します。ここではサイト全体で使用する「タイトル（title）」、「説明（description）」、「言語の種類（lang）」の値を用意しています。

```
module.exports = {
  /* Your site config here */
  siteMetadata: {
    title: `ESSENTIALS`,
    description: `おいしい食材と食事を探求するサイト`,
    lang: `ja`,
  },
  plugins: [
…
```

gatsby-config.js

❷ クエリを作成する

gatsby-config.jsを編集したら開発サーバーを起動しなおし、**GraphiQL**にアクセスします。
Explorerを見ると、「site」内に「siteMetadata」というフィールドが増えています。
site > siteMetadata内のすべてのフィールドにチェックを付けて、次のようにクエリを作成します。実行すると、siteMetadataで用意したメタデータの値が取得されます。

```
query MyQuery {
  site {
    siteMetadata {
      title
      lang
      description
    }
  }
}
```

```
{
 "data": {
  "site": {
   "siteMetadata": {
    "title": "ESSENTIALS",
    "lang": "ja",
    "description": "おいしい食材と食事を探求するサイト"
   }
  }
 }
}
```

site>siteMetadata内のフィールドをチェック。

❸ クエリを追加する

siteMetadataで用意した値をメタデータの値として利用します。作成したクエリをseo.jsに追加するため、P.109のfooter.jsのときと同じようにuseStaticQueryを使用して以下のように書き換えます。

```
import React from "react"
import { Helmet } from "react-helmet"
import { useStaticQuery, graphql } from "gatsby"

export default () => {
  const data = useStaticQuery(graphql`
    query {
      site {
        siteMetadata {
          title
          lang
          description
        }
      }
    }
  `)

  return (
    <Helmet>
      <html lang="言語の種類" />
      <title>タイトル</title>
      <meta name="description" content="説明" />
    </Helmet>
  )
}
```

gatsbyからuseStaticQueryとgraphqlをimport

注意

GraphiQLで作成したクエリをコピー。

注意

src/components/seo.js

④ クエリで取得した値に置き換える

メタデータの値を、クエリで取得したsiteMetadataのlang、title、descriptionの値に置き換えます。

```
…
  return (
    <Helmet>
      <html lang=" 言語の種類 " />
      <title> タイトル </title>
      <meta name="description" content=" 説明 " />
    </Helmet>
  )
}
```

▼

```
…
  return (
    <Helmet>
      <html lang={data.site.siteMetadata.lang} />
      <title>{data.site.siteMetadata.title}</title>
      <meta name="description" content={data.site.siteMetadata.description} />
    </Helmet>
  )
}
```

src/components/seo.js

トップページのコードを確認すると、メタデータの値が置き換わっています。
以上で、トップページの基本的なメタデータの設定は完了です。

トップページの生成コード

```
<!DOCTYPE html>
<html data-react-helmet="lang" lang="ja">
<head>
<meta charset="utf-8" />
<meta http-equiv="x-ua-compatible" content="ie=edge" />
<meta name="viewport" content="width=device-width, initial-scale=1, shrink-to-fit=no" />
<title>ESSENTIALS</title>
<meta name="description" content=" おいしい食材と食事を探求するサイト " data-react-helmet="true" />
<style type="text/css">
…
```

5

⑤ トップページ以外のページにもメタデータを追加する

トップページ以外のアバウトページ（about.js）と404ページ（404.js）にもSEOコンポーネントをimportして、メタデータを追加します。

アバウトページ

```
…
import { FontAwesomeIcon } from "@
fortawesome/react-fontawesome"
import { faUtensils, faCheckSquare } from "@
fortawesome/free-solid-svg-icons"

import SEO from "../components/seo"

export default ({ data }) => (
  <Layout>
    <SEO />
    <div className="eyecatch">
…
```

src/pages/about.js

404ページ

```
import React from "react"
import Layout from "../components/layout"

import SEO from "../components/seo"

export default () => (
  <Layout>
    <SEO />
    <h1 style={{ padding: `20vh 0`, … }}>
      お探しのページが見つかりませんでした
    </h1>
  </Layout>
)
```

src/pages/404.js

これで、各ページにもメタデータが追加されます。ただし、出力される値はトップページと同じです。次のステップで、ページごとに値を変える設定をしていきます。

アバウトページと404ページの生成コード

```
<!DOCTYPE html>
<html data-react-helmet="lang" lang="ja">
<head>
<meta charset="utf-8" />
<meta http-equiv="x-ua-compatible" content="ie=edge" />
<meta name="viewport" content="width=device-width, initial-scale=1, shrink-to-fit=no" />
<title>ESSENTIALS</title>
<meta name="description" content=" おいしい食材と食事を探求するサイト " data-react-helmet="true" />
<style type="text/css">
…
```

STEP

5-3 ページごとにメタデータの値を変える

ページごとに必要に応じてメタデータの値を変更できるようにします。そこで、SEO コンポーネントにページごとに変更したい値を渡せるようにします。

❶ アバウトページのタイトルと説明を指定する

アバウトページ（about.js）ではタイトルと説明の値を変更するため、<SEO /> で次のように値を指定します。ここではタイトルを「pagetitle」、説明を「pagedesc」で指定しています。

```
export default ({ data }) => (
  <Layout>
    <SEO
      pagetitle="ESSENTIALS について"
      pagedesc="食べ物についての情報を発信しているサイトです。"
    />
    <div className="eyecatch">
…
```

src/pages/about.js

指定された値は props に入ってきていますので、まずはコンポーネントの中で使えるようにします。

```
import React from "react"
import { Helmet } from "react-helmet"
import { useStaticQuery, graphql } from "gatsby"

export default () => {
  const data = useStaticQuery(graphql`
…
```

▼

```
import React from "react"
import { Helmet } from "react-helmet"
import { useStaticQuery, graphql } from "gatsby"

export default props => {
  const data = useStaticQuery(graphql`
…
```

src/components/seo.js

5

タイトルと説明をpropsの値に置き換えます。ただし、propsの値がない場合も考慮しなければなりません。

タイトル

pagetitleを指定している場合にはpagetitleの値が入っているprops.pagetitleを、指定がない場合にはdata.site.siteMetadata.titleを使用します。

説明

pagedescを指定している場合にはpagedescの値が入っているprops.pagedescを、指定がない場合にはdata.site.siteMetadata.descriptionを使用します。

```
export default props => {
  const data = useStaticQuery(graphql`
    query {
      …
    }
  `)

  return (
    <Helmet>
      <html lang={data.site.siteMetadata.lang} />
      <title>{data.site.siteMetadata.title}</title>
      <meta name="description" content={data.site.siteMetadata.description} />
    </Helmet>
  )
}
```

▼

```
export default props => {
  const data = useStaticQuery(graphql`
    query {
      …
    }
  `)

  const title = props.pagetitle || data.site.siteMetadata.title

  const description = props.pagedesc || data.site.siteMetadata.description

  return (
    <Helmet>
      <html lang={data.site.siteMetadata.lang} />
      <title>{title}</title>
      <meta name="description" content={description} />
    </Helmet>
  )
}
```

src/components/seo.js

トップページとアバウトページの生成コードを確認します。トップページのタイトルと説明に変化はありませんが、アバウトページでは値が変わっています。

トップページの生成コード

```
…
<meta name="viewport" content="width=device-width, initial-scale=1, shrink-to-fit=no" />
<title>ESSENTIALS</title>
<meta name="description" content="おいしい食材と食事を探求するサイト" data-react-helmet="true" />
```

アバウトページの生成コード

```
…
<meta name="viewport" content="width=device-width, initial-scale=1, shrink-to-fit=no" />
<title>ESSENTIALSについて</title>
<meta name="description" content="食べ物についての情報を発信しているサイトです。" data-react-helmet="true" />
```

論理演算子

Reactでは、&&や||を使った条件分岐の表現をよく見かけます。

`aaa && bbb`	はaaaを評価し、 aaaがtrueなら「bbb」を返し、falseなら「aaa」を返します。
`aaa || bbb`	はaaaを評価し、 aaaがtrueなら「aaa」を返し、falseなら「bbb」を返します。

JavaScriptでは、null、0、空文字列("")、undefinedもfalseと評価されるため、これを利用して値の有無での条件分岐に利用されます。

❷ タイトルのフォーマットを変更する

トップページ以外のページではタイトルのフォーマットを「ページごとのタイトル | サイト名」という形にします。
そこで、pagetitleを指定している場合には「`${props.pagetitle} | ${data.site.siteMetadata.title}`」を使用し、指定がない場合にはこれまで通りdata.site.siteMetadata.titleを使用します。

```
...
  const title = props.pagetitle || data.site.siteMetadata.title

  const description = props.pagedesc || data.site.siteMetadata.description
```

▼

```
...
  const title = props.pagetitle
    ? `${props.pagetitle} | ${data.site.siteMetadata.title}`
    : data.site.siteMetadata.title

  const description = props.pagedesc || data.site.siteMetadata.description
```

src/components/seo.js

トップページのタイトルに変化はありませんが、アバウトページではタイトルが「ESSENTIALSについて | ESSENTIALS」になります。

トップページの生成コード

```
...
<title>ESSENTIALS</title>
<meta name="description" content="おいしい食材と食事を探求するサイト" data-react-helmet="true" />
```

アバウトページの生成コード

```
...
<title>ESSENTIALSについて | ESSENTIALS</title>
<meta name="description" content="食べ物についての情報を発信しているサイトです。" data-react-helmet="true" />
```

三項演算子

三項演算子を使った条件分岐もReactではよく見かけます。

```
aaa ? bbb : ccc
```

はaaaを評価し、
aaaがtrueなら「bbb」を、falseなら「ccc」を返します。

論理演算子と同様に、値の有無で処理を変えたい場合に使われます。

テンプレートリテラル

テンプレートリテラル`～`はJavaScriptの中に文字列を埋め込みます。さらに、文字列の中には${…}で式を書くことができます。

`タイトルは「${props.pagetitle}」です` ▶ タイトルは「ESSENTIALSについて」です

③ 404ページのタイトルを指定する

アバウトページと同じように、404ページ（404.js）のタイトルを<SEO />のpagetitleで指定します。ここでは「ページが見つかりません」と指定しています。
説明は変更しないため、pagedescは指定していません。

```
export default () => (
  <Layout>
    <SEO pagetitle="ページが見つかりません" />
    <h1 style={{ padding: `20vh 0`, textAlign: `center` }}>
…
```

src/pages/404.js

これで、404 ページのタイトルが「ページが見つかりません | ESSENTIALS」になります。

以上で、ページごとにメタデータの値を変える設定は完了です。

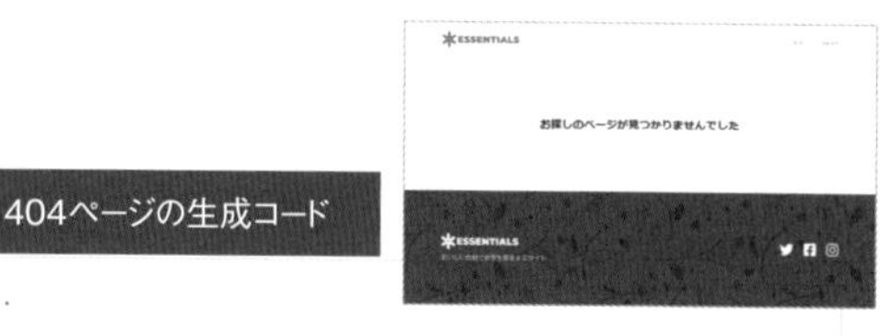

404ページの生成コード

```
…
<title>ページが見つかりません | ESSENTIALS</title>
<meta name="description" content="おいしい食材と食事を探求するサイト" data-react-helmet="true" />
```

Reactコンポーネントとprops

React にはコンポーネントが「props（プロパティ）」というオブジェクトを受け取る機能が用意されています。
SEO コンポーネントで、pagetitle="～" と指定した値を props.pagetitle として受け取っているのもこの機能を利用したものです。

```
export default ({ data }) => (
  <Layout>
    <SEO
      pagetitle="ESSENTIALSについて"
      pagedesc="食べ物について…"
    />
    <div className="eyecatch">
…
```

src/pages/about.js

```
export default props => {
…
const title = props.pagetitle
…
const description = props.pagedesc
…
}
```

src/components/seo.js

また、ページコンポーネントで query の結果が返ってくる data（P.71）や、ページのパスなどが含まれている location（P.157）も props としてコンポーネントに渡されたものですし、gatsby-image で fluid のデータを渡しているのもこの機能を使っています。

STEP

5-4 ページのURLを明示する

ページの URL を明示するメタデータ <link rel="canonical" href=" ～ " /> を追加します。

追加したいメタデータ

```
<link rel="canonical" href=" ページの URL" />
```

トップページ
https://*****.netlify.app

アバウトページ
https://*****.netlify.app/about/

404ページ
https://*****.netlify.app/～/

❶ siteMetadataにトップページのURLを追加する

まずは、トップページの URL（サイトの URL）の値を siteMetadata に追加します。ここでは siteUrl で、サイトを公開している Netlify のアドレスを指定しています。
URL は末尾に「/」を付けない形で指定し、後から「/about/」といったパスを付加してトップ以外のページの URL を明示できるようにします。

```
module.exports = {
  /* Your site config here */
  siteMetadata: {
    title: `ESSENTIALS`,
    description: `おいしい食材と食事を探求するサイト`,
    lang: `ja`,
    siteUrl: `https://********.netlify.app`,
  }
  plugins: [
…
```

gatsby-config.js

❷ トップページのURLを明示する

クエリで siteUrl の値を取得し、<link rel= "canonical" href=" ～ " /> で指定します。

```
export default props => {
  const data = useStaticQuery(graphql`
    query {
      site {
        siteMetadata {
          title
          lang
          description
          siteUrl
        }
      }
    }
  `)
…

  return (
    <Helmet>
      <html lang={data.site.siteMetadata.lang} />
      <title>{title}</title>
      <meta name="description" content={description} />

      <link rel="canonical" href={data.site.siteMetadata.siteUrl} />
    </Helmet>
  )
}
```

src/components/seo.js

これで、右のようにトップページの URL が明示されます。

なお、このままでは他のページでもトップページの URL が明示されるため、ページごとの URL に変更する設定を追加していきます。

トップページの生成コード

```
…
<title>ESSENTIALS</title>
<link rel="canonical"
href="https://********.netlify.app" data-
react-helmet="true" />
<meta name="description" content="お
いしい食材と食事を探求するサイト" data-react-
helmet="true" />
```

③ アバウトページのパスを指定する

アバウトページでは、トップページのURLに「/about/」というパスを付加したURLを明示します。そこで、<SEO />のpagepathでページのパスを指定します。
ここではロケーションに関するデータが入っているlocationプロパティを利用し、{location.pathname}でパスを指定しています。

```
export default ({ data, location }) => (
  <Layout>
    <SEO
      pagetitle="ESSENTIALSについて"
      pagedesc="食べ物についての情報を発信しているサイトです。"
      pagepath={location.pathname}
    />
    <div className="eyecatch">
…
```

アバウトページの場合、location.pathnameで「/about/」が取得されます。

src/pages/about.js

④ アバウトページのURLを明示する

pagepathの指定に応じて、URLを置き換えます。

pagepathを指定している場合にはトップページのURLにパスを付加した形のURL「`${data.site.siteMetadata.siteUrl}${props.pagepath}`」を使用します。指定がない場合にはこれまで通りdata.site.siteMetadata.siteUrlを使用します。

```
  const description = props.pagedesc || data.site.siteMetadata.description

  return (
    <Helmet>
      <html lang={data.site.siteMetadata.lang} />
      <title>{title}</title>
      <meta name="description" content={description} />

      <link rel="canonical" href={data.site.siteMetadata.siteUrl} />
    </Helmet>
  )
}
```

▼

▼

```
  const description = props.pagedesc || data.site.siteMetadata.description

  const url = props.pagepath
    ? `${data.site.siteMetadata.siteUrl}${props.pagepath}`
    : data.site.siteMetadata.siteUrl

  return (
    <Helmet>
      <html lang={data.site.siteMetadata.lang} />
      <title>{title}</title>
      <meta name="description" content={description} />

      <link rel="canonical" href={url} />
    </Helmet>
  )
}
```

src/components/seo.js

これで、アバウトページのURLが明示されます。トップページで明示したURLにはパスが付加されていないことも確認しておきます。

トップページの生成コード

```
…
<title>ESSENTIALS</title>
<link rel="canonical"
href="https://********.netlify.app" data-
react-helmet="true" />
<meta name="description" content="お
いしい食材と食事を探求するサイト" data-react-
helmet="true" />
```

アバウトページの生成コード

```
…
<title>ESSENTIALSについて | ESSENTIALS</title>
<link rel="canonical"
href="https://********.netlify.app/about/"
data-react-helmet="true" />
<meta name="description" content="食べ物に
ついての情報を発信しているサイトです。" data-react-
helmet="true" />
```

❺ 404ページのURLを明示する

404 ページでも URL を明示するため、アバウトページと同じように pagepath でページのパスを指定します。

```
…
export default ({ location }) => (
  <Layout>
    <SEO pagetitle="ページが見つかりません" pagepath={location.pathname} />
    <h1 style={{ padding: `20vh 0`, textAlign: `center` }}>
      お探しのページが見つかりませんでした
    </h1>
  </Layout>
)
```

src/pages/404.js

404 ページでも、アクセスしたページの URL が明示されます。ここでは存在しないページ（/abc/）にアクセスしています。

以上で、ページの URL を明示するメタデータの設定は完了です。

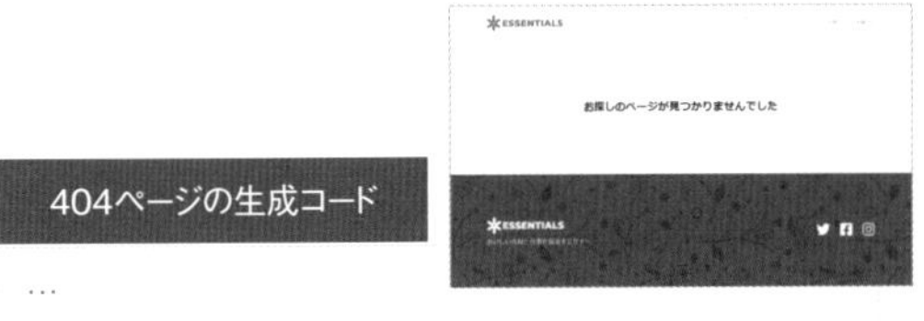

404ページの生成コード

```
…
<title>ページが見つかりません | ESSENTIALS</title>
<link rel="canonical"
href="https://********.netlify.app/abc/"
data-react-helmet="true" />
<meta name="description" content="おいしい
食材と食事を探求するサイト" data-react-helmet=
"true">
```

STEP

5-5 OGPを追加する

主要なSNSで広く利用されているOGP（Open Graph Protocol）によるメタデータを追加します。SNSでページをシェアした際には、OGPで明示したデータを元に、ページのタイトルや画像などが表示されます。

ここでは次のメタデータを追加していきます。OGP画像に関するデータはSTEP 5-6で追加します。

SNSでシェアしたときの表示。

追加したいメタデータ

```
<meta property="og:site_name" content=" サイト名 " />      ┐
<meta property="og:title" content=" タイトル " />          │
<meta property="og:description" content=" 説明 " />       A
<meta property="og:url" content=" ページの URL" />         ┘
<meta property="og:type" content="website" />             ── C
<meta property="og:locale" content=" 言語の種類 " />        ┐
<meta property="fb:app_id" content="Facebook のアプリ ID" /> B
```

Ⓐ… ここまでの設定で値を取得できるものです。

Ⓑ… 「言語の種類」と「Facebookのアプリ ID」はすべてのページで同じ値に設定します。ただし、必要に応じて変更しやすくするため、siteMetadataで値を指定します。

Ⓒ… 「ページの種類」を指定するものです。ここではすべてのページを「website」に設定します。変更できるようにする必要はないため、seo.jsに直接設定を記述します。

❶ Aのメタデータを追加する

Ⓐのメタデータを追加します。それぞれ、ここまでの設定を利用して値を指定しています。

```
  return (
    <Helmet>
      <html lang={data.site.siteMetadata.lang} />
      <title>{title}</title>
      <meta name="description" content={description} />

      <link rel="canonical" href={url} />

      <meta property="og:site_name" content={data.site.siteMetadata.title} />
      <meta property="og:title" content={title} />
      <meta property="og:description" content={description} />
      <meta property="og:url" content={url} />
    </Helmet>
  )
}
```

- サイト名= {data.site.siteMetadatatitle}
- ページのタイトル= {title}
- ページの説明= {description}
- ページの URL = {url}

src/components/seo.js

❷ Bのメタデータを追加する

Ⓑの「言語の種類」と「Facebook のアプリ ID」の値を siteMetadata に追加します。ここでは言語の種類を locale で、アプリ ID を fbappid で指定しています。

```
  siteMetadata: {
    title: `ESSENTIALS`,
    description: ` おいしい食材と食事を探求するサイト `,
    lang: `ja`,
    siteUrl: `https:// ******* .netlify.app`,
    locale: `ja_JP`,
    fbappid: `XXXXXXXXXXXXXXXXXXXXX`,
  }
…
```

gatsby-config.js

クエリで locale と fbappid の値を取得し、<meta /> で指定します。

```
export default props => {
  const data = useStaticQuery(graphql`
    query {
      site {
        siteMetadata {
          title
          lang
          description
          siteUrl
          locale
          fbappid
        }
      }
    }
  `)
…
  return (
    <Helmet>
      …
      <meta property="og:site_name" content={data.site.siteMetadata.title} />
      <meta property="og:title" content={title} />
      <meta property="og:description" content={description} />
      <meta property="og:url" content={url} />

      <meta property="og:locale" content={data.site.siteMetadata.locale} />
      <meta property="fb:app_id" content={data.site.siteMetadata.fbappid} />
    </Helmet>
  )
}
```

src/components/seo.js

❸ Cのメタデータを追加する

Ⓒの「ページの種類」を明示するメタデータを追加します。ここでは一般的な Web ページであることを示す「website」と指定しています。

```
…
      <meta property="og:site_name" content={data.site.siteMetadata.title} />
      <meta property="og:title" content={title} />
      <meta property="og:description" content={description} />
      <meta property="og:url" content={url} />
      <meta property="og:type" content="website" />
      <meta property="og:locale" content={data.site.siteMetadata.locale} />
      <meta property="fb:app_id" content={data.site.siteMetadata.fbappid} />
    </Helmet>
  )
}
```

src/components/seo.js

④ 生成コードを確認する

各ページの生成コードで、OGP の設定ができていることを確認します。OGP の動作チェックは本章の最後に行います。

トップページの生成コード

```
…
<meta property="og:site_name" content="ESSENTIALS" />
<meta property="og:title" content="ESSENTIALS" />
<meta property="og:description" content=" おいしい食材と食事を探求するサイト " />
<meta property="og:url" content="https://********.netlify.app" />
<meta property="og:type" content="website" />
<meta property="og:locale" content="ja_JP" />
<meta property="fb:app_id" content="XXXXXXXXXXXXXXXXXXXXX" />
```

アバウトページの生成コード

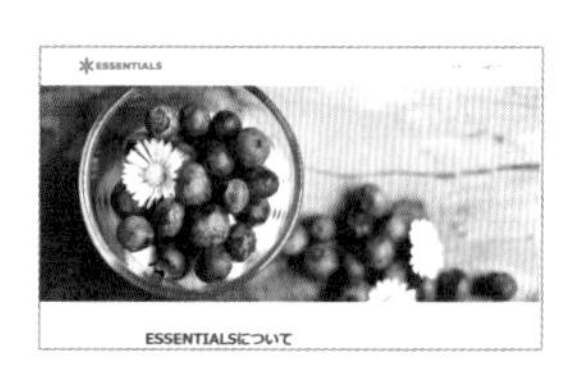


```
…
<meta property="og:site_name" content="ESSENTIALS" />
<meta property="og:title" content="ESSENTIALS について | ESSENTIALS" />
<meta property="og:description" content=" おいしい食材と食事を探求するサイト " />
<meta property="og:url" content="https://********.netlify.app/about/" />
<meta property="og:type" content="website" />
<meta property="og:locale" content="ja_JP" />
<meta property="fb:app_id" content="XXXXXXXXXXXXXXXXXXXXX" />
```

404ページの生成コード

```
…
<meta property="og:site_name" content="ESSENTIALS" />
<meta property="og:title" content=" ページが見つかりません | ESSENTIALS" />
<meta property="og:description" content=" おいしい食材と食事を探求するサイト " />
<meta property="og:url" content="https://********.netlify.app/abc/" />
<meta property="og:type" content="website" />
<meta property="og:locale" content="ja_JP" />
<meta property="fb:app_id" content="XXXXXXXXXXXXXXXXXXXXX" />
```

URLの末尾に付ける /（トレイリングスラッシュ）について

サンプルで追加したメタデータでは、トップ以外のページの URL は末尾に /（トレイリングスラッシュ）を付けた形で明示しています。

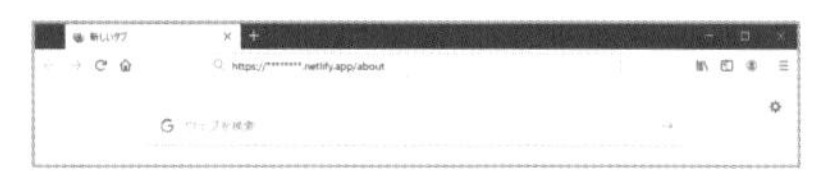

https://***.netlify.app/about
にアクセス。

```
<meta property="og:url"
 content="https://********.netlify.app/about/" />
```

スラッシュなしの URL にアクセスした場合、スラッシュを付けた URL にサーバーが 301 リダイレクトするのが一般的だからです。
たとえば、Netlify にデプロイしたサイトでアバウトページに「/」なしでアクセスしてみると、「/」ありの URL にリダイレクトされます。

https://***.netlify.app/about/
にリダイレクトされます。

こうしたサーバーを利用しているときにメタデータで「/」なしの URL を明示していると、OGP のデバッガー（P.246）ではメタデータと異なる URL にリダイレクトされていることが指摘されます。
そのため、サンプルでは「/」ありの URL を明示するようにしています。

OGPデバッガーでリダイレクトが指摘されます。

検索エンジンではスラッシュの有無によって異なるページと認識されます。そのため、Googleにおいてもどちらか一方のURLを使用し、もう一方からはリダイレクトすることが推奨されています。

なお、トップページに関してはスラッシュの有無に関係なく同一ページとして認識されるため、サーバーでもリダイレクトは行われません。

https://webmasters.googleblog.com/2010/04/to-slash-or-not-to-slash.html

STEP

5-6 OGP画像を追加する

OGP画像のメタデータを追加します。OGP画像はTwitterでも使用されるため、Twitterカードの種類を明示するメタデータも追加し、画像を大きく表示するように指定します。

追加したいメタデータ

```
<meta property="og:image" content="画像のURL" />
<meta property="og:image:width" content="画像の横幅" />
<meta property="og:image:height" content="画像の高さ" />
<meta name="twitter:card" content="summary_large_image" />
```

❶ アイキャッチ画像がないとき用のOGP画像を用意する

アバウトページでは、アイキャッチ画像をOGP画像として指定します。しかし、トップページと404ページにはアイキャッチ画像がありません。そこで、アイキャッチ画像がない場合に使用するOGP画像を用意しておきます。
ここではstatic/フォルダ内にthumb.jpgというサムネイル画像を用意しています。

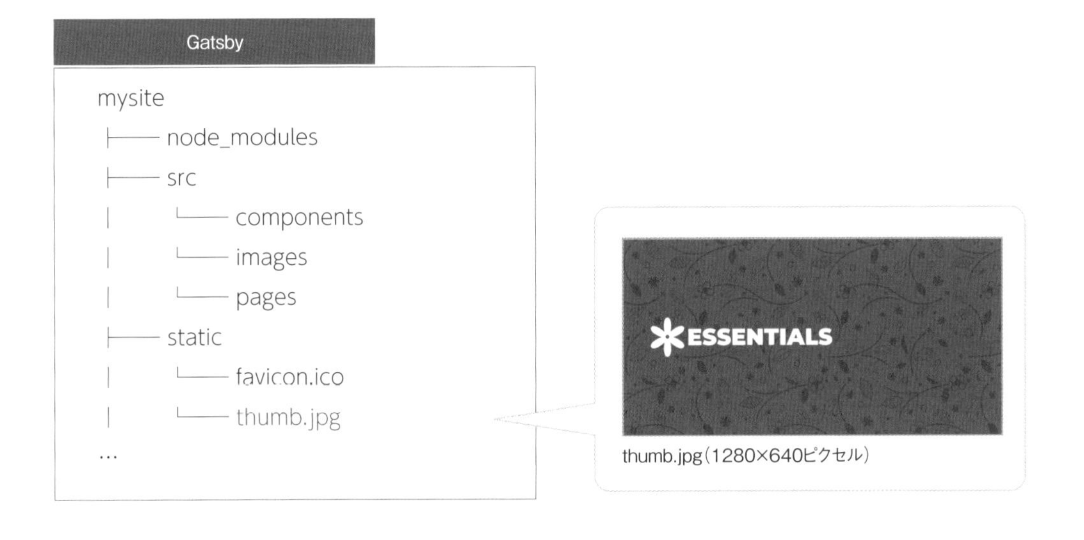

② アバウトページのOGP画像を指定する

アイキャッチ画像があるページでは、OGP 画像としてアイキャッチ画像のパス、横幅、高さを <SEO /> で指定します。

アバウトページ（about.js）の場合、アイキャッチ画像のデータを取得する既存のクエリにフィールドを追加して、画像のパス、横幅、高さを取得します。
まずは、必要なデータが取得できることを **GraphiQL** で確認します。既存のクエリでは file フィールドを使用していますので、file > childImageSharp > original 内のすべてのフィールドにチェックを付けて、次のようにクエリを作成します。実行すると、画像のパス、横幅、高さが取得されます。

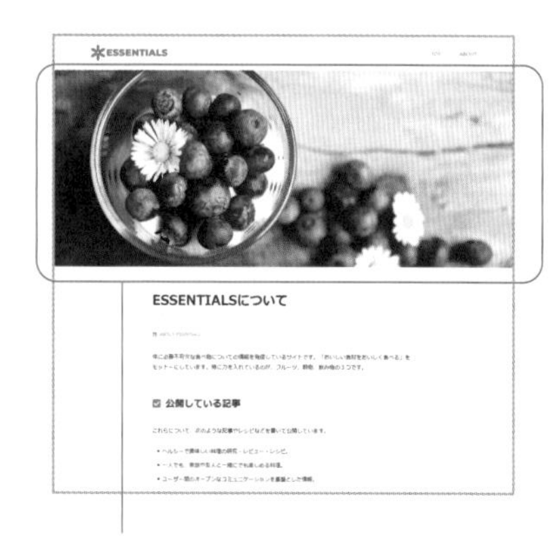

アバウトページのアイキャッチ画像。

```
query MyQuery {
  about: file(relativePath: {eq: "about.jpg"}) {
    childImageSharp {
      original {
        height
        src
        width
      }
    }
  }
}
```

```
{
  "data": {
    "about": {
      "childImageSharp": {
        "original": {
          "height": 661,
          "src": "/static/about-5b8430….jpg",
          "width": 1600
        }
      }
    }
  }
}
```

画像のパス、横幅、高さが取得されます。

既存のクエリにフィールドを追加し、取得した画像のパス、横幅、高さを <SEO /> で指定します。ここでは pageimg、pageimgw、pageimgh で指定しています。

```
export default ({ data, location }) => (
  <Layout>
    <SEO
      pagetitle="ESSENTIALS について"
      pagedesc="食べ物についての情報を発信しているサイトです。"
      pagepath={location.pathname}
      pageimg={data.about.childImageSharp.original.src}
      pageimgw={data.about.childImageSharp.original.width}
      pageimgh={data.about.childImageSharp.original.height}
    />
    <div className="eyecatch">
…

export const query = graphql`
  query {
    about: file(relativePath: { eq: "about.jpg" }) {
      childImageSharp {
        fluid(maxWidth: 1600) {
          ...GatsbyImageSharpFluid_withWebp
        }
        original {
          src
          height
          width
        }
      }
    }
  }
`
```

<SEO />で指定。

フィールドを追加。

既存のクエリ。

src/pages/about.js

続けて、seo.js の設定をしていきます。

③ OGP画像のメタデータを追加する

OGP 画像のメタデータを追加します。このとき、pageimg、pageimgw、pageimgh の指定の有無に応じて、画像の URL、横幅、高さの値が変わるようにします。

画像のURL

pageimg の指定がある場合には、トップページの URL にアイキャッチ画像のパスを付加した URL「`${data.site.siteMetadata.siteUrl}${props.pageimg}`」を使用します。
指定がない場合には、❶で用意したサムネイル画像（thumb.jpg）の URL「`${data.site.siteMetadata.siteUrl}/thumb.jpg`」を使用します。

画像の横幅と高さ

pageimgw および pageimgh の指定がある場合には、アイキャッチ画像の横幅 props.pageimgw と高さ props.pageimgh を使用します。
指定がない場合には、サムネイル画像（thumb.jpg）の横幅 1280 と高さ 640 を使用します。

さらに、Twitter カードのメタデータを追加したら設定完了です。

```
  const url = props.pagepath
    ? `${data.site.siteMetadata.siteUrl}${props.pagepath}`
    : data.site.siteMetadata.siteUrl

  const imgurl = props.pageimg
    ? `${data.site.siteMetadata.siteUrl}${props.pageimg}`
    : `${data.site.siteMetadata.siteUrl}/thumb.jpg`

  const imgw = props.pageimgw || 1280
  const imgh = props.pageimgh || 640

  return (
    <Helmet>
…
      <meta property="fb:app_id" content={data.site.siteMetadata.fbappid} />

      <meta property="og:image" content={imgurl} />
      <meta property="og:image:width" content={imgw} />
      <meta property="og:image:height" content={imgh} />

      <meta name="twitter:card" content="summary_large_image" />
    </Helmet>
  )
}
```

画像のURL。

画像の横幅と高さ。

OGP画像のメタデータ。

Twitterカードのメタデータ。

src/components/seo.js

④ 生成コードを確認する

各ページの生成コードで、OGP 画像の設定ができていることを確認します。

トップページの生成コード

```
…
<meta property="og:image"
 content="https://********.netlify.app/thumb.jpg"
 data-react-helmet="true">
<meta property="og:image:width" content="1280" data-react-helmet="true">
<meta property="og:image:height" content="640" data-react-helmet="true">
<meta name="twitter:card" content="summary_large_image" data-react-helmet="true">
```

アバウトページの生成コード

```
…
<meta property="og:image"
 content="https://********.netlify.app/static/about-5b843….jpg"
 data-react-helmet="true">
<meta property="og:image:width" content="1600" data-react-helmet="true">
<meta property="og:image:height" content="661" data-react-helmet="true">
<meta name="twitter:card" content="summary_large_image" data-react-helmet="true">
```

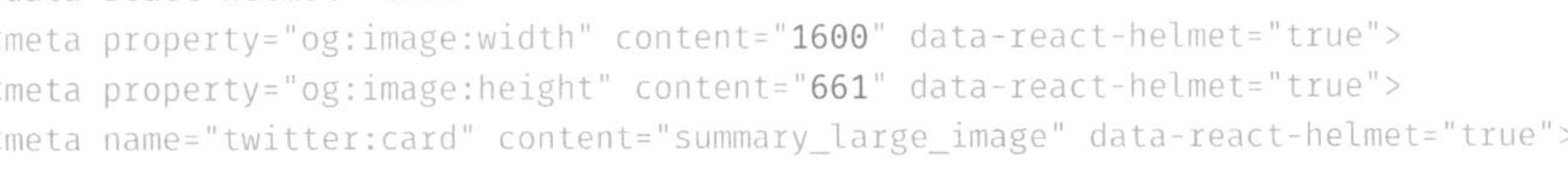

404ページの生成コード

```
…
<meta property="og:image"
 content="https://********.netlify.app/thumb.jpg"
 data-react-helmet="true">
<meta property="og:image:width" content="1280" data-react-helmet="true">
<meta property="og:image:height" content="640" data-react-helmet="true">
<meta name="twitter:card" content="summary_large_image" data-react-helmet="true">
```

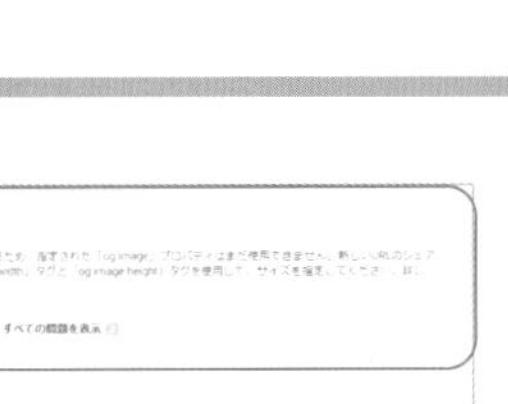

OGP画像のURLをパスのみで指定したり、横幅と高さの明示を省略したりすると、初回のシェアでは画像が表示されなくなります。さらに、OGPのデバッガー（P.246）では、右のように修正が必要な問題として表示されます。
そのため、サンプルではOGP画像のURLをhttps://～から始まる形式で指定し、横幅と高さも明示しています。

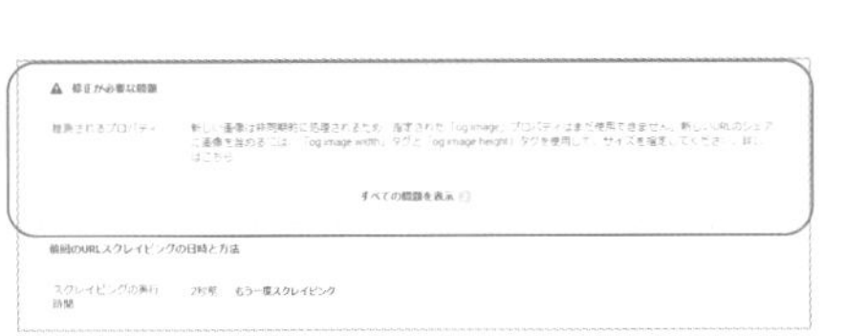

分割代入でコードをすっきりさせる

seo.jsでは、どうしても必要なデータの記述が長くなってしまいます。

ここまでに完成させた
seo.js

```
import React from "react"
import { Helmet } from "react-helmet"
import { useStaticQuery, graphql } from "gatsby"

export default props => {
  const data = useStaticQuery(graphql`
    query {
      site {
        siteMetadata {
          title
      …
    }
  `)

  const title = props.pagetitle
    ? `${props.pagetitle} | ${data.site.siteMetadata.title}`
    : data.site.siteMetadata.title

  const description = props.pagedesc || data.site.siteMetadata.description

  const url = props.pagepath
    ? `${data.site.siteMetadata.siteUrl}${props.pagepath}`
    : data.site.siteMetadata.siteUrl

  const imgurl = props.pageimg
    ? `${data.site.siteMetadata.siteUrl}${props.pageimg}`
    : `${data.site.siteMetadata.siteUrl}/thumb.jpg`

  const imgw = props.pageimgw || 1280
  const imgh = props.pageimgh || 640

  return (
    <Helmet>
      <html lang={data.site.siteMetadata.lang} />
      <title>{title}</title>
      <meta name="description" content={description} />

      <link rel="canonical" href={url} />

      <meta property="og:site_name" content={data.site.siteMetadata.title} />
      <meta property="og:title" content={title} />
      <meta property="og:description" content={description} />
      <meta property="og:url" content={url} />
      <meta property="og:type" content="website" />
      <meta property="og:locale" content={data.site.siteMetadata.locale} />
      <meta property="fb:app_id" content={data.site.siteMetadata.fbappid} />
      …
    </Helmet>
  )
}
```

src/components/seo.js

こうした記述は、分割代入を利用することで次のようにすっきりと書くことができます。ただ、すっきりさせるとデータを追うのが難しくなっていくため、本書のサンプルでは一番ストレートな形で記述しています。

分割代入を利用して記述したseo.js

```
import React from "react"
import { Helmet } from "react-helmet"
import { useStaticQuery, graphql } from "gatsby"

export default ({ pagetitle, pagedesc, pagepath, pageimg, pageimgw, pageimgh, }) => {
  const { site: { siteMetadata }, } = useStaticQuery(graphql`
    query {
      site {
        siteMetadata {
          title
          …
      }
  `)

  const title = pagetitle
    ? `${pagetitle} | ${siteMetadata.title}`
    : siteMetadata.title

  const description = pagedesc || siteMetadata.description

  const url = pagepath
    ? `${siteMetadata.siteUrl}${pagepath}`
    : siteMetadata.siteUrl

  const imgurl = pageimg
    ? `${siteMetadata.siteUrl}${pageimg}`
    : `${siteMetadata.siteUrl}/thumb.jpg`

  const imgw = pageimgw || 1280
  const imgh = pageimgh || 640

  return (
    <Helmet>
      <html lang={siteMetadata.lang} />
      <title>{title}</title>
      <meta name="description" content={description} />

      <link rel="canonical" href={url} />

      <meta property="og:site_name" content={siteMetadata.title} />
      <meta property="og:title" content={title} />
      <meta property="og:description" content={description} />
      <meta property="og:url" content={url} />
      <meta property="og:type" content="website" />
      <meta property="og:locale" content={siteMetadata.locale} />
      <meta property="fb:app_id" content={siteMetadata.fbappid} />
      …
    </Helmet>
  )
}
```

src/components/seo.js

STEP

5-7 PWA対応

作成したサイトをPWA（Progressive Web Apps）に対応させると、サイトをネイティブアプリと同じような形で利用できるようになります。そのためには、マニフェストファイルの追加と、Service Workerでオフライン対応にすることが必要です。
Gatsbyではプラグインを利用することで簡単に設定できます。

❶ マニフェストファイルを追加する

「Web app manifest」と呼ばれるマニフェストファイルを追加するため、gatsby-plugin-manifestをインストールします。

```
$ yarn add gatsby-plugin-manifest
```

gatsby-config.jsにプラグインの設定を追加します。
optionsではマニフェストのプロパティを指定します。

```
plugins: [
  `gatsby-transformer-sharp`,
  …
  `gatsby-plugin-react-helmet`,
  {
    resolve: `gatsby-plugin-manifest`,
    options: {
      name: `ESSENTIALS エッセンシャルズ`,
      short_name: `ESSENTIALS`,
      start_url: `/`,
      background_color: `#ffffff`,
      theme_color: `#477294`,
      display: `standalone`,
      icon: `src/images/icon.png`,
    },
  },
],
}
```

gatsby-config.js

name

アプリ名を指定。

short_name

アプリの短縮名を指定。

start_url

アプリを開始するURLを指定。ここではトップページから開始するため、「/」と指定しています。

background_color

アプリのスプラッシュスクリーン（起動画面）の背景色を指定。ここでは白色(#ffffff)に指定しています。

theme_color

テーマカラーを指定。ブラウザやアプリのツールバーで使用されます。ここではサイト内で使用している青色（#477294）に指定しています。

display

アプリの表示モードを指定。ここではネイティブアプリと同じように表示を行う「standalone」に指定しています。

icon

アプリのアイコン（ファビコン）を指定。ここではP.61でsrc/images/フォルダに置いたicon.pngを指定しています。

② オフラインに対応する

オフラインに対応するため、gatsby-plugin-offlineをインストールします。

```
$ yarn add gatsby-plugin-offline
```

gatsby-config.jsにプラグインの設定を追加します。

生成されたmanifest.webmanifestをキャッシュできるようにするため、gatsby-plugin-offlineの設定はgatsby-plugin-manifestの後に記述することが求められています。

以上で、設定は完了です。

gatsby-plugin-manifest
https://www.gatsbyjs.org/packages/gatsby-plugin-manifest/

gatsby-plugin-offline
https://www.gatsbyjs.org/packages/gatsby-plugin-offline/

```
  plugins: [
    `gatsby-transformer-sharp`,
…
    `gatsby-plugin-react-helmet`,
    {
      resolve: `gatsby-plugin-manifest`,
      options: {
        name: `ESSENTIALS エッセンシャルズ`,
        short_name: `ESSENTIALS`,
        start_url: `/`,
        background_color: `#ffffff`,
        theme_color: `#477294`,
        display: `standalone`,
        icon: `src/images/icon.png`,
      },
    },
    `gatsby-plugin-offline`,
  ],
}
```

gatsby-config.js

③ PWAの動作を確認してみる

完成したサイトを Netlify にデプロイし、PWA の動作を確認してみます。

アイコンの表示

ページの生成コードを見ると、icon で指定した画像（icon.png）を元に生成された各種サイズのアイコンが <link> で指定されていることがわかります。

これにより、ブラウザでは P.50 の favicon.ico ではなく、<link> で指定されたアイコンがファビコンとして使用されるようになります。

さらに、Android や iOS のブラウザでは、サイトを「ホーム画面に追加」したときに、アプリアイコンとして使用されます。

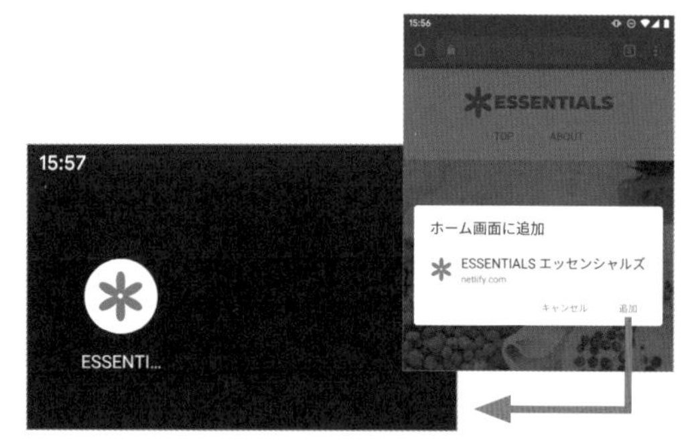

トップページの生成コード

```
<link rel="icon" href="/icons/icon-48x48.png?v=787966fe6dcfdd5e65c896de38c…">
<link rel="apple-touch-icon" sizes="48x48" href="/icons/icon-48x48.png?v=…">
<link rel="apple-touch-icon" sizes="72x72" href="/icons/icon-72x72.png?v=…">
<link rel="apple-touch-icon" sizes="96x96" href="/icons/icon-96x96.png?v=…">
<link rel="apple-touch-icon" sizes="144x144" href="/icons/icon-144x144.png?v=…">
<link rel="apple-touch-icon" sizes="192x192" href="/icons/icon-192x192.png?v=…">
<link rel="apple-touch-icon" sizes="256x256" href="/icons/icon-256x256.png?v=…">
<link rel="apple-touch-icon" sizes="384x384" href="/icons/icon-384x384.png?v=…">
<link rel="apple-touch-icon" sizes="512x512" href="/icons/icon-512x512.png?v=…">
…
```

アプリとしての表示

ホーム画面に追加したアイコンをタップすると、サイトがアプリとして開きます。スプラッシュスクリーン（起動画面）が表示され、トップページが表示されます。

マニフェストのdisplayの設定により、ブラウザのアドレスバーなどは表示されません。

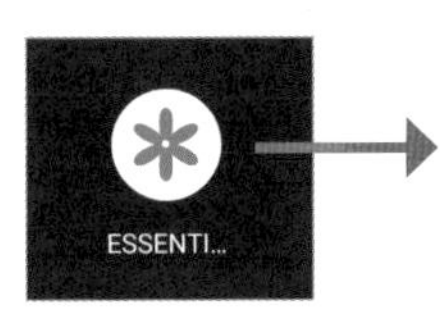

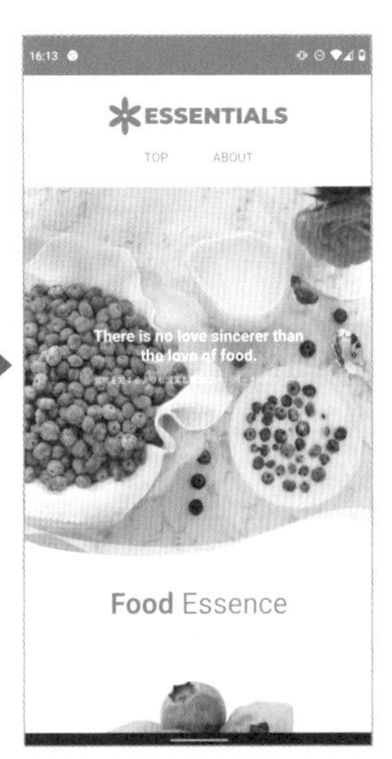

オフライン表示

キャッシュされたページはオフラインでも閲覧できるようになります。

ページの生成コードにはテーマカラーのメタデータも追加されています。これにより、ブラウザやアプリのツールバーがテーマカラーで表示されます。

トップページの生成コード

```
<meta name="theme-color" content="#477294">
...
```

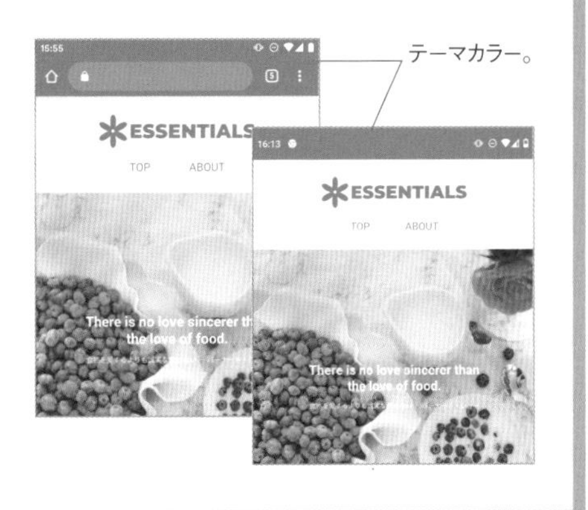

STEP

5-8 アクセシビリティやSEOのスコアを確認する

Google の Lighthouse（P.56）では、パフォーマンスだけでなく、アクセシビリティや SEO のスコアも確認できます。さらに、PWA に対応しているかどうかも確認できますので、Netlify にデプロイしたサイトをチェックしてみます。

メタデータの設定を行う前は、アクセシビリティと SEO のスコアが低く、PWA 対応はグレーアウトしていました。
メタデータの設定を行うと、アクセシビリティと SEO も「100」となり、PWA 対応もグリーンの表示になることがわかります。これにより、パフォーマンスも「100」だった場合には、Lighthouse で満点を獲得することができます。

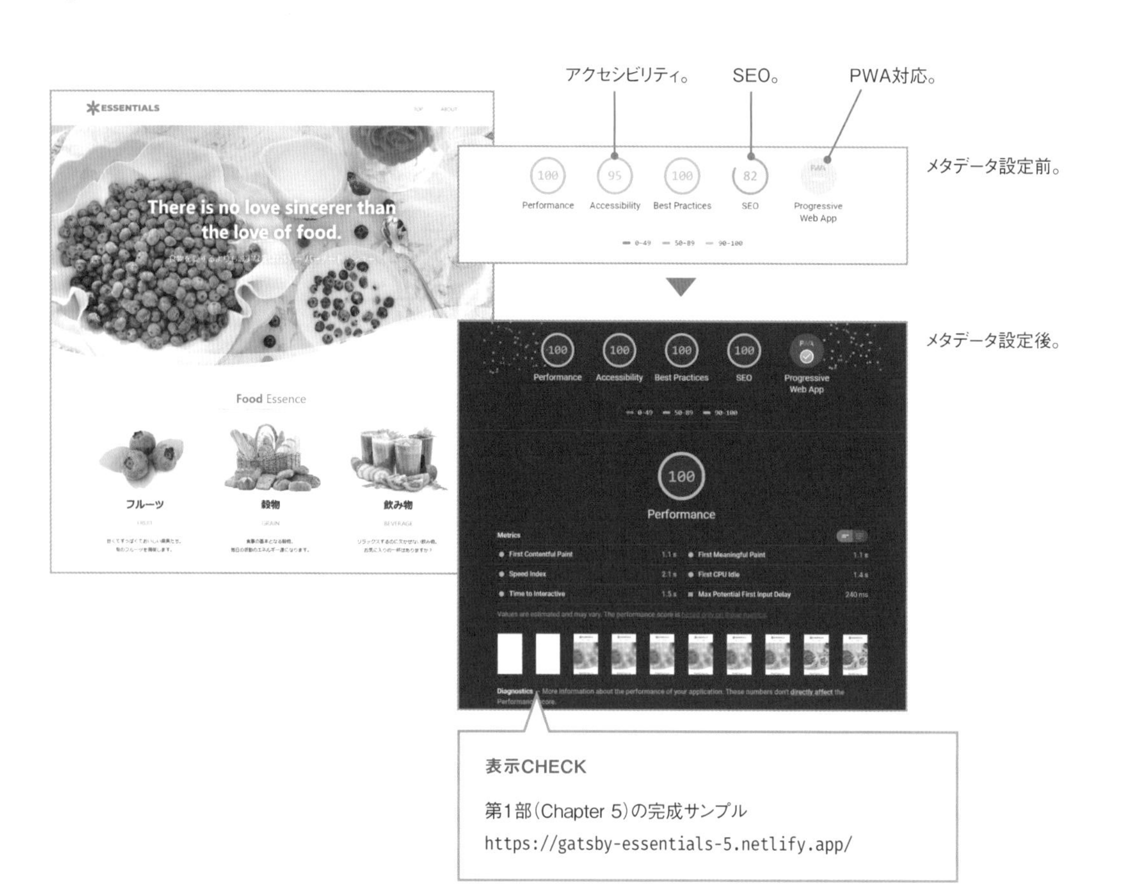

第2部

ブログの構築

Build blazing-fast websites with GatsbyJS

GatsbyJS

PART TWO

ブログの構築

第２部では、第１部で作成したWebサイトに、日々更新・蓄積していくコンテンツとしてブログを追加していきます。

トップページ。

ブログの記事一覧ページ。

ブログの記事ページ。

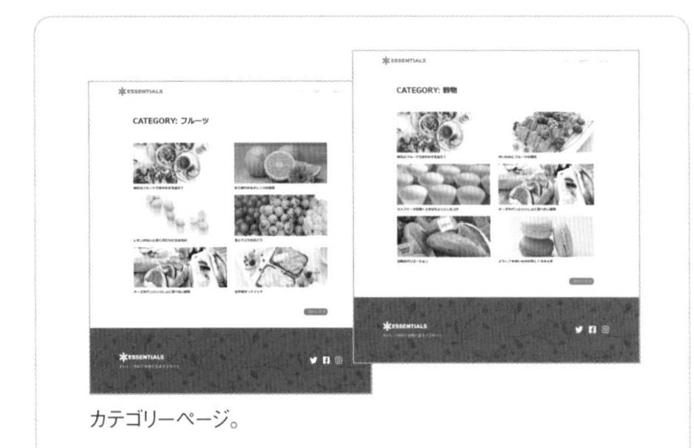

カテゴリーページ。

Chapter 6

ブログのコンテンツを用意する

Build blazing-fast websites with GatsbyJS

GatsbyJS

STEP
6-1　コンテンツの管理方法

ブログを構築していくため、まずはブログのコンテンツをどのように管理するかを検討します。CMS を利用する場合はデータベースもセットになっていますので、こうした検討をするケースはあまりありません。しかし、Gatsby の場合はさまざまなデータソースを選択できます。

たとえば、シンプルな構成にしたい場合は、公式チュートリアルにもあるようにローカル環境にマークダウン (MD) ファイルを用意するという方法があります。
使い慣れている方が多い Google スプレッドシートを活用するのもなかなか手軽な方法です。
さらに、WordPress や Drupal といった従来の CMS に蓄積されたデータを扱うことも可能ですし、さまざまなヘッドレス CMS を利用することもできます。

もちろん、1 つのデータソースに限る必要もなく、複数のデータソースを組み合わせるのも自由です。データの取得には GraphQL を利用しますので、データの加工だけを考えればよいというのも非常に便利です。

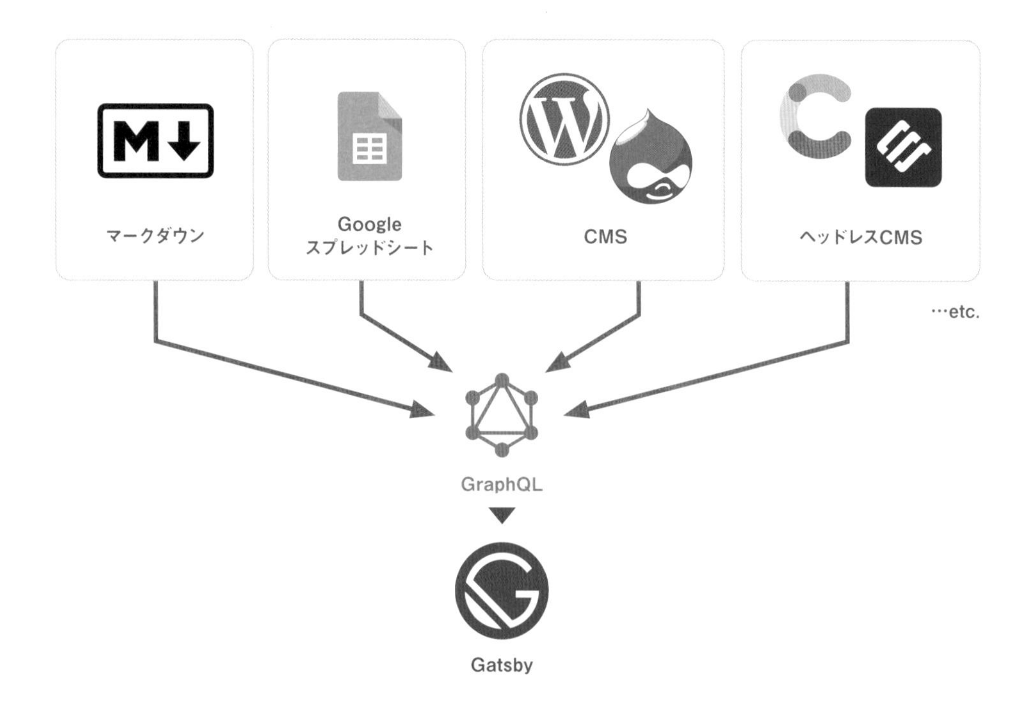

本書のサンプルではGatsbyの機能の理解を優先し、Gatsbyとの相性もよく、情報が豊富なContentfulを採用しています。

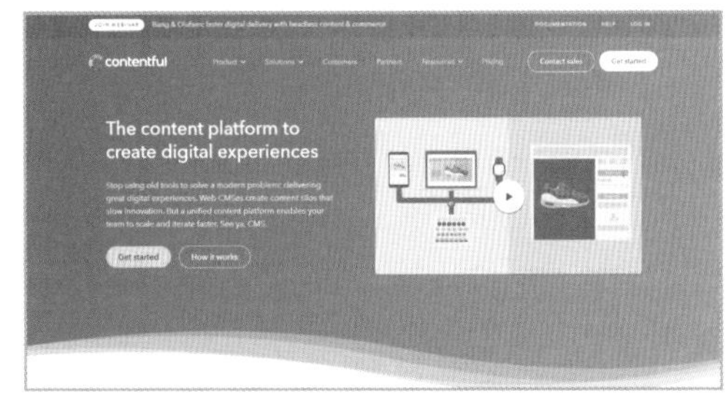

Contentful
https://www.contentful.com/

Gatsbyで扱えるデータソース

Gatsbyでデータソースを追加するためには、ソースプラグインを利用します。Chapter 2でインストールした「gatsby-source-filesystem」も、その1つです。
ソースプラグインは「Gatsby Plugin Library」で、「source」のキーワードで検索できます。

「source」のキーワードで検索。

Gatsby Plugin Library
https://www.gatsbyjs.org/plugins/

ヘッドレスCMSを利用する場合は、「What is a Headless CMS and How to Source Content from One」というページに情報がまとめられています。

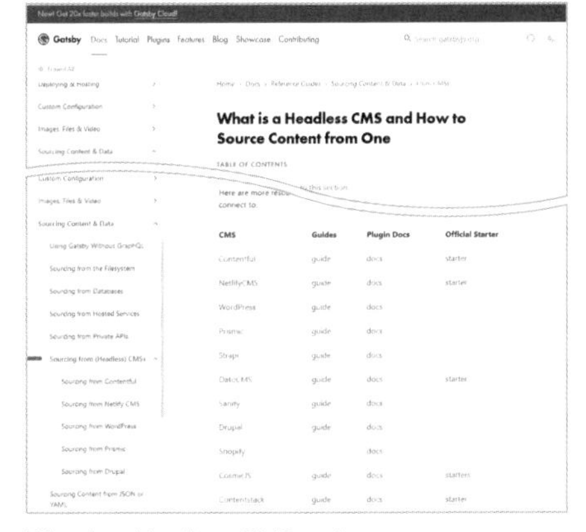

What is a Headless CMS and
How to Source Content from One
https://www.gatsbyjs.org/docs/headless-cms/

現時点では右のページには掲載されていませんが、国産のヘッドレスCMSである「microCMS」のプラグインも用意されています。

gatsby-source-microcms
https://www.gatsbyjs.org/packages/gatsby-source-microcms/?=micoCMS

STEP
6-2 ブログの構造

作成するページとURL

ブログの構造を決めておきます。まずは、作成するページと URL を決めます。
サンプルでは次のように記事一覧ページと記事ページを作成します。URL はどのような形にすることもできますが、他のページと重複しない形にしなければなりません。ここでは記事一覧ページの URL を /blog/、記事ページの URL を /blog/post/ ～ / という形にします。

記事の構成要素

記事の構成要素を確認しておきます。記事を管理するContentfulでは、これらを入力フィールドとして用意します。記事ページのURLで使用する「記事を区別する値」は、「スラッグ」として用意することにします。

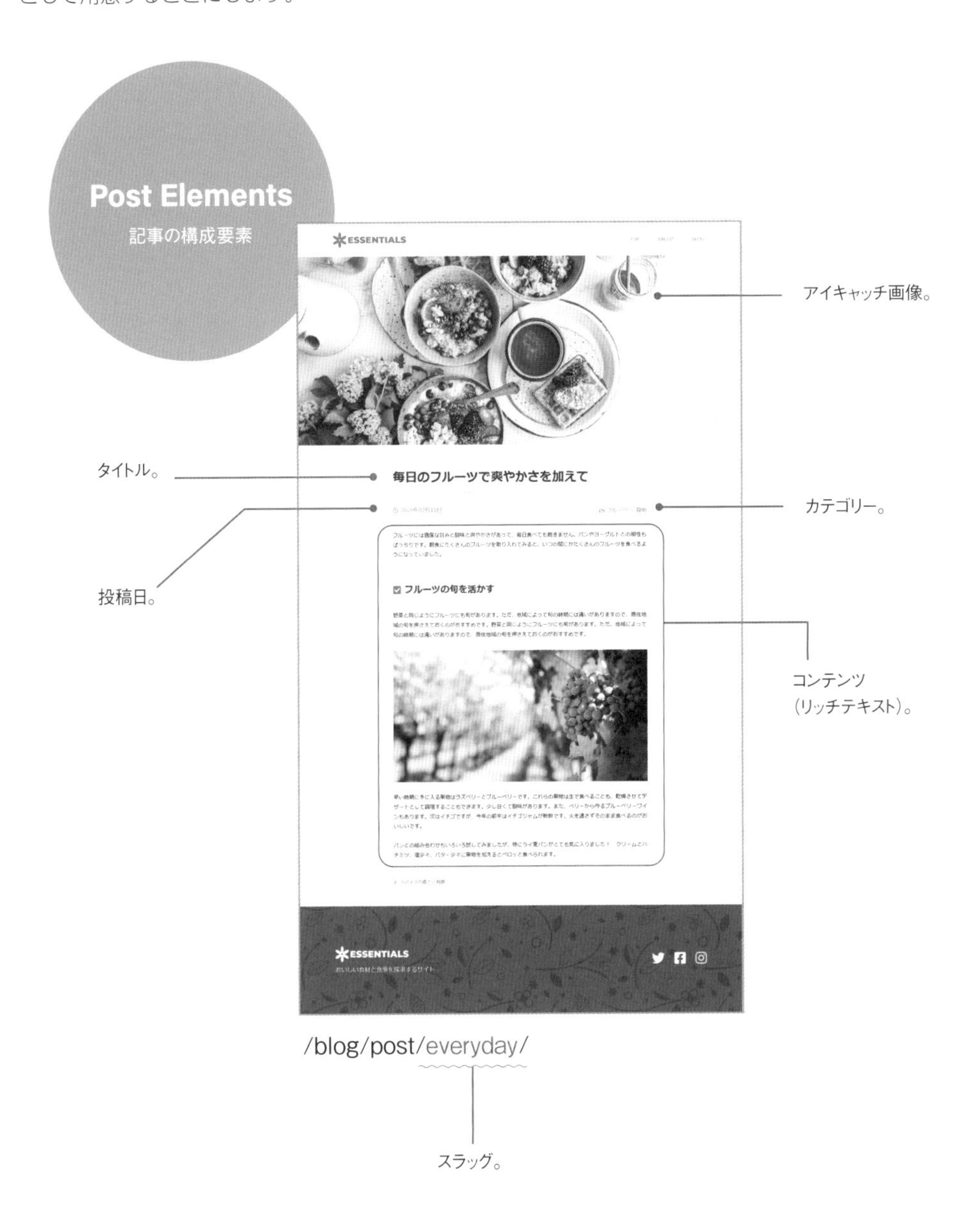

STEP
6-3 Contentfulの準備

本書のサンプルでは、Contentfulで「Blog」というスペースを用意し、次のような形でコンテンツを管理するように設定しています。
詳しい設定方法については本書ダウンロードデータに同梱したセットアップPDF（setup.pdf）の「SETUP 4 Contentfulによるコンテンツ管理」を参照してください。設定とコンテンツをまとめてインポートするデータも用意しています。

Contentful
https://www.contentful.com/

❶ コンテンツタイプ

ブログ記事を管理する「BlogPost」、カテゴリーを管理する「Category」の2つのコンテンツタイプを作成しています。

コンテンツタイプ名	ID	説明（Description）
BlogPost	blogPost	ブログ記事
Category	category	カテゴリー

BlogPost

「BlogPost」コンテンツタイプでは6つのフィールドを作成しています。

フィールド名	ID	フィールドの種類
タイトル	title	Text (Short Text)
スラッグ	slug	Text (Short Text / Slug)
投稿日	publishDate	Date and time
コンテンツ	content	Rich Text
アイキャッチ	eyecatch	Media
カテゴリー	category	Reference (many)

※全フィールド入力必須(Required)に設定。

Category

「Category」コンテンツタイプでは2つのフィールドを作成しています。

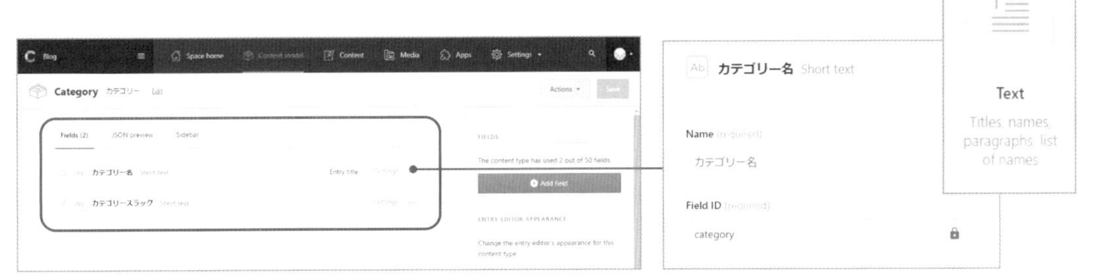

フィールド名	ID	フィールドの種類
カテゴリー名	category	Text (Short Text)
カテゴリースラッグ	categorySlug	Text (Short Text)

※全フィールド入力必須(Required)に設定。

② コンテンツ

BlogPost

「BlogPost」コンテンツタイプでは 14 件の記事を投稿しています。

コンテンツの
管理画面。
作成した6つのフィールド
にデータを入力。
毎日のフルーツで爽やかさを加えて
フルーツの旬を活かす
Asset
画像はアセットとして管理されます。画像ごとにタイトル（Title）、説明（Description）、ファイル（File）を指定できます。

Category

「Category」コンテンツタイプでは3つのカテゴリーを作成しています。

Contentfulの準備は以上です。こうして管理しているデータをGraphQLで読み込み、Gatsbyで構築しているサイトに追加していきます。

STEP

6-4 GraphQLでContentfulのデータを扱うための準備

❶ プラグインを準備する

Contentful のデータを扱うのに必要なプラグイン gatsby-source-contentful をインストールします。

```
$ yarn add gatsby-source-contentful
```

gatsby-config.js にプラグインの設定を追加します。options では Contentful の Space ID（スペース ID）、AccessToken（アクセストークン）、Host（ホスト）を指定します。ただし、ファイルに直接記述せず、環境変数を使用します。

```
...
    `gatsby-plugin-offline`,
    {
      resolve: `gatsby-source-contentful`,
      options: {
        spaceId: process.env.CONTENTFUL_SPACE_ID,
        accessToken: process.env.CONTENTFUL_ACCESS_TOKEN,
        host: process.env.CONTENTFUL_HOST,
      },
    },
  ],
}
```

gatsby-config.js

- スペースID
- アクセストークン
- ホスト

を環境変数で指定。

gatsby-source-contentful
https://www.gatsbyjs.org/packages/gatsby-source-contentful/

❷ 開発サーバーを起動する

環境変数にした 3 つの値を指定して、開発サーバーを起動します。各値は Contentful で確認したものを指定します。値の確認方法については、本書ダウンロードデータに同梱したセットアップ PDF（setup.pdf）の「SETUP 4-6　トークンの確認」を参照してください。

なお、アクセストークンは「Content Delivery API - access token」の値を使用し、ホストは「cdn.contentful.com」と指定します。ローカル環境で起動する場合、ホストの指定は省略することもできます。

```
$ CONTENTFUL_SPACE_ID=xxxxxxxx CONTENTFUL_ACCESS_TOKEN=xxxxxxxxxxxxxxxxxxxxxxxxxx CONTENTFUL_
HOST=cdn.contentful.com gatsby develop -H 0.0.0.0
```

3つの環境変数の値を指定して起動します。

Netlifyにデプロイするときにも環境変数が必要になります。設定方法については、セットアップPDFの「3-3 Netlifyの設定とサイトの公開」を参照してください。

環境変数

ファイル中にトークンを残したくないので、ここでは環境変数を利用しています。また、環境変数は、Contentful の公式スターターに揃える形にしています。
環境変数の扱い方にはいろいろな方法があります。dotenv や direnv といった便利なものもありますので、環境に応じて検討してください。もちろん、gatsby build を行う際にも環境変数は必要です。

また、Windows の PowerShell では、以下のようにして環境変数を設定した上で、実行してください。
PowerShell を開いた最初にだけ

```
> $env:CONTENTFUL_SPACE_ID="xxxxxxxx"
> $env:CONTENTFUL_ACCESS_TOKEN="xxxxxxxxxxxx"
> $env:CONTENTFUL_HOST="cdn.contentful.com"
```

とした後で、次のように開発サーバーを起動します。

```
> gatsby develop
```

③ GraphiQLで確認する

GraphiQL にアクセスして、プラグインが機能していることを確認します。Explorer を見ると、「allContentful ～」や「contentful ～」というフィールドが増えていることがわかります。これらを利用して Contentful のデータにアクセスし、ブログを構築していきます。

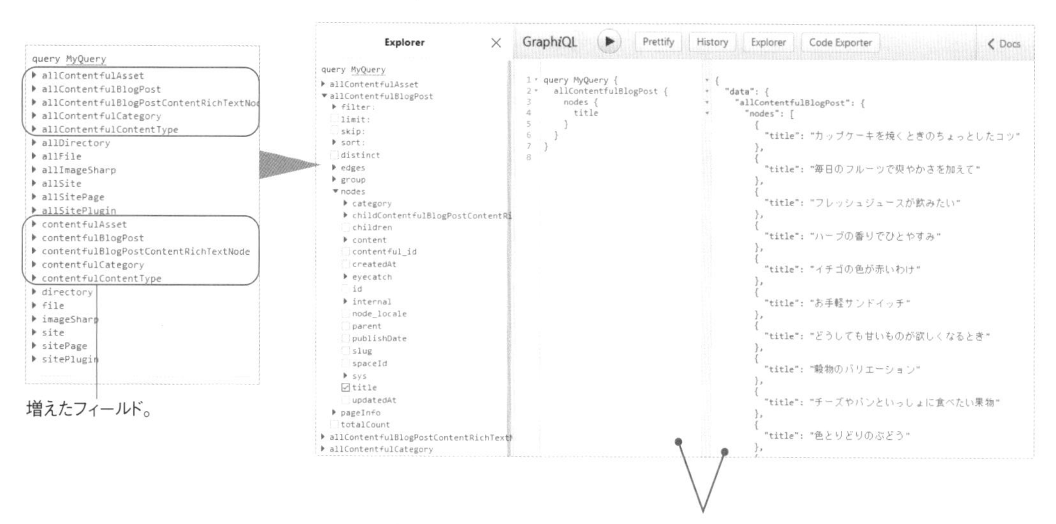

増えたフィールド。

たとえば、allContentfulBlogPost ＞ nodes ＞ title でクエリを実行すると、Contentful の「BlogPost」で投稿した記事のタイトルが取得されます。

Chapter 7

ブログの記事ページを作成する

Build blazing-fast websites with GatsbyJS

GatsbyJS

STEP

7-1 記事ページを作成する

Contentfulのデータを読み込み、記事ごとにページを自動的に生成します。ただし、自動生成の処理まで一度に設定すると作業が複雑になります。
そこで、特定の1件の記事に関するデータを読み込み、第1部と同じ方法で仮の記事ページを作成していきます。仮の記事ページができあがったら、そのページを元に自動生成の設定を行います。

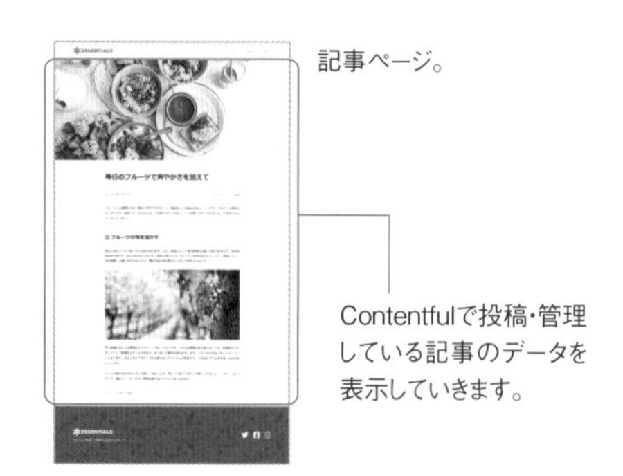

記事ページ。

Contentfulで投稿・管理している記事のデータを表示していきます。

❶ 仮の記事ページのファイルを用意する

仮の記事ページの内容を記述するファイルを用意します。仮の記事ページのURLは「/blogpost/」とするため、src/pages/内に「blogpost.js」というファイルを用意します。
blogpost.jsでは他のページと同じようにReactコンポーネントのベースを用意し、レイアウトコンポーネントをimportしてヘッダーとフッターを表示します。

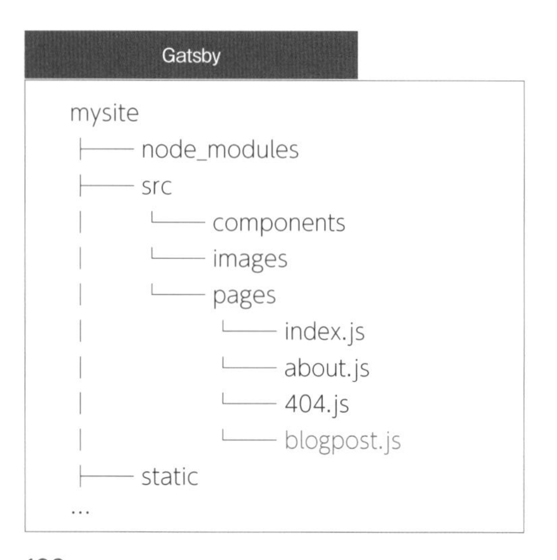

Gatsby
mysite
├── node_modules
├── src
│　　└── components
│　　└── images
│　　└── pages
│　　　　└── index.js
│　　　　└── about.js
│　　　　└── 404.js
│　　　　└── blogpost.js
├── static
...

開発サーバーを起動して「http://localhost:8000/blogpost/」にアクセスすると、仮の記事ページが開き、ヘッダーとフッターが表示されます。

```
import React from "react"
import Layout from "../components/layout"

export default () => (
  <Layout>

  </Layout>
)
```

src/pages/blogpost.js

② ベースとなる記事ページからコンテンツを取り込む

<Layout>～</Layout>内に、ベースとなる記事ページ（base-blogpost.html）からヘッダーとフッターを除いたコンテンツを取り込みます。
コンテンツはJSXに変換します。ここでの変換ポイントは右のとおりです。

変換ポイント

- class 属性 → className
- datetime 属性 → dateTime
- <img> → <img />
- <i></i> → <i />

ベースとなる記事ページ: base-blogpost.html

```
<!DOCTYPE html>
<html lang="ja">
…
<body>

<header class="header">
…
</header>

<div class="eyecatch">
 <figure>
  <img src="images-baseblog/eyecatch.jpg"
   alt=" アイキャッチ画像の説明 ">
 </figure>
</div>

<article class="content">
 <div class="container">
  <h1 class="bar"> 記事のタイトル </h1>

  <aside class="info">
   <time datetime="XXXX-XX-XX">
    <i class="far fa-clock"></i>
    XXXX 年 XX 月 XX 日
   </time>
   <div class="cat">
    <i class="far fa-folder-open"></i>
    <ul>
     <li class=" スラッグ "> カテゴリーA </li>
     <li class=" スラッグ "> カテゴリーB </li>
    </ul>
   </div>
  </aside>

  <div class="postbody">
   <p>
    記事の本文です。記事の本文です。記事の本文です。記
    事の本文です。記事の本文です。記事の本文です。記事
    の本文です。… 記事の本文です。
   </p>
  </div>

  <ul class="postlink">
   <li class="prev">
    <a href="base-blogpost.html" rel="prev">
     <i class="fas fa-chevron-left"></i>
     <span> 前の記事 </span>
    </a>
   </li>
   <li class="next">
    <a href="base-blogpost.html" rel="next">
     <span> 次の記事 </span>
     <i class="fas fa-chevron-right"></i>
    </a>
   </li>
  </ul>

 </div>
</article>

<footer class="footer">
…
</footer>

</body>
</html>
```

JSXに変換してコピー

Gatsby: src/pages/blogpost.js

```
…
export default () => (
 <Layout>
  <div className="eyecatch">
   <figure>
    <img src="images-baseblog/eyecatch.jpg"
     alt=" アイキャッチ画像の説明 " />
   </figure>
  </div>
  <article className="content">
   <div className="container">
    <h1 className="bar"> 記事のタイトル </h1>

    <aside className="info">
     <time dateTime="XXXX-XX-XX">
      <i className="far fa-clock" />
      XXXX 年 XX 月 XX 日
     </time>
     <div className="cat">
      <i className="far fa-folder-open" />
      <ul>
       <li className=" スラッグ "> カテゴリーA </li>
       <li className=" スラッグ "> カテゴリーB </li>
      </ul>
     </div>
    </aside>
    <div className="postbody">
     <p>
      記事の本文です。記事の本文です。記事の本文です。
      記事の本文です。記事の本文です。記事の本文です。
      記事の本文です。… 記事の本文です。
     </p>
    </div>
    <ul className="postlink">
     <li className="prev">
      <a href="base-blogpost.html" rel="prev">
       <i className="fas fa-chevron-left" />
       <span> 前の記事 </span>
      </a>
     </li>
     <li className="next">
      <a href="base-blogpost.html" rel="next">
       <span> 次の記事 </span>
       <i className="fas fa-chevron-right" />
      </a>
     </li>
    </ul>
   </div>
  </article>

 </Layout>
)
```

これで、ヘッダーとフッターの間に記事ページのコンテンツが表示されます。この段階では画像やアイコンフォントは表示されません。

③ アイコンを表示する

react-fontawesomeを使ってFont Awesomeのアイコンを表示します。
ここではRegularスタイルの「faClock（時計）」と「faFolderOpen（フォルダ）」、Solidスタイルの「faChevronLeft（左矢印）」と「faChevronRight（右矢印）」を表示しています。

```
import React from "react"
import Layout from "../components/layout"

export default () => (
…
<aside className="info">
  <time dateTime="XXXX-XX-XX">
    <i className="far fa-clock" />
    XXXX年XX月XX日
  </time>
  <div className="cat">
    <i className="far fa-folder-open" />
    <ul>
      …
    </ul>
  </div>
</aside>

<ul className="postlink">
  <li className="prev">
    <a href="base-blogpost.html" rel="prev">
      <i className="fas fa-chevron-left" />
      <span>前の記事</span>
    </a>
  </li>
  <li className="next">
    <a href="base-blogpost.html" rel="next">
      <span>次の記事</span>
      <i className="fas fa-chevron-right" />
    </a>
  </li>
</ul>
…
```

▶

```
import React from "react"
import Layout from "../components/layout"

import { FontAwesomeIcon
} from "@fortawesome/react-fontawesome"
import { faClock, faFolderOpen
} from "@fortawesome/free-regular-svg-icons"
import { faChevronLeft, faChevronRight
} from "@fortawesome/free-solid-svg-icons"

export default () => (
…
<aside className="info">
  <time dateTime="XXXX-XX-XX">
    <FontAwesomeIcon icon={faClock} />
    XXXX年XX月XX日
  </time>
  <div className="cat">
    <FontAwesomeIcon icon={faFolderOpen} />
    <ul>
      …
    </ul>
  </div>
</aside>

<ul className="postlink">
  <li className="prev">
    <a href="base-blogpost.html" rel="prev">
      <FontAwesomeIcon icon={faChevronLeft} />
      <span>前の記事</span>
    </a>
  </li>
  <li className="next">
    <a href="base-blogpost.html" rel="next">
      <span>次の記事</span>
      <FontAwesomeIcon icon={faChevronRight} />
    </a>
```

src/pages/blogpost.js

STEP

7-2 記事のタイトルを表示する

❶ クエリを作成する

Contentfulの「BlogPost」コンテンツタイプで管理している記事のデータを取得し、表示していきます。
「BlogPost」のデータはGraphQLのallContentfulBlogPostやcontentfulBlogPostフィールドで取得できます。ここでは個別の記事に関するデータを取得するため、contentfulBlogPostを使用します。

まずは記事のタイトルを取得するため、**GraphiQL**でcontentfulBlogPost > titleにチェックを付けてクエリを作成します。「title」はContentfulで作成した入力フィールド「タイトル」のIDです。
クエリを実行すると次のようになります。「毎日のフルーツで爽やかさを加えて」という記事のタイトルが取得されています。サンプルではこの記事のデータを使って、仮の記事ページを仕上げていきます。

```
query MyQuery {
  contentfulBlogPost {
    title
  }
}
```

クエリを作成。

```
{
  "data": {
    "contentfulBlogPost": {
      "title": "毎日のフルーツで爽やかさを加えて"
    }
  }
}
```

記事のタイトルが取得されます。

contentfulBlogPost でクエリを実行すると、Contentful の「BlogPost」コンテンツタイプで更新日時（Updated）が最新の記事のデータが取得されます。

サンプルでは、「毎日のフルーツで爽やかさを加えて」という記事の更新日時が最新になるようにしています。

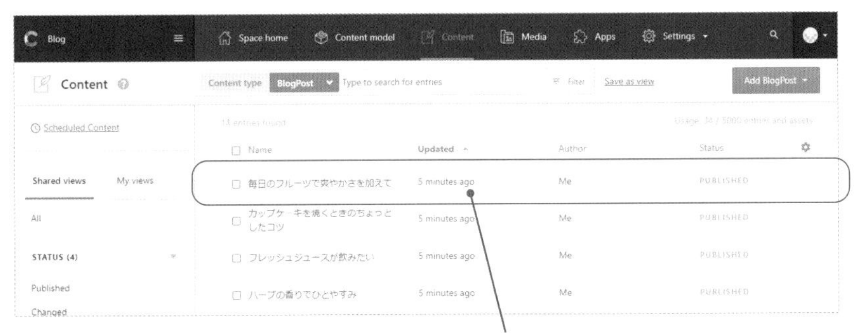

更新日時が最新の記事。

更新日時と関係なく特定の記事に関するデータを取得する場合は、contentfulBlogPost のキーを利用します。たとえば、次のクエリではタイトルが「毎日」で始まる記事に関するデータを取得するように指定しています。

GraphiQL　Prettify　History　Explorer　Code Exporter　Docs

```
query MyQuery {
  contentfulBlogPost(title: {glob: "毎日*"}) {
    title
  }
}
```

```
{
  "data": {
    "contentfulBlogPost": {
      "title": "毎日のフルーツで爽やかさを加えて"
    }
  }
}
```

② クエリを追加する

作成したクエリを blogpost.js に追加します。

```
import React from "react"
import { graphql } from "gatsby"
import Layout from "../components/layout"
…
export default () => (
  …
)

export const query = graphql`
  query {
    contentfulBlogPost {
      title
    }
  }
`
```

graphqlをimport。

クエリを追加。

src/pages/blogpost.js

③ タイトルを置き換える

記事のタイトルを、クエリで取得したタイトルに置き換えます。以上で、タイトルの表示は完了です。

```
export default () => (
  <Layout>
    …略…
    <article className="content">
      <div className="container">
        <h1 className="bar"> 記事のタイトル </h1>
        <aside className="info">
```

▼

```
export default ({ data }) => (
  <Layout>
    …略…
    <article className="content">
      <div className="container">
        <h1 className="bar">{data.contentfulBlogPost.title}</h1>
        <aside className="info">
```

クエリで取得したタイトルが表示されます。

src/pages/blogpost.js

STEP
7-3 記事の投稿日を表示する

「投稿日」の入力フィールドで指定した日時のデータを取得し、表示します。

❶ 必要な日時のフォーマットを確認する

投稿日は<time>でマークアップしています。そのため、画面に表示する形式と、dateTime属性に適した形式の2つのフォーマットが必要です。

XXXX年XX月XX日

```
<aside className="info">
  <time dateTime="XXXX-XX-XX">
    <FontAwesomeIcon icon={faClock} />
    XXXX 年 XX 月 XX 日
  </time>
```

src/pages/blogpost.js

❷ クエリを作成する

「投稿日」の入力フィールドは「publishDate」というIDで作成しています。contentfulBlogPost > publishDate をチェックしてクエリに追加すると、投稿日のデータを取得できます。ただし、「2020-02-15T16:14+09:00」という形になっています。

```
query MyQuery {
  contentfulBlogPost {
    title
    publishDate
  }
}
```

クエリにpublishDateを追加。

```
{
  "data": {
    "contentfulBlogPost": {
      "title": " 毎日のフルーツで爽やかさを加えて ",
      "publishDate": "2020-02-15T16:14+09:00"
    }
  }
}
```

投稿日が取得されます。

③ 投稿日のフォーマットを指定する

投稿日のフォーマットは publishDate に用意された formatString で指定できます。ここでは「YYYY 年 MM 月 DD 日」と指定し、画面に表示するフォーマットにしています。

```
query MyQuery {
  contentfulBlogPost {
    title
    publishDate(formatString: "YYYY 年 MM 月 DD 日")
  }
}
```

```
{
  "data": {
    "contentfulBlogPost": {
      "title": " 毎日のフルーツで爽やかさを加えて ",
      "publishDate": "2020 年 02 月 15 日"
    }
  }
}
```

④ エイリアスを指定する

投稿日のデータはもう1つ別のフォーマットでも取得します。ただし、そのままでは同じフィールドから複数のデータを取り出すことはできないため、P.78 と同じようにエイリアスを設定します。ここではエイリアスを「publishDateJP」と指定しています。

```
query MyQuery {
  contentfulBlogPost {
    title
    publishDateJP:publishDate(formatString: "YYYY 年 MM 月 DD 日")
  }
}
```

エイリアスを指定。

```
{
  "data": {
    "contentfulBlogPost": {
      "title": " 毎日のフルーツで爽やかさを加えて ",
      "publishDateJP": "2020 年 02 月 15 日"
    }
  }
}
```

⑤ dateTime属性用のフォーマットでも投稿日を取得する

dateTime 属性用のフォーマットでも投稿日を取得するため、もう 1 つ publishDate を追加します。1 つ目の publishDate にエイリアスを設定したため、こちらはエイリアスなしで使用します。
dateTime 属性の値としてはそのままのフォーマットで問題ないため、formatString を指定せずに値を取得しています。

```
query MyQuery {
  contentfulBlogPost {
    title
    publishDateJP:publishDate(formatString: "YYYY 年 MM 月 DD 日 ")
    publishDate
  }
}
```

publishDateを追加。

```
{
  "data": {
    "contentfulBlogPost": {
      "title": " 毎日のフルーツで爽やかさを加えて ",
      "publishDateJP": "2020 年 02 月 15 日 "
      "publishDate": "2020-02-15T16:14+09:00"
    }
  }
}
```

2つ目の投稿日のデータが取得されます。

❻ 投稿日を置き換える

記事の投稿日を、クエリで取得したデータに置き換えます。

```
…
        <aside className="info">
          <time dateTime="XXXX-XX-XX">
            <FontAwesomeIcon icon={faClock} />
            XXXX 年 XX 月 XX 日
          </time>
```

▼

```
…
        <aside className="info">
          <time dateTime={data.contentfulBlogPost.publishDate}>
            <FontAwesomeIcon icon={faClock} />
            {data.contentfulBlogPost.publishDateJP}
          </time>
…

export const query = graphql`
  query {
    contentfulBlogPost {
      title
      publishDateJP: publishDate(formatString: "YYYY 年 MM 月 DD 日 ")
      publishDate
    }
  }
`
```

投稿日を置き換え。

クエリを追加。

src/pages/blogpost.js

これで、クエリで取得した投稿日が表示されます。生成コードを見ると、datetime 属性にも適切なフォーマットで日時が入っています。以上で、投稿日の表示は完了です。

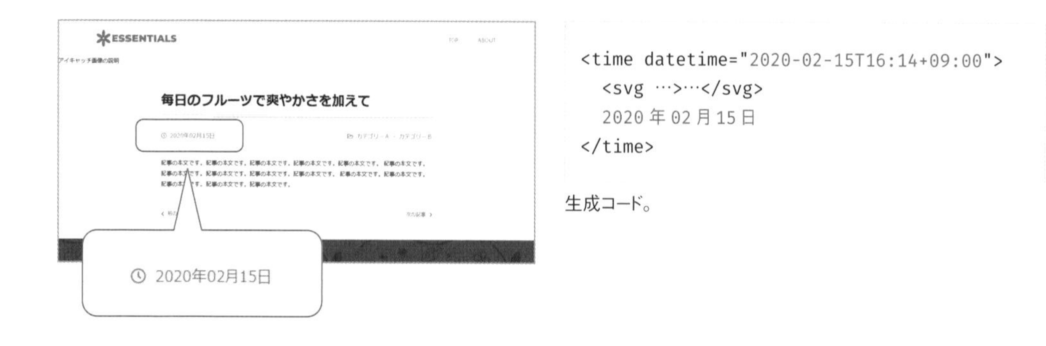


```
<time datetime="2020-02-15T16:14+09:00">
  <svg …>…</svg>
  2020 年 02 月 15 日
</time>
```

生成コード。

STEP

7-4 記事のカテゴリーを表示する

記事が属するカテゴリーのデータを取得し、表示します。ただし、記事によっては複数のカテゴリーに属しているため、リストアップする処理が必要になります。

❶ 必要なデータを確認する

記事が属するカテゴリーは <ul> と <li> でマークアップしています。ここでは、画面に表示するカテゴリー名と、className 属性で指定するカテゴリースラッグのデータが必要になります。

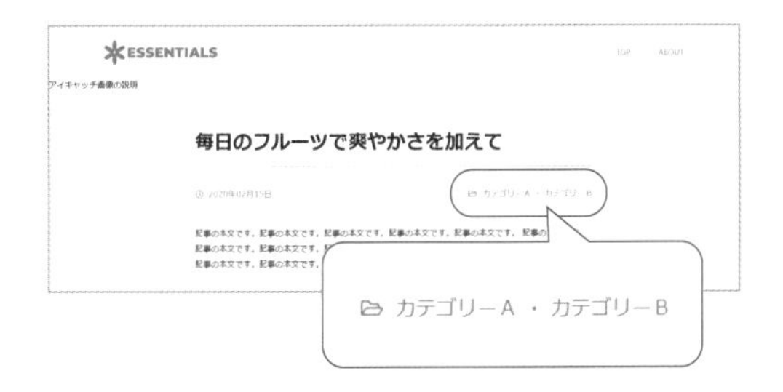


```
<div className="cat">
  <FontAwesomeIcon icon={faFolderOpen} />
  <ul>
    <li className=" スラッグ "> カテゴリーA </li>
    <li className=" スラッグ "> カテゴリーB </li>
  </ul>
</div>
```

src/pages/blogpost.js

❷ クエリを作成する

各記事のカテゴリーの入力フィールドは「category」というIDで作成していますので、contentfulBlogPost > category を開きます。すると、右のようにたくさんのフィールドが表示されます。

Contentfulでは個々のカテゴリーに関するデータを「Category」コンテンツタイプで管理し、カテゴリー名とスラッグの入力フィールドを「category」および「categorySlug」というIDで作成しています。
category内のフィールドをよく見ると、「category」と「categorySlug」がありますので、チェックを付けてクエリに追加します。

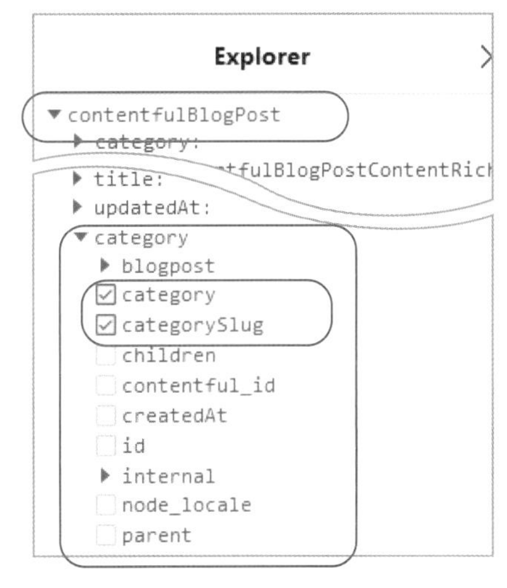

クエリを実行すると、記事が属する「フルーツ」と「穀物」の2つのカテゴリーのデータが取得されます。

```
query MyQuery {
  contentfulBlogPost {
    title
    publishDateJP:publishDate(formatString: "YYYY 年 MM 月 DD 日 ")
    publishDate
    category {
      category
      categorySlug
    }
  }
}
```

カテゴリーのクエリを追加。

```
{
  "data": {
    "contentfulBlogPost": {
      "title": " 毎日のフルーツで爽やかさを加えて ",
      "publishDateJP": "2020 年 02 月 15 日 "
      "publishDate": "2020-02-15T16:14+09:00"
      "category": [
        {
          "category": " フルーツ ",
          "categorySlug": "fruit"
        },
        {
          "category": " 穀物 ",
          "categorySlug": "grain"
        }
      ]
    }
  }
}
```

2つのカテゴリーのデータが取得されます。

❸ 各カテゴリーのデータを出力する

クエリを追加し、各カテゴリーのデータを出力します。
ここでは data.contentfulBlogPost.category の中身を、map メソッドを使ってカテゴリーごとに <li> でマークアップして出力しています。

```
            <ul>
              <li className=" スラッグ "> カテゴリーA </li>
              <li className=" スラッグ "> カテゴリーB </li>
            </ul>
```

▼

```
            <ul>
              {data.contentfulBlogPost.category.map(cat => (
                <li className={cat.categorySlug}>
                  {cat.category}
                </li>
              ))}
            </ul>
...

export const query = graphql`
  query {
    contentfulBlogPost {
      title
      publishDateJP: publishDate(formatString: "YYYY 年 MM 月 DD 日 ")
      publishDate
      category {
        category
        categorySlug
      }
    }
  }
`
```

各カテゴリーのデータを出力。

クエリを追加。

src/pages/blogpost.js

毎日のフルーツで爽やかさを加えて

カテゴリーA ・ カテゴリーB

2つのカテゴリーがリストアップされます。

```
<ul>
<li class="fruit"> フルーツ </li>
<li class="grain"> 穀物 </li>
</ul>
```

生成コード。

❹ keyを追加する

ブラウザの開発ツールでコンソールを見ると、カテゴリーの出力によって右のようなwarningが出るようになります。warningでは「リスト項目にはユニークなkeyを与える」ことが求められています。

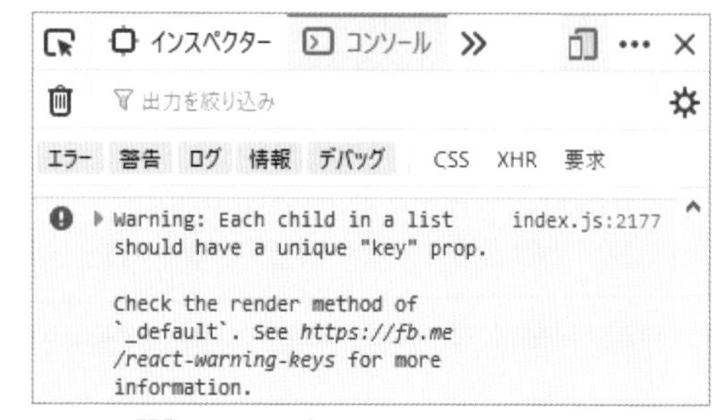

Firefoxの開発ツールでの表示。

そこで、クエリでユニークな値を取得します。ここでは確実にユニークになっている値として、各カテゴリーに割り振られているIDを利用します。**GraphiQL**でcontentfulBlogPost > category > idにチェックを付けると、IDを確認できます。

```
query MyQuery {
  contentfulBlogPost {
    title
    publishDateJP:publishDate(formatString: "YYYY年MM月DD日")
    publishDate
    category {
      category
      categorySlug
      id
    }
  }
}
```

```
{
  "data": {
    "contentfulBlogPost": {
      …
      "category": [
        {
          "category": "フルーツ",
          "categorySlug": "fruit",
          "id": "216450df-ebee-5c48-a775-4d23f9a4ff00"
        },
        {
          "category": "穀物",
          "categorySlug": "grain",
          "id": "1a22d513-548f-50fc-a35d-94aeebd3aeea"
        }
      ]
    }
  }
}
```

Reactでは、リストにはkey属性の設定が求められます。これは、要素の変化を速やかに把握するためのものです。

クエリを追加し、取得した ID を key 属性で指定します。

```
            <ul>
              {data.contentfulBlogPost.category.map(cat => (
                <li className={cat.categorySlug} key={cat.id}>
                  {cat.category}
                </li>
              ))}
            </ul>
…

export const query = graphql`
  query {
    contentfulBlogPost {
      title
      publishDateJP: publishDate(formatString: "YYYY年MM月DD日")
      publishDate
      category {
        category
        categorySlug
        id
      }
    }
  }
`
```

key属性でIDを指定。

クエリを追加。

src/pages/blogpost.js

これで、key の warning は出なくなります。画面表示や生成コードには影響しません。以上で、カテゴリーの表示は完了です。

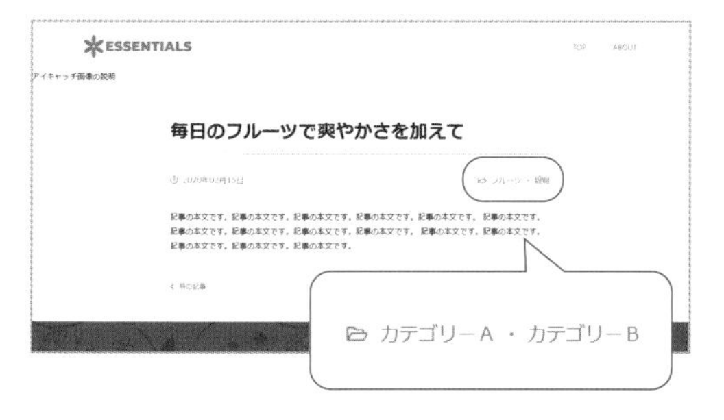


```
<ul>
<li class="fruit">フルーツ</li>
<li class="grain">穀物</li>
</ul>
```

生成コード。

STEP

7-5 記事のアイキャッチ画像を表示する

アイキャッチ画像を表示します。画像はChapter 2の画像と同じように、最適化した形で表示します。

❶ クエリを作成する

アイキャッチ画像の入力フィールドは「eyecatch」というIDで作成していますので、**GraphiQL**でcontentfulBlogPost > eyecatchを開きます。すると、「fluid」というフィールドが見つかります。

fluid内にはP.67と同じフィールドが用意され、可変な画像を最適化するのに必要なデータが取得できます。チェックを付けてクエリを実行すると、次のようにアイキャッチ画像のデータが取得されます。アイキャッチ画像はオリジナルの横幅が1600ピクセルで、画面の横幅に合わせて表示するため、fluidのmaxWidthは「1600」と指定しています。

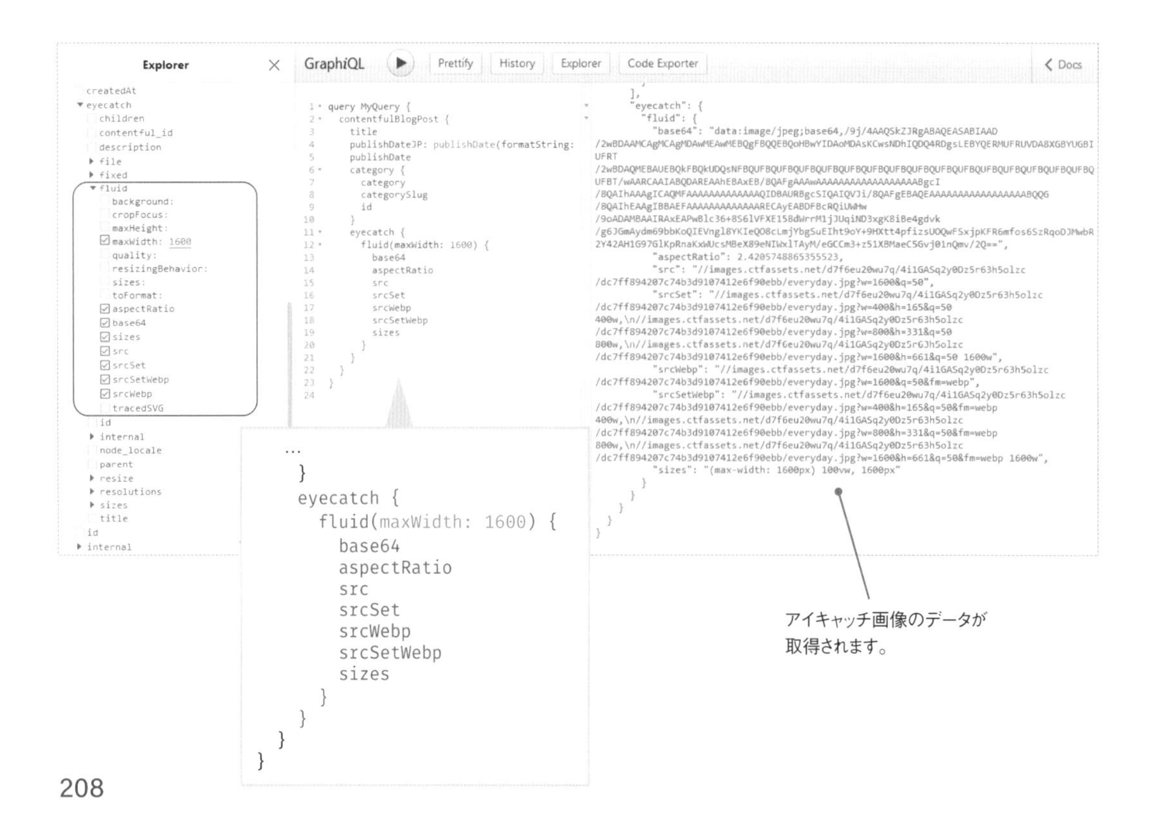


```
    ...
  }
  eyecatch {
    fluid(maxWidth: 1600) {
      base64
      aspectRatio
      src
      srcSet
      srcWebp
      srcSetWebp
      sizes
    }
  }
 }
}
```

② 画像を表示する

画像を表示するため、gatsby-image の <Img /> コンポーネントに置き換えます。クエリの fluid の中身は定型のため、Contentful のプラグインの Fragment に置き換えています。
これで画像が最適化され、「blur-up」の効果を付けたWebP フォーマットの画像で表示されます。

```
<div className="eyecatch">
  <figure>
    <img src="images-baseblog/eyecatch.jpg" alt=" アイキャッチ画像の説明 " />
  </figure>
</div>
```

▼

```
import React from "react"
import { graphql } from "gatsby"
import Img from "gatsby-image"
import Layout from "../components/layout"
…
    <div className="eyecatch">
      <figure>
        <Img
          fluid={data.contentfulBlogPost.eyecatch.fluid}
          alt=" アイキャッチ画像の説明 "
        />
      </figure>
    </div>
…
export const query = graphql`
  query {
    contentfulBlogPost {
      title
      …
        id
      }
      eyecatch {
        fluid(maxWidth: 1600) {
          ...GatsbyContentfulFluid_withWebp
        }
      }
    }
  }
`
```

Fragment

src/pages/blogpost.js

アイキャッチ画像が最適化した形で表示されます。

③ 画像の説明を追加する

alt 属性の値として、ここでは各画像の「Description」に入力した説明を使用します。そのため、contentfulBlogPost > eyecatch > description のデータを取得します。

> 画像の「Description」は入力が必須ではありません。未入力の場合、空の値が取得されます。
>
> ```
> "description": ""
> ```

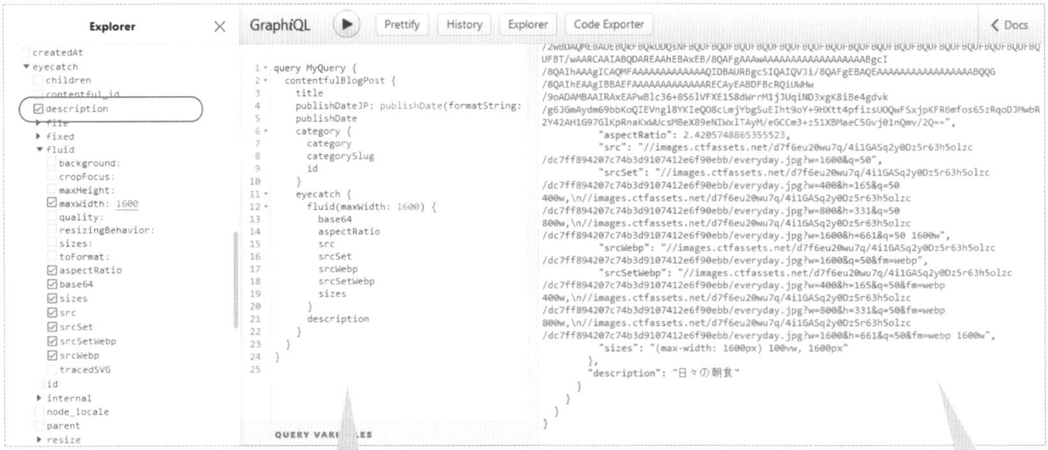

```
query MyQuery {
  contentfulBlogPost {
    title
    publishDateJP: publishDate(formatString:
    publishDate
    category {
      category
      categorySlug
      id
    }
    eyecatch {
      fluid(maxWidth: 1600) {
        base64
        aspectRatio
        src
        srcSet
        srcWebp
        srcSetWebp
        sizes
      }
      description
    }
  }
}
```

```
…
  eyecatch {
    fluid(maxWidth: 1600) {
      …
      sizes
    }
    description
  }
 }
}
```

```
…
  "eyecatch": {
    "fluid": {
      …
    },
    "description": "日々の朝食"
   }
  }
 }
}
```

クエリを追加し、alt 属性の値を取得した説明に置き換えます。

```
<div className="eyecatch">
  <figure>
    <Img
      fluid={data.contentfulBlogPost.eyecatch.fluid}
      alt="アイキャッチ画像の説明"
    />
  </figure>
</div>
```

▼

▼

```
      <div className="eyecatch">
        <figure>
          <Img
            fluid={data.contentfulBlogPost.eyecatch.fluid}
            alt={data.contentfulBlogPost.eyecatch.description}
          />
        </figure>
      </div>
…
export const query = graphql`
  query {
    contentfulBlogPost {
      title
      …
      eyecatch {
        fluid(maxWidth: 1600) {
          ...GatsbyContentfulFluid_withWebp
        }
        description
      }
    }
  }
`
```

alt属性の値を置き換え。

クエリを追加。

src/pages/blogpost.js

生成コードを確認すると、alt 属性で画像の説明が指定されたことが確認できます。以上で、アイキャッチ画像の表示は完了です。

```
<div class="gatsby-image-wrapper" …>
  …
  <picture>
  …
    <img … alt="日々の朝食 " loading="lazy" …>
  </picture>
  <noscript>…</noscript>
</div>
```

生成コード。

STEP
7-6 記事の本文（リッチテキスト）を表示する

リッチテキスト形式で入力した記事の本文を表示していきます。

① クエリを作成する

記事の本文（コンテンツ）の入力フィールドは「content」というIDで作成していますので、contentfulBlogPost > content を開きます。
この中から「json」にチェックを付けてクエリを実行すると、次のようにJSON形式でデータを取得できます。

ここでは取得したデータを確認しやすいように、**GraphiQL**でここまでに追加してきたクエリを外し、contentfulBlogPost > content > json のクエリのみを実行しています。

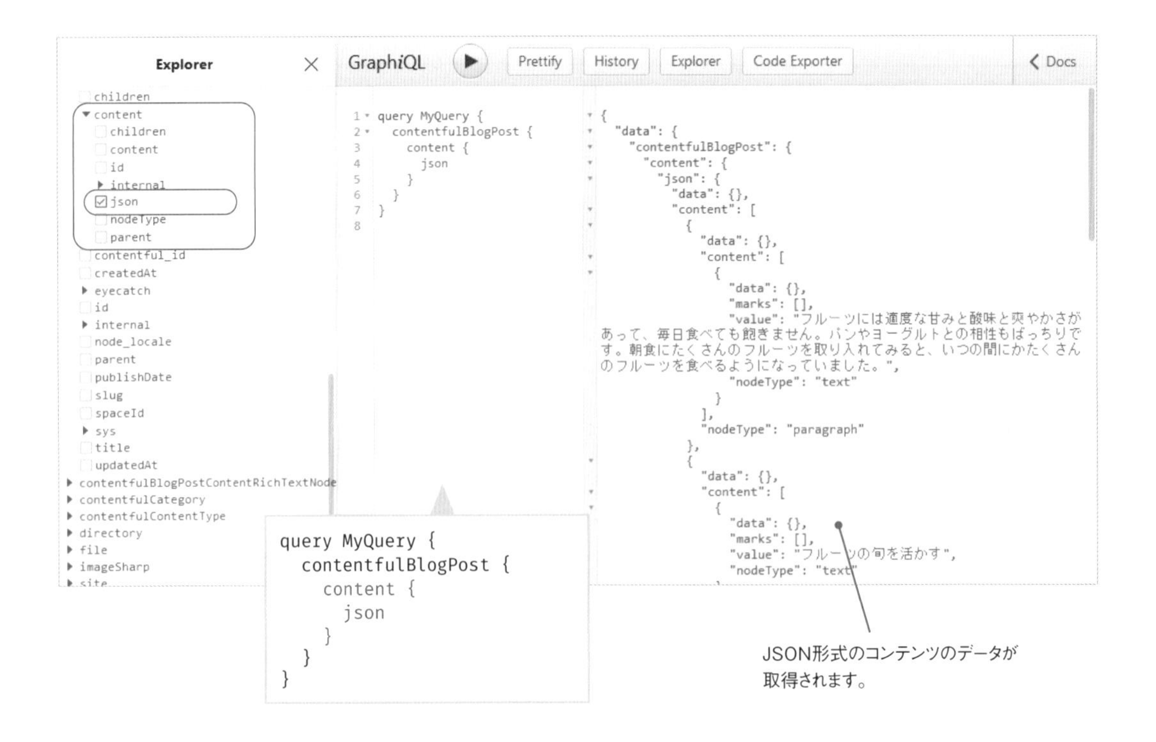

```
query MyQuery {
  contentfulBlogPost {
    content {
      json
    }
  }
}
```

JSON形式のコンテンツのデータが取得されます。

取得されたデータを見てみると、各要素が次のような形になっています。それぞれの要素の種類も、nodeType の値で「paragraph（段落）」、「heading-2（レベル2の見出し）」、「embedded-asset-block（アセット）」であることがわかります。

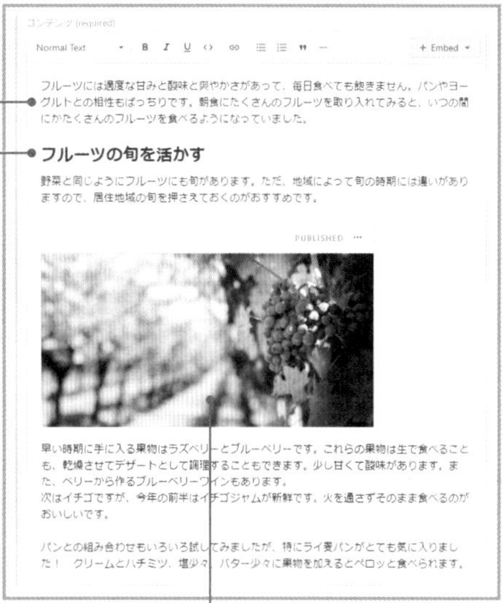

段落 <p>

```
{
  "data": {},
  "content": [
    {
      "data": {},
      "marks": [],
      "value": " フルーツには適度な甘みと酸味と爽やかさがあって、毎日食べても飽きません。パンやヨーグルトとの相性もばっちりです。朝食にたくさんのフルーツを取り入れてみると、いつの間にかたくさんのフルーツを食べるようになっていました。",
      "nodeType": "text"
    }
  ],
  "nodeType": "paragraph"
},
```

Contentfulの記事本文の編集画面。

見出し <h2>

```
{
  "data": {},
  "content": [
    {
      "data": {},
      "marks": [],
      "value": " フルーツの旬を活かす ",
      "nodeType": "text"
    }
  ],
  "nodeType": "heading-2"
},
```

画像 <img>

```
{
  "data": {
    "target": {
      …
      "fields": {
        "title": {
          "ja-JP": "season"
        },
        "description": {
          "ja-JP": " 旬のぶどう "
        },
        "file": {
          "ja-JP": {
            "url": "//images.ctfassets.net/d7f6eu…88e379187a299/season.jpg",
            …
          },
        "fileName": "season.jpg",
        "contentType": "image/jpeg"
  …
  "nodeType": "embedded-asset-block"
},
```

記事データをこうした形で扱うJSONはAST(Abstract Syntax Tree)/抽象構文木と呼ばれます。詳しくはP.224を参照してください。

② リッチテキストを扱えるようにする

リッチテキストのデータは、Contentful が提供している rich-text を使用して扱います。

ここではリッチテキストの JSON 形式のデータを React コンポーネントに変換したいので、「rich-text-react-renderer」をインストールします。

rich-text
https://github.com/contentful/rich-text

```
$ yarn add @contentful/rich-text-react-renderer
```

インストールできたら、documentToReactComponents を import しておきます。

```
...
} from "@fortawesome/free-solid-svg-icons"

import { documentToReactComponents } from "@contentful/rich-text-react-renderer"

export default ({ data }) => (
...
```

src/pages/blogpost.js

③ リッチテキストを表示する

リッチテキストを表示するため、クエリを追加し、JSON 形式で取得したデータを documentToReactComponents で変換して出力します。

```
<div className="postbody">
  <p>
    記事の本文です。記事の本文です。記事の本文です。記事の本文です。記事の本文です。
    記事の本文です。記事の本文です。記事の本文です。記事の本文です。記事の本文です。
    記事の本文です。記事の本文です。記事の本文です。記事の本文です。記事の本文です。
  </p>
</div>
```

▼

```
        <div className="postbody">
          {documentToReactComponents(data.contentfulBlogPost.content.json)}
        </div>
…
export const query = graphql`
  query {
    contentfulBlogPost {
      title
      …
      eyecatch {
        fluid(maxWidth: 1600) {
          ...GatsbyContentfulFluid_withWebp
        }
        description
      }
      content {
        json
      }
    }
  }
`
```

JSON形式で取得したデータをdocumentToReactComponentsで変換して出力。<div>内の<p>～</p>を置き換えます。

クエリを追加。

src/pages/blogpost.js

これで、リッチテキストのコンテンツが表示されます。生成コードを見ると、段落は <p> で、見出しは <h2> でマークアップして出力されています。ただし、この段階では本文中に挿入した画像は表示されません。

画像を表示するためには、リッチテキスト内の要素のレンダリングをカスタマイズします。カスタマイズの方法は次のステップから見ていきます。

```
<div class="postbody">
  <p>
  フルーツには適度な甘みと酸味と爽やかさがあって、毎日食べて
  も飽きません。パンやヨーグルトとの相性もばっちりです。朝食に
  たくさんのフルーツを取り入れてみると、いつの間にかたくさんのフ
  ルーツを食べるようになっていました。</p>

  <h2> フルーツの旬を活かす </h2>

  <p> 野菜と同じようにフルーツにも旬があります。ただ、地域によっ
  て旬の時期には違いがありますので、居住地域の旬を押さえてお
  くのがおすすめです。</p>
  …
</div>
```

生成コード。

STEP 7-7 リッチテキスト内の見出しにアイコンを付ける

documentToReactComponentsでは、リッチテキスト内の要素のレンダリングをカスタマイズすることができます。この機能を利用すると、マークアップを変更したり、画像を表示したりすることが可能になります。
ここではリッチテキスト内の見出し<h2>にFont Awesomeのアイコンを付けるため、この機能を利用します。画像の表示は次のステップで行います。

<h2> フルーツの旬を活かす </h2>

❶ リッチテキスト内の要素を扱えるようにする

リッチテキストの要素を定義している「rich-text-types」をインストールします。

```
$ yarn add @contentful/rich-text-types
```

BLOCKSをimportしておきます。

```
…
import { documentToReactComponents } from "@contentful/rich-text-react-renderer"
import { BLOCKS } from "@contentful/rich-text-types"

export default ({ data }) => (
…
```

src/pages/blogpost.js

❷ 見出しにアイコンを付ける

documentToReactComponentsのレンダリングをカスタマイズする設定を、optionsとして用意します。ここでは、<h2>のレンダリングを変更するため、「BLOCKS.HEADING_2」に次のように設定しています。

<FontAwesomeIcon />で四角いチェックアイコン(faCheckSquare)を付加しています。

```
…
import {
  faChevronLeft,
  faChevronRight,
  faCheckSquare,
} from "@fortawesome/free-solid-svg-icons"
…
import { BLOCKS } from "@contentful/rich-text-types"

const options = {
  renderNode: {
    [BLOCKS.HEADING_2]: (node, children) => (
      <h2>
        <FontAwesomeIcon icon={faCheckSquare} />
        {children}
      </h2>
    ),
  },
}

export default ({ data }) => (
  <Layout>
   …
        <div className="postbody">
          {documentToReactComponents(
            data.contentfulBlogPost.content.json,
            options
          )}
        </div>
     …
  </Layout>
)

export const query = graphql`
…
```

<h2>のレンダリングを変更。

注意

optionsを追加。

src/pages/blogpost.js

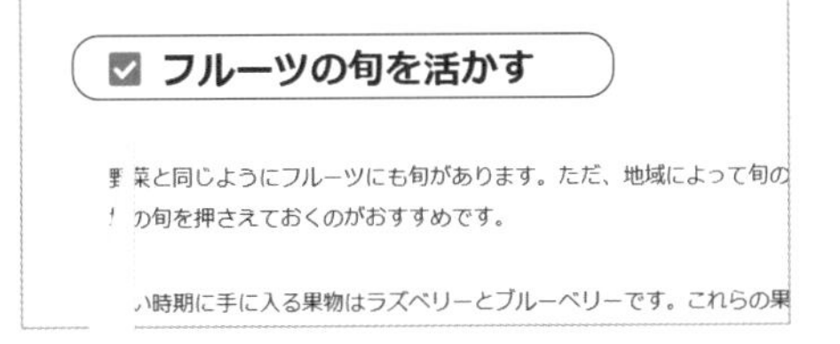

フルーツの旬を活かす
菜と同じようにフルーツにも旬があります。ただ、地域によって旬の
の旬を押さえておくのがおすすめです。
い時期に手に入る果物はラズベリーとブルーベリーです。これらの果

```
<h2>
<svg …><path …></path></svg>
フルーツの旬を活かす
</h2>
```

Font Awesomeのアイコン<svg>が付加されます。

リッチテキストの要素に対し、BLOCKSの値は次のように定義されています。

BLOCKS	要素
PARAGRAPH	<p>
HEADING_1	<h1>
HEADING_2	<h2>
HEADING_3	<h3>
HEADING_4	<h4>
HEADING_5	<h5>
HEADING_6	<h6>
EMBEDDED_ASSET	<img>

STEP
7-8 リッチテキスト内の画像を表示する

続けて、リッチテキスト内の画像を表示します。

❶ EMBEDDED_ASSETのコードを定義する

リッチテキスト内の画像を表示するためには、EMBEDDED_ASSETのレンダリングをカスタマイズする必要があります。
EMBEDDED_ASSETのJSON（node）には画像のタイトル（title）、説明（description）、URLが含まれています。これらを利用し、HTMLの<img />タグで指定すると、次のように画像が表示されます。

P.213で確認した
画像のJSONデータ

```
{
  "data": {
    "target": {
      …
      "fields": {
        "title": {
          "ja-JP": "season"
        },
        "description": {
          "ja-JP": " 旬のぶどう "
        },
        "file": {
          "ja-JP": {
            "url": "//images.ctfassets.net/…/season.jpg",
            …
          },
        "fileName": "season.jpg",
        "contentType": "image/jpeg"
    …
  "nodeType": "embedded-asset-block"
},
```

```
const options = {
  renderNode: {
    [BLOCKS.HEADING_2]: (node, children) => (
      <h2>
        <FontAwesomeIcon icon={faCheckSquare} />
        {children}
      </h2>
    ),
    [BLOCKS.EMBEDDED_ASSET]: node => (
      <img
        src={node.data.target.fields.file["ja-JP"].url}
        alt={
          node.data.target.fields.description
            ? node.data.target.fields.description["ja-JP"]
            : node.data.target.fields.title["ja-JP"]
        }
      />
    ),
  },
}
```

src/pages/blogpost.js

alt属性には画像の説明を指定しています。ただし、Contentfulの画像の説明は入力が必須ではないため、未入力の場合はタイトルの値を指定するようにしています。

画像が表示されます。

ただし、画像は表示されましたが、最適化していないため重い表示になります。

❷ 画像のfluidのデータを取得する

最適化して表示するためには、アイキャッチ画像と同じようにgatsby-imageの<Img />コンポーネントを使用します。しかし、リッチテキストのデータの中には、画像のfluidのデータは含まれていません。

そこで、リッチテキスト内の画像に関するデータを使って、fluidのデータを取得することを考えます。リッチテキストに含まれているのは、画像のタイトル（title）、説明（description）、URLです。

一方、**GraphiQL**で確認すると、Contentfulで管理しているすべての画像のfluidデータは、allContentfulAsset > nodes > fluidで取得できます。さらに、allContentfulAssetで取得できるデータの中で、リッチテキストに含まれるデータと一致するものを探してみると、allContentfulAsset > nodes > file > urlで、urlが見つかります。

そこで、これを利用したユーティリティを作成します。src/内に「utils」フォルダを作り、「useContentfulImage.js」というファイルを用意します。
useContentfulImage.jsでは、画像のURLからfluidのデータを取得する処理を行います。ただし、ページコンポーネントではないため、クエリにはuseStaticQueryを使わなければなりません。

ところが、useStaticQueryではクエリに変数を使うことができないという制限があるため、URLを指定してクエリを行うことができません。
そこで、クエリではすべての画像のfluidのデータを取得しておき、その中からURLが一致したfluidのデータを取り出します。ここでは、findメソッドを利用して最初に条件を満たしたものを取り出しています。

Gatsby

```
mysite
├── src
│     └── components
│     └── images
│     └── pages
│     └── utils
│           └── useContentfulImage.js
├── static
…
```

記事本文の横幅はlayout.cssで最大785ピクセルに設定していますので、fluidのmaxWidthは「785」に指定しています。

```
import { useStaticQuery, graphql } from "gatsby"

export default assetUrl => {
  const { allContentfulAsset } = useStaticQuery(graphql`
    query {
      allContentfulAsset {
        nodes {
          file {
            url
          }
          fluid(maxWidth: 785) {
            ...GatsbyContentfulFluid_withWebp
          }
        }
      }
    }
  `)

  return allContentfulAsset.nodes.find(n => n.file.url === assetUrl).fluid
}
```

クエリを追加

画像のURLを取得。

画像のfluidのデータを取得（fluidの中身は定型のためFragmentに置き換え）。

URLが一致した画像のfluidのデータを取り出し。

src/utils/useContentfulImage.js

ここで利用した、データの中から必要なものを取り出すテクニックは、「useStaticQuery」の制限を回避する方法としてよく利用されます。たとえば、P.297のようにURLの代わりにファイル名を元にfluidのデータを取得する形にアレンジすることで、gatsby-imageを簡単に使えるようになります。
ただし、現在開発が進められている「useQuery」では、どのコンポーネントでも変数を使ったクエリが可能になるようです。

❸ 画像を最適化して表示する

blogpost.js に useContentfulImage を import し、<img /> を gatsby-image の <Img /> コンポーネントに置き換えます。useContentfulImage では画像の URL を指定し、返ってきたデータを fluid にわたします。

```
    [BLOCKS.EMBEDDED_ASSET]: node => (
      <img
        src={node.data.target.fields.file["ja-JP"].url}
        alt={
          node.data.target.fields.description
            ? node.data.target.fields.description["ja-JP"]
            : node.data.target.fields.title["ja-JP"]
        }
      />
    ),
```

▼

```
…
import { BLOCKS } from "@contentful/rich-text-types"
import useContentfulImage from "../utils/useContentfulImage"

const options = {
  renderNode: {
    …
    [BLOCKS.EMBEDDED_ASSET]: node => (
      <Img
        fluid={useContentfulImage(node.data.target.fields.file["ja-JP"].url)}
        alt={
          node.data.target.fields.description
            ? node.data.target.fields.description["ja-JP"]
            : node.data.target.fields.title["ja-JP"]
        }
      />
    ),
```

src/pages/blogpost.js

これで、他の画像と同じようにリッチテキスト内の画像も最適化して表示されます。

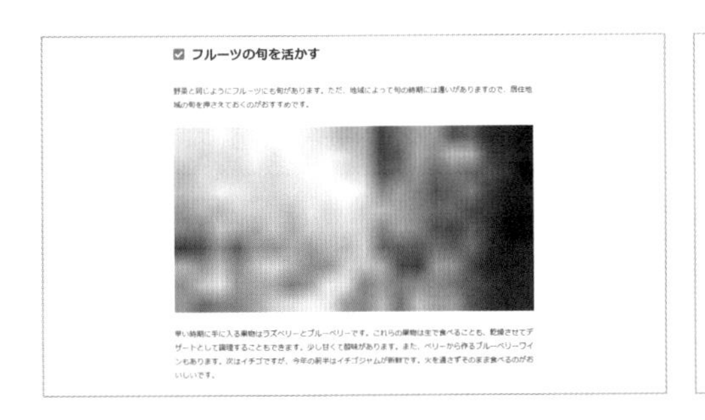

STEP

7-9 リッチテキスト内の改行を
に変換する

ページに表示したリッチテキストをよく見ると、文中に Shift + Enter で入れた改行が反映されていません。

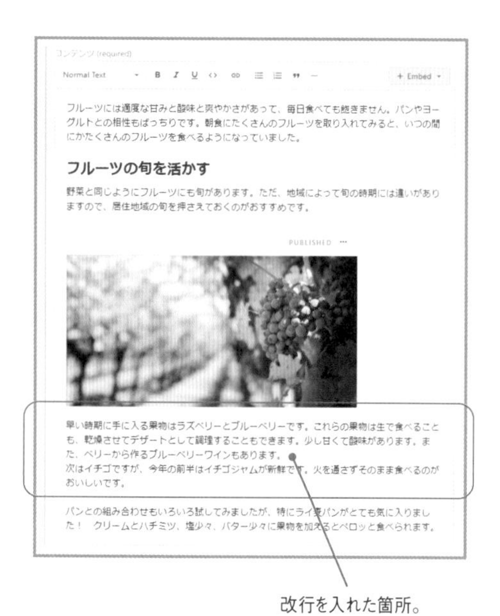
フルーツの旬を活かす
野菜と同じようにフルーツにも旬があります。ただ、地域によって旬の時期には違いがありますので、居住地域の旬を押さえておくのがおすすめです。

改行を入れた箇所。

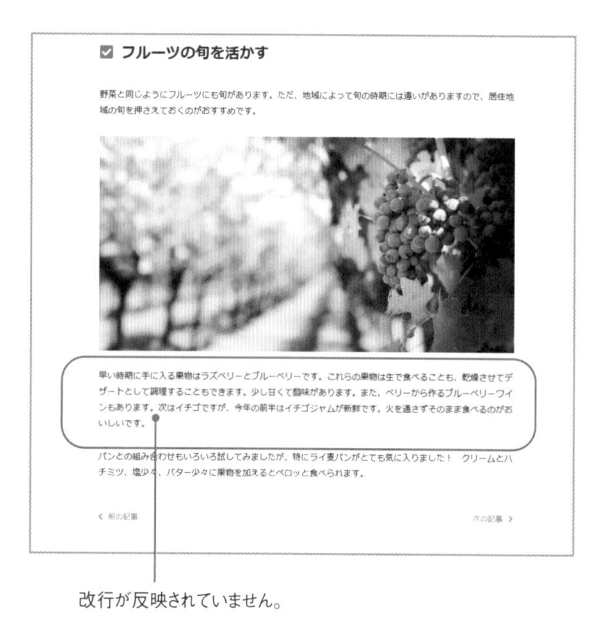
フルーツの旬を活かす

改行が反映されていません。

contentfulBlogPost > content > json で取得したデータを見ると、改行を入れた箇所には「\n」が入っています。

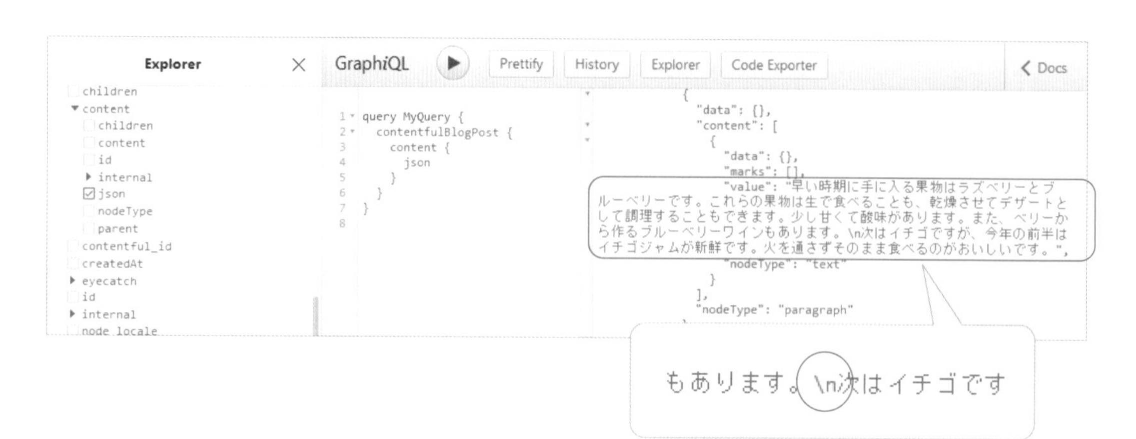
Explorer
GraphiQL
Prettify
History
Explorer
Code Exporter
Docs
query MyQuery {
contentfulBlogPost {
content {
json
"value": "早い時期に手に入る果物はラズベリーとブルーベリーです。これらの果物は生で食べることも、乾燥させてデザートとして調理することもできます。少し甘くて酸味があります。また、ベリーから作るブルーベリーワインもあります。\n次はイチゴですが、今年の前半はイチゴジャムが新鮮です。火を通さずそのまま食べるのがおいしいです。",
"nodeType": "paragraph"
もあります。\n次はイチゴです

Shift + Enter で入れた改行は \n になっていますので、
 に変換する設定を追加します。
変換する設定は rich-text の公式に掲載されているものをコピーします。

```
…
const options = {
  renderNode: {
    …
    [BLOCKS.EMBEDDED_ASSET]: node => (
      <Img
        fluid={useContentfulImage(node.data.target.fields.file["ja-JP"].url)}
        alt={
          node.data.target.fields.description
            ? node.data.target.fields.description["ja-JP"]
            : node.data.target.fields.title["ja-JP"]
        }
      />
    ),
  },
  renderText: text => {
    return text.split("\n").reduce((children, textSegment, index) => {
      return [...children, index > 0 && <br key={index} />, textSegment]
    }, [])
  },
}
```

公式に掲載されている設定をコピー。
https://github.com/contentful/rich-text/tree/master/packages/rich-text-react-renderer

src/pages/blogpost.js

改行が表示に反映されます。以上で、リッチテキストの表示は完了です。

仮の記事ページは完成しましたので、次の章で自動生成の設定をしていきます。

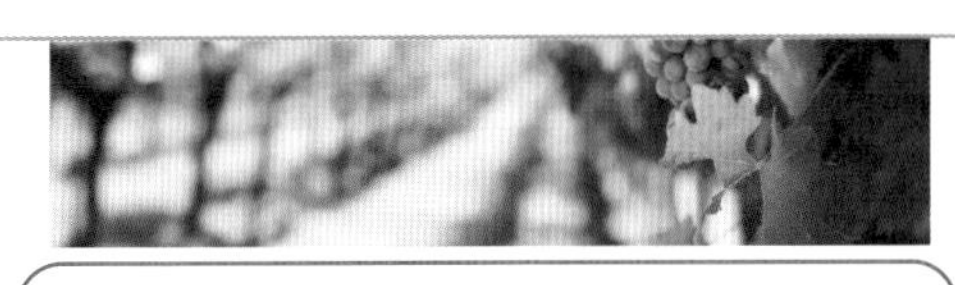

早い時期に手に入る果物はラズベリーとブルーベリーです。これらの果物は生で食べることも、乾燥させてデザートとして調理することもできます。少し甘くて酸味があります。また、ベリーから作るブルーベリーワインもあります。
次はイチゴですが、今年の前半はイチゴジャムが新鮮です。火を通さずそのまま食べるのがおいしいです。
パンとの組み合わせもいろいろ試してみましたが、特にライ麦パンがとても気に入りました！ クリームとハチミツ、塩少々、バター少々に果物を加えるとペロッと食べられます。

ネット上では、次のような処理方法も紹介されています。

```
const options = {
  renderNode: {
    …
    [BLOCKS.EMBEDDED_ASSET]: node => (
      …
    ),
  },
  renderText: text => text.split('\n').flatMap((text, i) => [i > 0 && <br />, text])
}
```

記事データの扱い（AST）

今回のサンプルでは、Contentfulのリッチテキストを採用しました。リッチテキストの記事データがJSONとして渡されるため、データの扱いが難しいと感じたかもしれません。

このJSONはAST(Abstract Syntax Tree)・抽象構文木と呼ばれるもので、こうした記事データなどを扱う際にはたびたび出会うことになります。

たとえばContentfulでもマークダウンを選択できます。この場合はGatsbyの公式チュートリアルと同様に、gatsby-transformer-remarkプラグインを利用することになります。そのため、記事データをHTMLとして取得することができますので、dangerouslySetInnerHTMLを使ってシンプルに処理することができます。

gatsby-transformer-remark
https://www.gatsbyjs.org/packages/gatsby-transformer-remark/

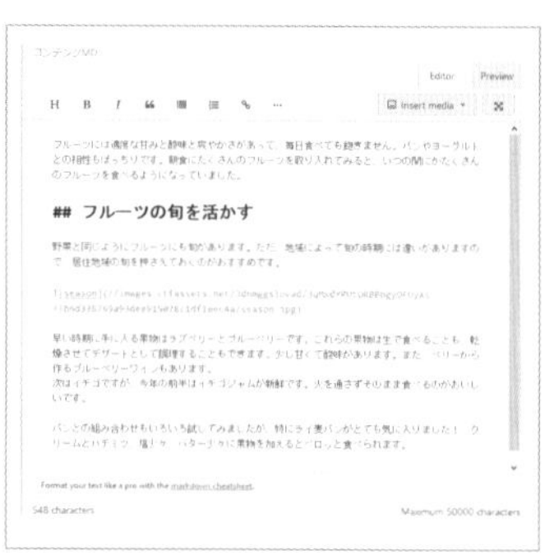

マークダウンの入力フィールド
・ID: contentMd
・フィールドの種類: Text(Long Text)。

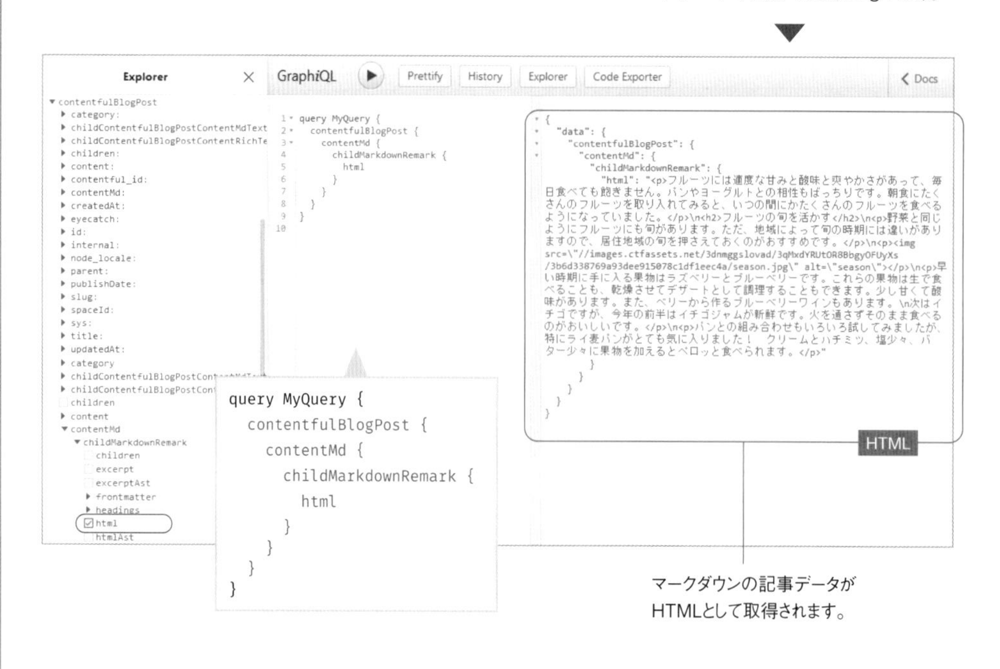

マークダウンの記事データがHTMLとして取得されます。

```
export default ({ data, pageContext, location }) => (
  <Layout>
  …
        <h1 className="bar">{data.contentfulBlogPost.title}</h1>
        <aside className="info"> … </aside>
        <div
          className="postbody"
          dangerouslySetInnerHTML={{
            __html: data.contentfulBlogPost.contentMd.childMarkdownRemark.html,
          }}
        />
        <ul className="postlink">
        …
  </Layout>
)

export const query = graphql`
  query($id: String!) {
    contentfulBlogPost(id: { eq: $id }) {
      title
      contentMd {
        childMarkdownRemark {
          html
        }
      }
    …
    }
  }
`
```

src/template/blogpost-template.js

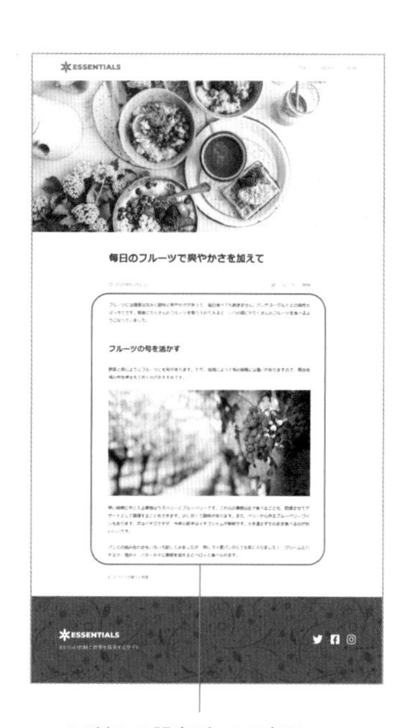

マークダウンの記事データの表示。

ただし、今回のサンプルのようにマークアップをカスタマイズしたい場合はどうするのが良いのでしょうか？

いくつかの選択肢が考えられますが、**GraphiQL** を確認してみると html のすぐ下に htmlAST という選択肢を見つけることができます。

ここからASTなデータを取得できますので、これを加工していく方法が考えられます。

他のヘッドレスCMSを採用した場合も同様です。たとえば、microCMSでリッチテキストを選択した場合はHTMLをそのまま取得できます。そこで、自分でhtmlASTへと変換することで同じようにカスタマイズできます。

このあたりの処理は、Unified（https://unifiedjs.com/）というプロジェクトで開発されているremark/rehypeといった処理系を利用することで対応できます。

この機会にマスターしてみてはいかがでしょうか？

Chapter 8

ブログの記事ページを自動生成する

Build blazing-fast websites with GatsbyJS

GatsbyJS

STEP
8-1 記事ページを自動生成する

Contentful では全部で 14 件の記事を投稿しています。Chapter 7 で作成した仮の記事ページ（blogpost.js）で、クエリで読み込む記事を変えれば各記事のページを作ることができます。
そこで、blogpost.js をベースに、各記事のページを自動生成する設定をしていきます。

各記事のページを自動生成します。

❶ テンプレートを作成する

生成に使用するテンプレートを作成します。そこで、src/ 内に「templates」フォルダを作成し、blogpost.js を「blogpost-template.js」というファイル名にして移動します。

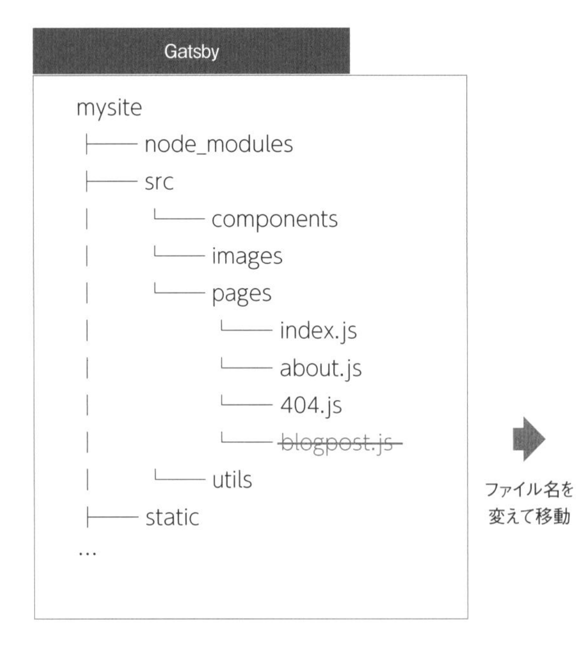

ファイル名を変えて移動

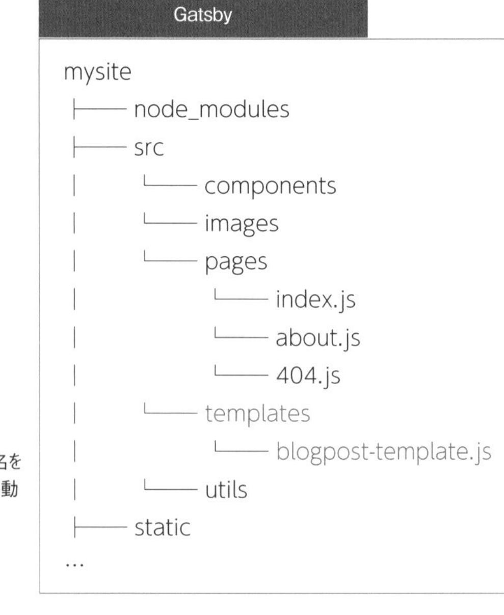

❷ gatsby-node.jsを作成する

プロジェクトフォルダのルートにgatsby-node.jsを作成します。ページの自動生成には、Gatsby Node APIのcreatePagesを利用しますので、必要な設定を記述しておきます。

```
Gatsby
mysite
├── node_modules
…
├── gatsby-config.js
├── gatsby-node.js
```

```
const path = require("path")

exports.createPages = async ({ graphql, actions, reporter }) => {
  const { createPage } = actions
}
```

gatsby-node.js

gatsby-node.js

Gatsbyがページを生成する際に、特定のタイミングやイベントに合わせて処理をさせたいケースがあります。そうした処理を設定するのが、gatsby-node.jsです。
Gatsby Node APIとして以下のものが用意されており、関数の形でexportすることで利用します。ここでは、createPagesを使用しています。

Gatsby Node APIs
https://www.gatsbyjs.org/docs/node-apis/

createPages	onCreateNode	onPreExtractQueries
createPagesStatefully	onCreatePage	onPreInit
createResolvers	onCreateWebpackConfig	preprocessSource
createSchemaCustomization	onPostBootstrap	resolvableExtensions
generateSideEffects	onPostBuild	setFieldsOnGraphQLNodeType
onCreateBabelConfig	onPreBootstrap	sourceNodes
onCreateDevServer	onPreBuild	

③ クエリを作成する

すべての記事ページの生成に必要なデータを取得するため、allContentfulBlogPost を使用してクエリを作成します。ここでは記事を区別する ID（id）と、ページの URL を構成するスラッグ（slug）を取得します。
なお、投稿日が新しい記事のデータから順に取得するため、投稿日 (publishDate) でソートし、降順（DESC）で並べるように指定しています。

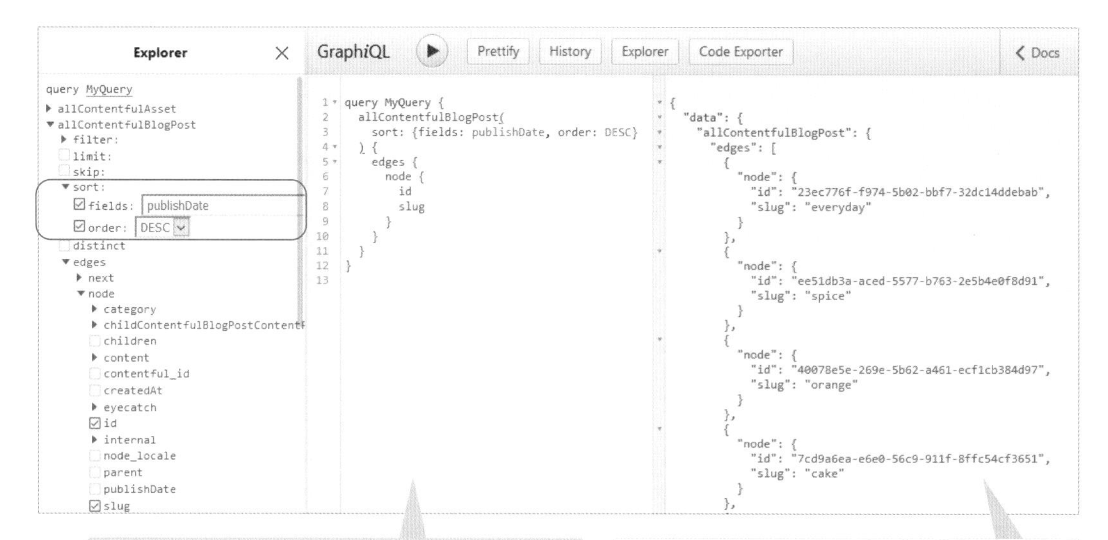

```
query MyQuery {
  allContentfulBlogPost(
    sort: {fields: publishDate, order: DESC}
  ) {
    edges {
      node {
        id
        slug
      }
    }
  }
}
```

```
{
  "data": {
    "allContentfulBlogPost": {
      "edges": [
        {
          "node": {
            "id": "49166f00-…39f400",
            "slug": "everyday"
          }
        },
        {
          "node": {
            "id": "c19a4d49-…5737e1",
            "slug": "spice"
          }
        },
        …
```

すべての記事のIDとスラッグが取得されます。

④ クエリを追加する

作成したクエリを gatsby-node.js に追加します。クエリの結果は blogresult に受け取っています。
なお、クエリでエラーが発生した際にメッセージを表示する処理も追加しています。

```
const path = require("path")

exports.createPages = async ({ graphql, actions, reporter }) => {
  const { createPage } = actions

  const blogresult = await graphql(`
    query {
      allContentfulBlogPost(sort: { fields: publishDate, order: DESC }) {
        edges {
          node {
            id
            slug
          }
        }
      }
    }
  `)

  if (blogresult.errors) {
    reporter.panicOnBuild(`GraphQL のクエリでエラーが発生しました`)
    return
  }
}
```

注意（async）

クエリを追加。

エラーメッセージを表示する処理。

gatsby-node.js

Promise と async/await

JavaScript では、データベースやファイルへのアクセスが非同期で処理されます。そのため、データの取得を待たずに次の処理へと進み、問題が生じることになります。
そこで、用意されたのが Promise や async/await です。ページの自動生成で外部のデータを扱う場合、このあたりを意識しなければなりません。ただし、Promise だけでもかなりのボリュームがありますので、まずはパターンで認識していただければと思います。

❺ createPageでページを生成する

クエリで取得したデータからforEachメソッドで各記事のデータを取り出し、ページを生成します。ページの生成には、「Actions」として用意されている関数の中から「createPage」を利用し、以下のように設定します。

path

生成するページのパスを指定します。ここではP.183で決めたように、「/blog/post/スラッグ/」という形にしています。

component

生成に使用するテンプレートを、gatsby-node.jsから見た相対パスで指定します。ここでは❶で用意したblogpost-template.jsを指定しています。

```
const path = require("path")

exports.createPages = async ({ graphql, actions, reporter }) => {
  const { createPage } = actions

  const blogresult = await graphql(`
    query {
      allContentfulBlogPost(sort: { fields: publishDate, order: DESC }) {
        edges {
          node {
            id
            slug
          }
        }
      }
    }
  `)

  if (blogresult.errors) {
    reporter.panicOnBuild(`GraphQL のクエリでエラーが発生しました`)
    return
  }

  blogresult.data.allContentfulBlogPost.edges.forEach(({ node }) => {
    createPage({
      path: `/blog/post/${node.slug}/`,
      component: path.resolve(`./src/templates/blogpost-template.js`),
    })
  })
}
```

gatsby-node.js

これで、各記事のページが生成されます。ページを確認するためには、開発サーバーを起動しなおし、404 ページを表示します。すると、サイト内のすべてのページの URL がリストアップされ、Contentful に投稿した 14 件の記事ページが生成されていることがわかります。

リンクをクリックすると記事ページが開きます。ただし、この段階ではすべての記事ページが同じ表示内容になります。テンプレート（blogpost-template.js）のクエリの設定が「毎日のフルーツで爽やかさを加えて」のデータを取得するようになっているためです。

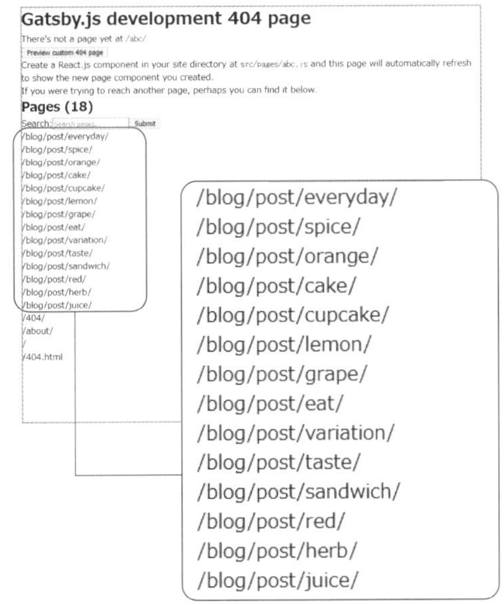
Gatsby.js development 404 page
There's not a page yet at /abc/
Preview custom 404 page
Create a React.js component in your site directory at src/pages/abc.js and this page will automatically refresh to show the new page component you created.
If you were trying to reach another page, perhaps you can find it below.
Pages (18)
Search
Submit
/blog/post/everyday/
/blog/post/spice/
/blog/post/orange/
/blog/post/cake/
/blog/post/cupcake/
/blog/post/lemon/
/blog/post/grape/
/blog/post/eat/
/blog/post/variation/
/blog/post/taste/
/blog/post/sandwich/
/blog/post/red/
/blog/post/herb/
/blog/post/juice/
/404/
/about/
/
/404.html

ブログの記事ページのURL。
クエリでソートするように指定したため、投稿日（publishDate）が新しい記事から順にリストアップされています。

リンクを
クリック。

ESSENTIALS
毎日のフルーツで爽やかさを加えて
フルーツの旬を活かす
ESSENTIALS

すべてのページが同じ表示内容になります。

Actions
https://www.gatsbyjs.org/docs/actions/

Actionsとして用意されている関数については、上記のページにまとめられています。

Actions

⑥ 記事ごとのデータを読み込んでページを生成する

記事ごとのデータでページが生成されるようにします。そこで、テンプレート（blogpost-template.js）に各記事の ID を送り、その ID を使ってクエリを行うように変更します。
テンプレートに ID を送るには context にオブジェクトとして指定します。

context

context で指定したオブジェクトをテンプレートへ送ります。送られてきたオブジェクトは、$ をつけることでクエリの変数として扱うことができます。また、pageContext プロパティとして扱うことも可能です。
ここでは、id として node.id の値を指定しています。

```
…
  blogresult.data.allContentfulBlogPost.edges.forEach(({ node }) => {
    createPage({
      path: `/blog/post/${node.slug}/`,
      component: path.resolve(`./src/templates/blogpost-template.js`),
      context: {
        id: node.id,
      },
    })
  })
}
```

gatsby-node.js

テンプレートでは、変数を使ったページクエリとして以下のように書き換えます。

```
…
export const query = graphql`
  query($id: String!) {
    contentfulBlogPost(id: { eq: $id }) {
      title
      slug
      publishDate
      category {
        category
        categorySlug
      }
…
```

IDが一致した記事のデータを取得するように指定。

src/template/blogpost-template.js

記事ページにアクセスすると、それぞれの記事の内容が表示されます。なお、gatsby-node.jsを編集したら、その都度開発サーバーを起動しなおして表示を確認していきます。

以上で、記事ページの自動生成の設定は完了です。

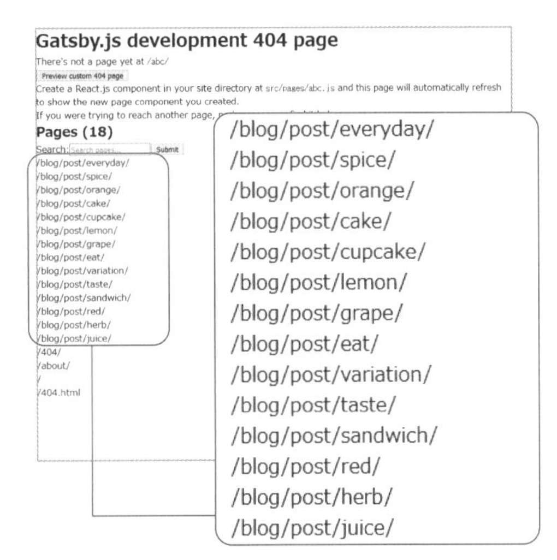

リンクをクリック。

/blog/post/everyday/

/blog/post/spice/

/blog/post/orange/

…

STEP 8-2 前後の記事へのリンクを設定する

前後の記事へのリンクを設定します。ここでは右のような形でリンクを作成するため、前後の記事のタイトルとスラッグをクエリで取得する必要があります。

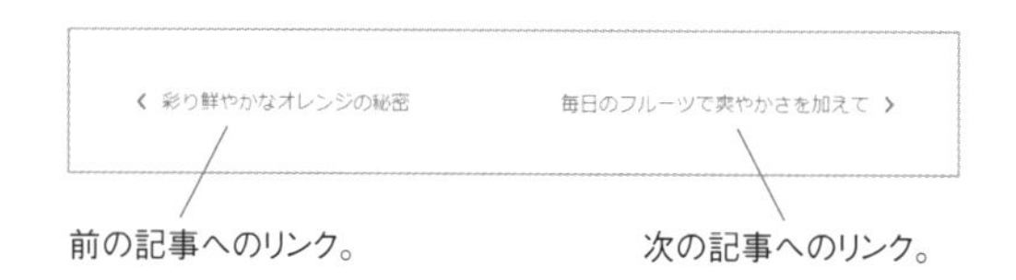

前の記事へのリンク。

次の記事へのリンク。

❶ 前後の記事のデータを取得する

GraphiQL を使って、前後の記事に関するフィールドを探してみます。
すると、allContentfulBlogPost > edges の中に「next」と「previous」フィールドがあり、どちらにも「title」と「slug」が用意されています。これらのフィールドを追加して実行すると、前後の記事のタイトルとスラッグが取得されます。

```
query MyQuery {
  allContentfulBlogPost(
    sort: {fields: publishDate, order: DESC}
  ) {
    edges {
      node {
        id
        slug
      }
      next {
        title
        slug
      }
      previous {
        title
        slug
      }
    }
  }
}
```

```
{
  "node": {
    "id": "ee51db3a-aced-5577-b763-2e5b4e0f8d91",
    "slug": "spice"
  },
  "next": {
    "title": "彩り鮮やかなオレンジの秘密",
    "slug": "orange"
  },
  "previous": {
    "title": "毎日のフルーツで爽やかさを加えて",
    "slug": "everyday"
  }
},
```

記事ごとに前後の記事のタイトルとスラッグが取得されます。

そこで、gatsby-node.js のクエリにもこれらを追加し、データを取得します。取得したデータはテンプレートに送るため、context で指定します。

```
...
  const blogresult = await graphql(`
    query {
      allContentfulBlogPost(sort: { fields: publishDate, order: DESC }) {
        edges {
          node {
            id
            slug
          }
          next {
            title
            slug
          }
          previous {
            title
            slug
          }
        }
      }
    }
  `)
...

  blogresult.data.allContentfulBlogPost.edges.forEach(({ node, next, previous }) => {
    createPage({
      path: `/blog/post/${node.slug}/`,
      component: path.resolve(`./src/templates/blogpost-template.js`),
      context: {
        id: node.id,
        next,
        previous,
      },
    })
  })
}
```

クエリにフィールドを追加。

取得したデータをcontextで指定。

gatsby-node.js

② 前後の記事へのリンクを設定する

テンプレートでは context で指定したデータを pageContext プロパティで受け取ります。ここからスラッグとタイトルを取り出し、import した <Link /> で前後の記事へのリンクを設定します。前後の記事がない場合は <li> ～ </li> を出力しないように指定します。
なお、gatsby-node.js のクエリでは記事を降順でソートしているため、投稿日の古い記事が next、新しい記事が previous で取得されています。

```
<ul className="postlink">
  <li className="prev">
    <a href="base-blogpost.html" rel="prev">
      <FontAwesomeIcon icon={faChevronLeft} />
      <span> 前の記事 </span>
    </a>
  </li>
  <li className="next">
    <a href="base-blogpost.html" rel="next">
      <span> 次の記事 </span>
      <FontAwesomeIcon icon={faChevronRight} />
    </a>
  </li>
</ul>
```

▼

```
import React from "react"
import { graphql, Link } from "gatsby"
…

export default ({ data, pageContext }) => (
  <Layout>
…
        <ul className="postlink">
          {pageContext.next && (
            <li className="prev">
              <Link to={`/blog/post/${pageContext.next.slug}/`} rel="prev">
                <FontAwesomeIcon icon={faChevronLeft} />
                <span>{pageContext.next.title}</span>
              </Link>
            </li>
          )}
          {pageContext.previous && (
            <li className="next">
              <Link to={`/blog/post/${pageContext.previous.slug}/`} rel="next">
                <span>{pageContext.previous.title}</span>
                <FontAwesomeIcon icon={faChevronRight} />
              </Link>
            </li>
          )}
        </ul>
```

前の記事へのリンク。

次の記事へのリンク。

src/template/blogpost-template.js

前後のリンクが機能することを確認したら、設定完了です。

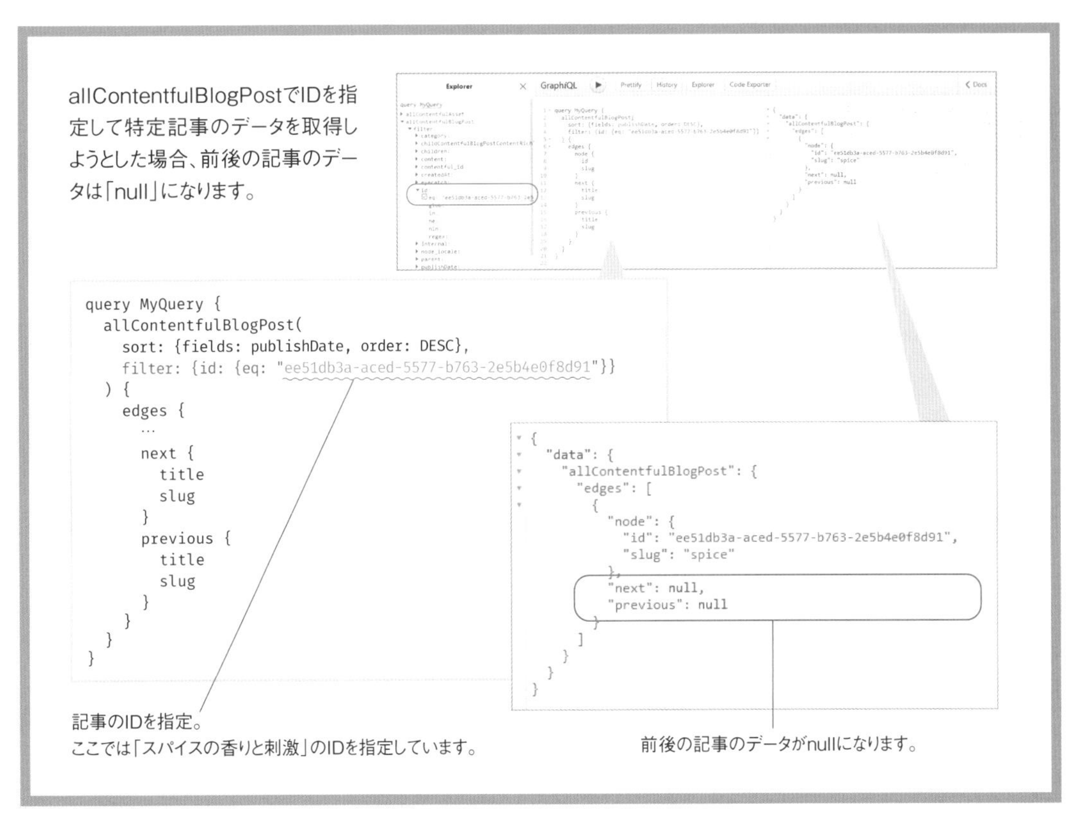

allContentfulBlogPostでIDを指定して特定記事のデータを取得しようとした場合、前後の記事のデータは「null」になります。

```
query MyQuery {
  allContentfulBlogPost(
    sort: {fields: publishDate, order: DESC},
    filter: {id: {eq: "ee51db3a-aced-5577-b763-2e5b4e0f8d91"}}
  ) {
    edges {
      …
      next {
        title
        slug
      }
      previous {
        title
        slug
      }
    }
  }
}
```

記事のIDを指定。
ここでは「スパイスの香りと刺激」のIDを指定しています。

```
{
  "data": {
    "allContentfulBlogPost": {
      "edges": [
        {
          "node": {
            "id": "ee51db3a-aced-5577-b763-2e5b4e0f8d91",
            "slug": "spice"
          },
          "next": null,
          "previous": null
        }
      ]
    }
  }
}
```

前後の記事のデータがnullになります。

STEP

8-3 記事ページのメタデータを設定する

記事ページのメタデータを設定します。Chapter 5で設定したSEOコンポーネントをimportし、クエリで取得した記事のタイトルなどを指定していきます。

```
import useContentfulImage from "../utils/useContentfulImage"

import SEO from "../components/seo"

const options = {
…

export default ({ data, pageContext }) => (
  <Layout>
    <SEO />
    <div className="eyecatch">
      …
```

src/template/blogpost-template.js

❶ 記事のタイトルを指定する

<SEO />のpagetitleで記事のタイトルを指定します。タイトルが「記事のタイトル | サイト名」という形で出力されることが確認できます。

```
export default ({ data, pageContext }) => (
  <Layout>
    <SEO pagetitle={data.contentfulBlogPost.title} />
    <div className="eyecatch">
      …
```

src/template/blogpost-template.js

▼

```
<title>毎日のフルーツで爽やかさを加えて | ESSENTIALS</title>

<meta property="og:title" content="毎日のフルーツで爽やかさを加えて |
ESSENTIALS" data-react-helmet="true">
```

② 記事の説明を指定する

<SEO /> の description で記事の説明を指定します。しかし、Contentful で「記事の説明」として入力したデータはありません。そこで、リッチテキストをテキストに変換し、指定した文字数分だけ切り出して説明として使用します。

変換には Contentful が提供している rich-text の rich-text-plain-text-renderer を使用するため、インストールします。

```
$ yarn add @contentful/rich-text-plain-text-renderer
```

documentToPlainTextString を import し、リッチテキストのデータを変換します。変換したテキストは slice で先頭から 70 文字を切り出し、末尾に「…」を付けて説明として指定しています。

```
import { documentToReactComponents } from "@contentful/rich-text-react-renderer"
import { BLOCKS } from "@contentful/rich-text-types"
import useContentfulImage from "../utils/useContentfulImage"
import { documentToPlainTextString } from "@contentful/rich-text-plain-text-renderer"

import SEO from "../components/seo"
…
export default ({ data, pageContext }) => (
  <Layout>
    <SEO
      pagetitle={data.contentfulBlogPost.title}
      pagedesc={`${documentToPlainTextString(
        data.contentfulBlogPost.content.json
      ).slice(0, 70)}…`}
    />
    <div className="eyecatch">
      …
```

src/template/blogpost-template.js

▼

<meta name="description" content="フルーツには適度な甘みと酸味と爽やかさがあって、毎日食べても飽きません。パンやヨーグルトとの相性もばっちりです。朝食にたくさんのフルーツを取…" data-react-helmet="true">

<meta property="og:description" content="フルーツには適度な甘みと酸味と爽やかさがあって、毎日食べても飽きません。パンやヨーグルトとの相性もばっちりです。朝食にたくさんのフルーツを取…" data-react-helmet="true">

③ ページのURLを明示する

ページの URL を明示するため、<SEO /> の pagepath でページのパスを指定します。ここではアバウトページのときと同じように、location プロパティを利用して {location.pathname} でパスを指定します。

```
…
export default ({ data, pageContext, location }) => (
  <Layout>
    <SEO
      pagetitle={data.contentfulBlogPost.title}
      pagedesc={`${documentToPlainTextString(
        data.contentfulBlogPost.content.json
      ).slice(0, 70)}…`}
      pagepath={location.pathname}
    />
    <div className="eyecatch">
      …
```

src/template/blogpost-template.js

▼

```
<link rel="canonical" href="https://********.netlify.app/
blog/post/everyday/" data-react-helmet="true">

<meta property="og:url" content="https://********.netlify.
app/blog/post/everyday/" data-react-helmet="true">
```

④ OGP画像を指定する

記事のアイキャッチ画像をOGP画像として指定します。ただし、既存のクエリではアイキャッチ画像の fluid のデータしか取得していないため、URL、横幅、高さを取得する必要があります。

アイキャッチ画像に関するフィールドを探してみると、contentfulBlogPost > eyecatch > file の中に「url」フィールドが見つかります。さらに、details > images の中には「width」と「height」も用意されています。

Explorer ✕ GraphiQL ▶ Prettify History Explorer Code Exporter ‹ Docs

```
▼eyecatch
  children
  contentful_id
  description
  ▼file
    contentType
    ▼details
      ▼image
        ☑height
        ☑width
      size
    fileName
    ☑url
  ▶fixed
  ▶fluid
  id
  ▶internal
  node_locale
```

```
1  query MyQuery {
2    contentfulBlogPost {
3      eyecatch {
4        file {
5          details {
6            image {
7              width
8              height
9            }
10         }
11         url
12       }
13     }
14   }
15 }
16
```

```
{
  "data": {
    "contentfulBlogPost": {
      "eyecatch": {
        "file": {
          "details": {
            "image": {
              "width": 1600,
              "height": 661
            }
          },
          "url": "//images.ctfassets.net/tigajp5ewypa/4i1GASq2y0Dz5r63h5olzc/c333e9fb4f3e37973093bbd5df060eaf/everyday.jpg"
        }
      }
    }
  }
}
```

```
query MyQuery {
  contentfulBlogPost {
    eyecatch {
      file {
        details {
          image {
            width
            height
          }
        }
        url
      }
    }
  }
}
```

```
{
  "data": {
    "contentfulBlogPost": {
      "eyecatch": {
        "file": {
          "details": {
            "image": {
              "width": 1600,
              "height": 661
            }
          },
          "url": "//images.ctfassets.net/…/everyday.jpg"
        }
      }
    }
  }
}
```

これらのフィールドをクエリに追加し、アイキャッチ画像の URL、横幅、高さを取得します。

```
…
export const query = graphql`
  query($id: String!) {
    contentfulBlogPost(id: { eq: $id }) {
      …
      eyecatch {
        fluid(maxWidth: 1600) {
          ...GatsbyContentfulFluid_withWebp
        }
        description
        file {
          details {
            image {
              width
              height
            }
          }
          url
        }
      }
…
  }
`
```

クエリ

フィールドを追加。

src/template/blogpost-template.js

取得したURL、横幅、高さを<SEO />のpageimg、pageimgw、pageimghで指定します。しかし、pageimgにはサイトのURLを付加して出力する設定にしているため、URLの出力がおかしくなってしまいます。

```
export default ({ data, pageContext, location }) => (
  <Layout>
    <SEO
      …
      pagepath={location.pathname}
      pageimg={data.contentfulBlogPost.eyecatch.file.url}
      pageimgw={data.contentfulBlogPost.eyecatch.file.details.image.width}
      pageimgh={data.contentfulBlogPost.eyecatch.file.details.image.height}
    />
…
```

src/template/blogpost-template.js

```
<meta property="og:image" content="https://********.netlify.
app//images.ctfassets.net/tigajp5ewypa/4i1GASq2y0Dz5r63h5ol
zc/c333e9fb4f3e37973093bbd5df060eaf/everyday.jpg"
 data-react-helmet="true">

<meta property="og:image:width" content="1600"
 data-react-helmet="true">

<meta property="og:image:height" content="661"
 data-react-helmet="true">
```

URLがおかしくなっています。

そこで、ブログのアイキャッチ画像のURLは「blogimg」で指定するようにします。さらに、クエリで取得したURLは「//images.ctfassets.net/～」という形になっていますが、そのままOGP画像のURLとして指定すると、P.169のケースと同じように初回のシェアでは画像が表示されなくなります。そのため、「https:」を付けたURLにします。

```
export default ({ data, pageContext, location }) => (
  <Layout>
    <SEO
      …
      pagepath={location.pathname}
      pageimg={data.contentfulBlogPost.eyecatch.file.url}
      pageimgw={data.contentfulBlogPost.eyecatch.file.details.image.width}
      pageimgh={data.contentfulBlogPost.eyecatch.file.details.image.height}
    />
…
```

▼

```
export default ({ data, pageContext, location }) => (
  <Layout>
    <SEO
      …
      pagepath={location.pathname}
      blogimg={`https:${data.contentfulBlogPost.eyecatch.file.url}`}
      pageimgw={data.contentfulBlogPost.eyecatch.file.details.image.width}
      pageimgh={data.contentfulBlogPost.eyecatch.file.details.image.height}
    />
…
```

src/template/blogpost-template.js

seo.js を開き、pageimg の指定がない場合には、blogimg の指定を使用するように設定します。blogimg の指定もない場合には thumb.jpg を使用します。

```
  const imgurl = props.pageimg
    ? `${data.site.siteMetadata.siteUrl}${props.pageimg}`
    : props.blogimg || `${data.site.siteMetadata.siteUrl}/thumb.jpg`
…

      <meta property="og:image" content={imgurl} />
```

src/components/seo.js

これで、ブログのアイキャッチ画像が OGP 画像として指定されます。

```
<meta property="og:image" content="https://images.ctfassets.
net/tigajp5ewypa/4i1GASq2y0Dz5r63h5olzc/c333e9fb4f3e37973093
bbd5df060eaf/everyday.jpg" data-react-helmet="true">

<meta property="og:image:width" content="1600"
 data-react-helmet="true">

<meta property="og:image:height" content="661"
 data-react-helmet="true">
```

以上で、メタデータの設定および Contentful を利用した記事ページの作成は完了です。次の章では記事一覧ページを作成し、記事ページに効率よくアクセスできるようにします。

メタデータが認識されることを確認する

メタデータの設定ができたらサイトをビルドして公開し、SNSなどで認識されることを確認します。確認にはFacebookのシェアデバッガーやTwitterのCard validatorを利用します。

確認したいページのURLを指定して「デバッグ」をクリック。

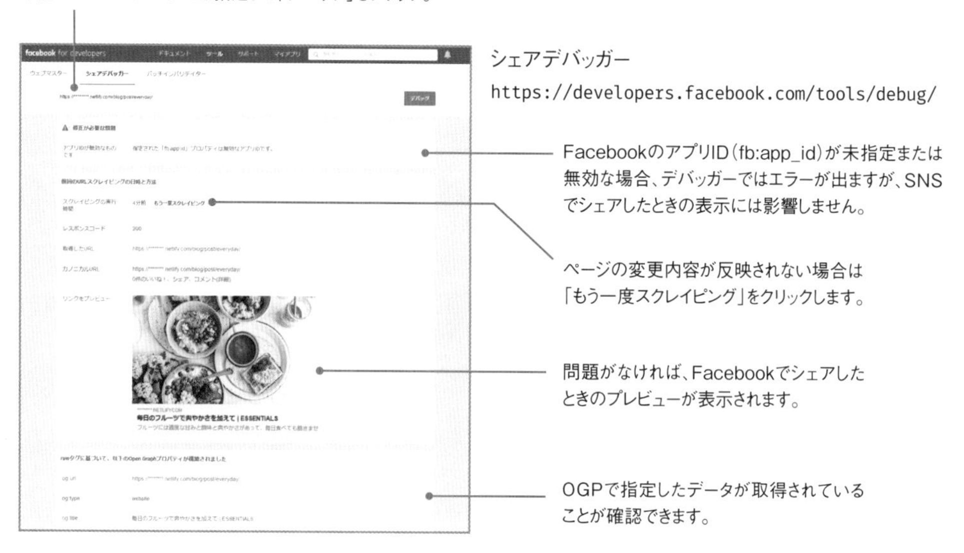

シェアデバッガー
https://developers.facebook.com/tools/debug/
FacebookのアプリID（fb:app_id）が未指定または無効な場合、デバッガーではエラーが出ますが、SNSでシェアしたときの表示には影響しません。
ページの変更内容が反映されない場合は「もう一度スクレイピング」をクリックします。
問題がなければ、Facebookでシェアしたときのプレビューが表示されます。
OGPで指定したデータが取得されていることが確認できます。

確認したいページのURLを指定して「Preview card」をクリック。

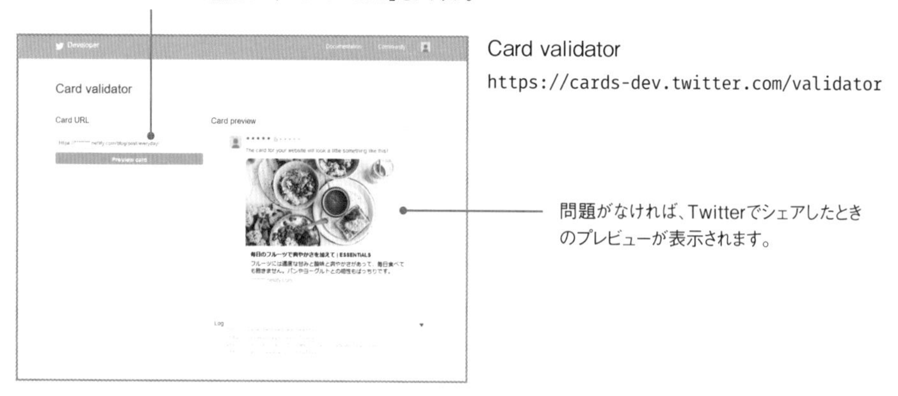

Chapter 9

ブログの記事一覧ページを作成する

Build blazing-fast websites with GatsbyJS

GatsbyJS

STEP
9-1 記事一覧ページを作成する

ブログの記事一覧ページにはページネーションを付け、複数ページに分けて記事をリストアップしていきます。そのためには、gatsby-node.js を使ってページを自動生成する必要があります。
ただし、自動生成の処理まで一度に設定すると複雑になるため、記事ページと同じように仮の記事一覧ページを作成し、そのページを元に自動生成の設定を行います。

❶ 仮の記事一覧ページのファイルを用意する

記事一覧ページの内容を記述するファイルを用意します。ページの URL は「/blog/」にするため、src/pages/ 内に「blog.js」というファイルを用意します。

blog.js では他のページと同じように React コンポーネントのベースを用意し、レイアウトコンポーネントを import してヘッダーとフッターを表示します。

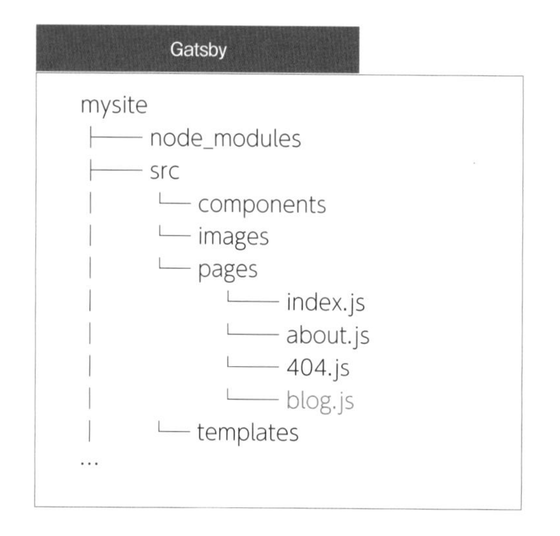

```
Gatsby

mysite
├── node_modules
├── src
│    └── components
│    └── images
│    └── pages
│         └── index.js
│         └── about.js
│         └── 404.js
│         └── blog.js
│    └── templates
…
```

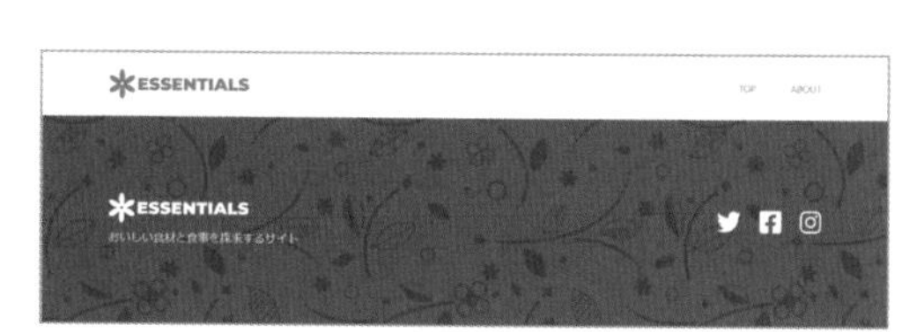

開発サーバーを起動して「http://localhost:8000/blog/」にアクセスすると、仮の記事一覧ページが開き、ヘッダーとフッターが表示されます。

```
import React from "react"
import Layout from "../components/layout"

export default () => (
  <Layout>

  </Layout>
)
```

src/pages/blog.js

② ベースとなる記事一覧ページからコンテンツを取り込む

<Layout> ~ </Layout> 内に、ベースとなる記事一覧ページ（base-blog.html）からヘッダーとフッターを除いたコンテンツを取り込みます。
コンテンツは JSX に変換します。ここでの変換ポイントは右のとおりです。

変換ポイント

- class 属性 → className
- <img> → <img />

ベースとなる記事一覧ページ: base-blog.html

```
…
<header class="header">
…
</header>

<section class="content bloglist">
 <div class="container">
  <h1 class="bar">RECENT POSTS</h1>

  <div class="posts">
   <article class="post">
    <a href="base-blogpost.html">
    <figure>
     <img
      src="images-baseblog/eyecatch.jpg"
      alt=" アイキャッチ画像の説明 ">
    </figure>
    <h3> 記事のタイトル </h3>
    </a>
   </article>
   …
  </div>
 </div>
</section>

<footer class="footer">
…
</footer>

</body>
</html>
```

JSXに変換してコピー。

Gatsby: src/pages/blog.js

```
…
export default ({ data }) => (
 <Layout>
  <section className="content bloglist">
   <div className="container">
    <h1 className="bar">RECENT POSTS</h1>
    <div className="posts">
     <article className="post">
      <a href="base-blogpost.html">
       <figure>
        <img
         src="images-baseblog/eyecatch.jpg"
         alt=" アイキャッチ画像の説明 " />
       </figure>
       <h3> 記事のタイトル </h3>
      </a>
     </article>
     …
    </div>
   </div>
  </section>
 </Layout>
)
…
```

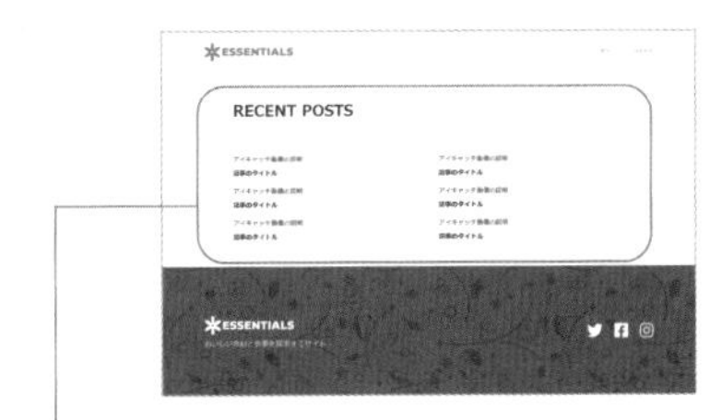

記事一覧ページのコンテンツ

STEP

9-2 記事のタイトルを表示する

① クエリを作成する

Contentfulの「BlogPost」コンテンツタイプで投稿したすべての記事に関するデータを取得し、リストアップしていきます。

まずは記事のタイトルを取得するため、allContentfulBlogPost > edges > node > title にチェックを付けてクエリを作成します。
このとき、投稿日が新しい記事のデータから順に取得するため、投稿日（publishDate）でソートし、降順（DESC）で並べるように指定しています。

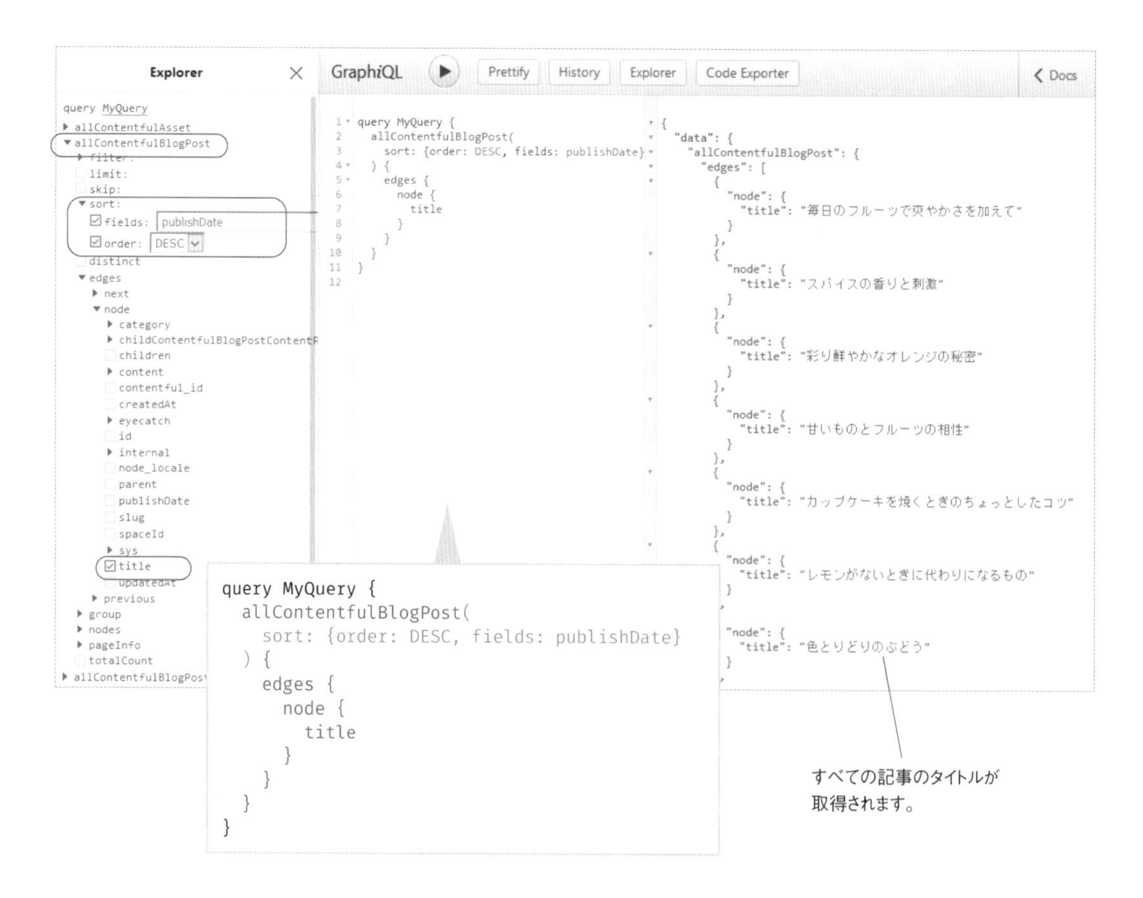

❷ クエリを追加する

作成したクエリを blog.js に追加します。

```
import React from "react"
import { graphql } from "gatsby"
import Layout from "../components/layout"

export default ({ data }) => (
  …
)

export const query = graphql`
  query {
    allContentfulBlogPost(sort: { order: DESC, fields: publishDate }) {
      edges {
        node {
          title
        }
      }
    }
  }
`
```

クエリを追加。

src/pages/blog.js

❸ 1件分の記事の設定を用意する

各記事のデータを表示していきます。ベースとなるページからコピーしたコードでは、6件分の記事の設定をそれぞれ <article> でマークアップして記述しています。ここでは1件分の設定があればよいため、残りは削除します。

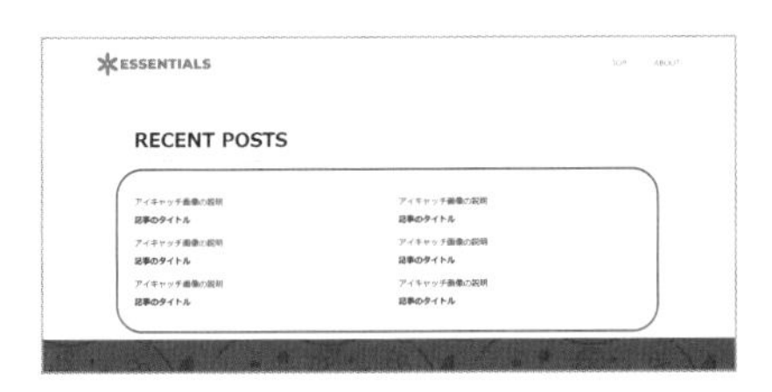


```
<div className="posts">
  <article className="post">…</article>
  <article className="post">…</article>
  <article className="post">…</article>
  <article className="post">…</article>
  <article className="post">…</article>
  <article className="post">…</article>
</div>
…
```

```
<div className="posts">
  <article className="post">…</article>
</div>
…
```

src/pages/blog.js

1件分の<article>を残した状態にします。

④ 各記事のタイトルを表示する

クエリで取得した各記事のタイトルを表示します。ここでは data.allContentfulBlogPost.edges の中身を、map メソッドを使って記事ごとに <article> でマークアップして出力します。

```
<div className="posts">
  <article className="post">
    <a href="base-blogpost.html">
      <figure>
        <img
          src="images-baseblog/eyecatch.jpg"
          alt=" アイキャッチ画像の説明 "
        />
      </figure>
      <h3> 記事のタイトル </h3>
    </a>
  </article>
</div>
```

▼

```
<div className="posts">
  {data.allContentfulBlogPost.edges.map(({ node }) => (
    <article className="post">
      <a href="base-blogpost.html">
        <figure>
          <img
            src="images-baseblog/eyecatch.jpg"
            alt=" アイキャッチ画像の説明 "
          />
        </figure>
        <h3>{node.title}</h3>
      </a>
    </article>
  ))}
</div>
```

記事ごとにデータを取り出して出力。

src/pages/blog.js

これで、Contentful に投稿した 14 件の記事のタイトルがリストアップされます。

⑤ keyを追加する

記事をリストアップしたことで、P.206と同じWarningが出るようになるため、keyを追加します。
ここでは各記事にユニークな値として割り振られているIDを利用します。IDの値はallContentfulBlogPost > edges > node > idで取得できます。

```
Warning: Each child in a list should have a unique "key" prop.    index.js:2177

Check the render method of
`_default`. See https://fb.me/react-warning-keys for more information.
    in article (at blog.js:20)
```

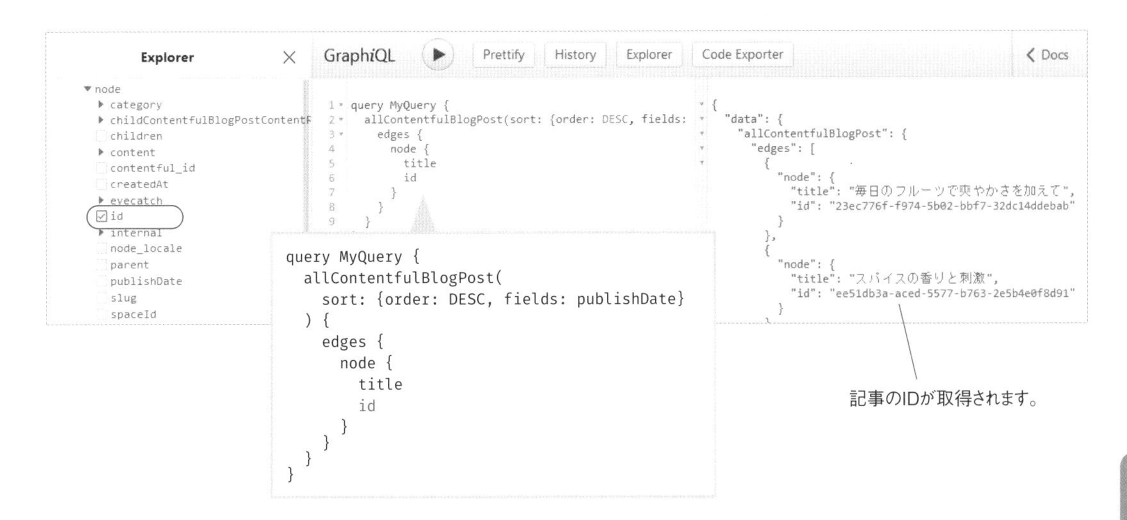
query MyQuery {
allContentfulBlogPost(
sort: {order: DESC, fields: publishDate}
) {
edges {
node {
title
id
}
}
}
}
記事のIDが取得されます。

クエリを追加し、取得したIDをkey属性で指定します。これで、Warningが出なくなります。
以上で、記事のタイトルを表示する設定は完了です。

```
        <div className="posts">
          {data.allContentfulBlogPost.edges.map(({ node }) => (
            <article className="post" key={node.id}>
              …
            </article>
          ))}
        </div>
…
export const query = graphql`
  query {
    allContentfulBlogPost(sort: { order: DESC, fields: publishDate }) {
      edges {
        node {
          title
          id
        }
      }
    }
  }
`
```

src/pages/blog.js

STEP

9-3 記事のアイキャッチ画像を表示する

各記事のアイキャッチ画像を表示します。

❶ クエリを作成する

アイキャッチ画像は最適化して表示するため、allContentfulBlogPost > edges > node > eyecatch > fluid のデータを取得します。

各記事は2段組で、横幅の最大値が1000ピクセルのボックス内にレイアウトしています。そのため、画像の横幅は最大500ピクセルあれば十分です。fluidのmaxWidthは「500」と指定します。

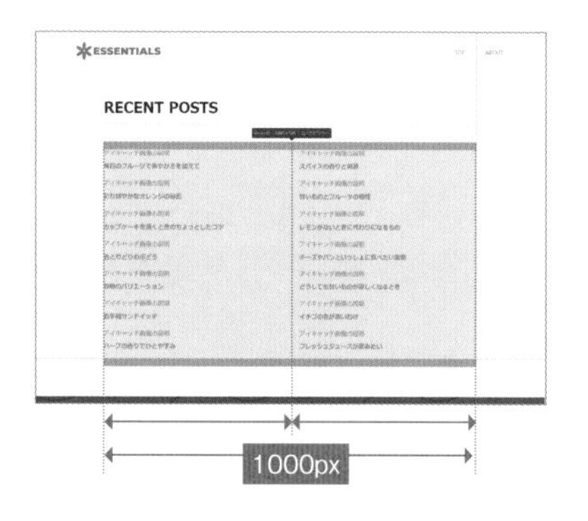

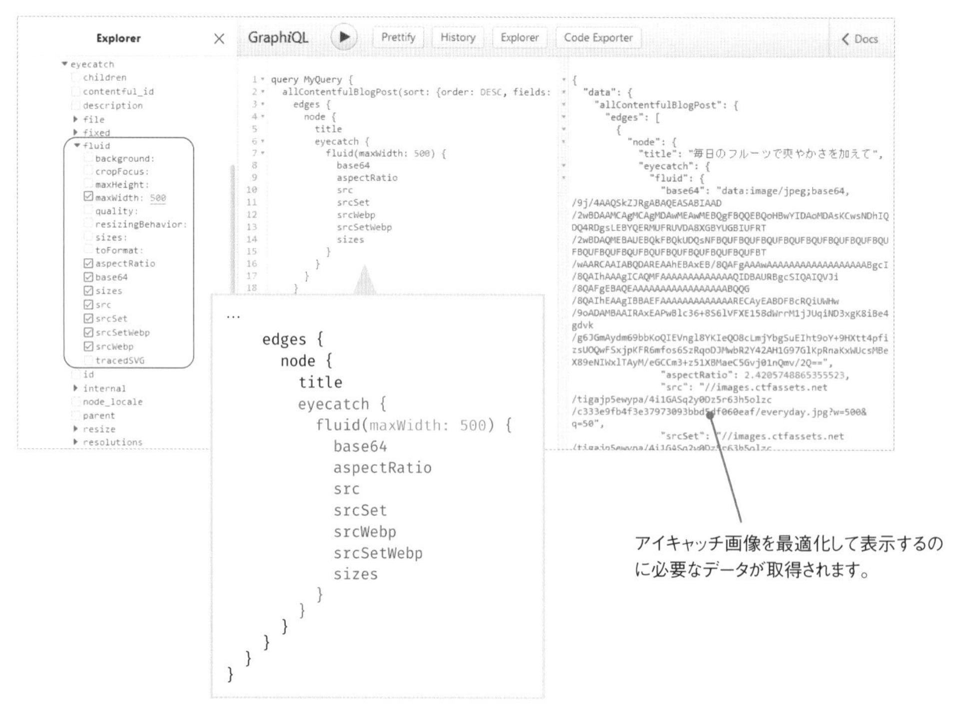

```
...
  edges {
    node {
      title
      eyecatch {
        fluid(maxWidth: 500) {
          base64
          aspectRatio
          src
          srcSet
          srcWebp
          srcSetWebp
          sizes
        }
      }
    }
  }
}
```

アイキャッチ画像を最適化して表示するのに必要なデータが取得されます。

② 画像を表示する

画像を表示するため、gatsby-image の <Img /> コンポーネントを import し、クエリで取得した fluid のデータを渡します。fluid の中身は定型のため、P.209 と同じように Fragment に置き換えています。

```
                <figure>
                  <img
                    src="images-baseblog/eyecatch.jpg"
                    alt=" アイキャッチ画像の説明 "
                  />
                </figure>
```

▼

```
import React from "react"
import { graphql } from "gatsby"
import Img from "gatsby-image"
import Layout from "../components/layout"
…
                <figure>
                  <Img
                    fluid={node.eyecatch.fluid}
                    alt=" アイキャッチ画像の説明 "
                  />
                </figure>
…

export const query = graphql`
  query {
    allContentfulBlogPost(sort: { order: DESC, fields: publishDate }) {
      edges {
        node {
          title
          id
          eyecatch {
            fluid(maxWidth: 500) {
              ...GatsbyContentfulFluid_withWebp
            }
          }
        }
      }
    }
  }
`
```

Fragment

src/pages/blog.js

ESSENTIALS

RECENT POSTS

各記事のアイキャッチ画像が表示されます。

9

③ 画像の高さを揃える

記事によって使用している画像の縦横比が異なるため、リストアップすると高さの違いが出てしまいます。ここでは画像を切り出して高さを揃えるため、<Img /> の style を「height: 100%」と指定します。揃える高さは <Img /> の親要素 <figure> で指定します。ここでは画面の横幅によって揃える高さを変えるため、layout.css で次のように指定しています。

```
<figure>
  <Img
    fluid={node.eyecatch.fluid}
    alt=" アイキャッチ画像の説明 "
    style={{ height: "100%" }}
  />
</figure>
```

src/pages/blog.js

```
.posts article {
  width: 48%;
  margin-bottom: 20px;
}

.posts figure {
  max-height: 100%;
  height: 150px;
}

.posts img {
  height: 150px;
  object-fit: cover;
}
```

```
…
@media (min-width: 768px) {
  .posts h3 {
    font-size: 16px;
  }

  .posts figure {
    height: 200px;
  }

  .posts img {
    height: 200px;
  }
}
```

src/components/layout.css

アイキャッチ画像の高さが揃います。

④ 画像の説明を追加する

alt 属性の値として、各画像の「Description」に入力した説明を使用します。そのため、allContentfulBlogPost > edges > node > eyecatch > descriptionのデータを取得します。

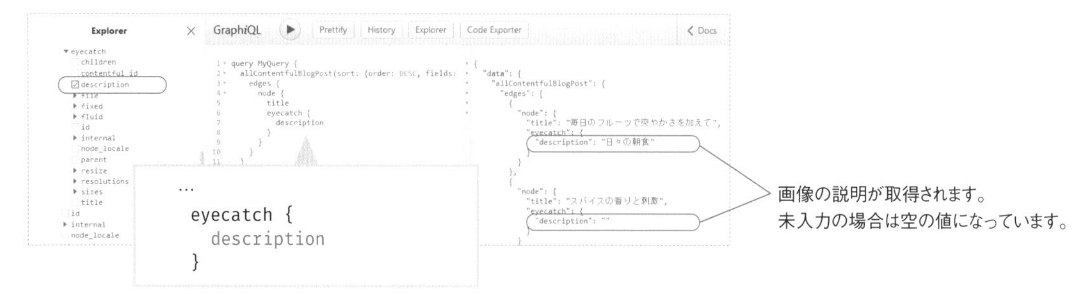

画像の説明が取得されます。
未入力の場合は空の値になっています。

クエリを追加し、alt 属性の値を置き換えます。

```
                <figure>
                  <Img
                    fluid={node.eyecatch.fluid}
                    alt=" アイキャッチ画像の説明 "
                    style={{ height: "100%" }}
                  />
                </figure>
```

▼

```
                <figure>
                  <Img
                    fluid={node.eyecatch.fluid}
                    alt={node.eyecatch.description}
                    style={{ height: "100%" }}
                  />
                </figure>
…

export const query = graphql`
  query {
    allContentfulBlogPost(sort: { order: DESC, fields: publishDate }) {
      edges {
        node {
          title
          id
          eyecatch {
            fluid(maxWidth: 500) {
              ...GatsbyContentfulFluid_withWebp
            }
            description
          }
        }
      }
    }
  }
`
```

src/pages/blog.js

生成コードを確認すると、画像の説明が出力されています。「Description」が未入力の場合は空の値になります。以上で、アイキャッチ画像の設定は完了です。

```
<picture> …
<img src="//…/everyday.jpg?w=500&amp;q=50"
 alt=" 日々の朝食 " …>
</picture>
…
<picture> …
<img src="//…/spice.jpg?w=500&amp;q=50" alt="" …>
</picture>
…
```

STEP

9-4 リンクを設定する

記事一覧にリンクを設定し、各記事のページにアクセスできるようにします。
記事ページの URL はスラッグで構成するため、allContentfulBlogPost > edges > node > slug でスラッグを取得します。

```
query MyQuery {
  allContentfulBlogPost(
   sort: {order: DESC, fields: publishDate}
  ) {
    edges {
      node {
        title
        slug
      }
    }
  }
}
```

記事のスラッグが取得されます。

クエリを追加し、import した <Link /> でリンクを設定します。
記事ページの URL は「/blog/post/ スラッグ /」という形になるように指定します。

```
<div className="posts">
  {data.allContentfulBlogPost.edges.map(({ node }) => (
    <article className="post" key={node.id}>
      <a href="base-blogpost.html">
        <figure>
          …
        </figure>
        <h3>{node.title}</h3>
      </a>
    </article>
  ))}
</div>
```

▼

```
import React from "react"
import { graphql, Link } from "gatsby"
import Img from "gatsby-image"
…
        <div className="posts">
          {data.allContentfulBlogPost.edges.map(({ node }) => (
            <article className="post" key={node.id}>
              <Link to={`/blog/post/${node.slug}/`}>
                <figure>
                  …
                </figure>
                <h3>{node.title}</h3>
              </Link>
            </article>
          ))}
        </div>
…
export const query = graphql`
  query {
    allContentfulBlogPost(sort: { order: DESC, fields: publishDate }) {
      edges {
        node {
          title
          id
          slug
          eyecatch {
            fluid(maxWidth: 500) {
              ...GatsbyContentfulFluid_withWebp
            }
            description
          }
        }
      }
    }
  }
`
```

src/pages/blog.js

これで、記事一覧から記事ページにアクセスできるようになります。以上で、リンクの設定は完了です。

```
<article class="post">
 <a href="/blog/post/everyday/">
  …
  <h3> 毎日のフルーツで爽やかさを加えて </h3>
 </a>
</article>
<article class="post">
 <a href="/blog/post/spice/">
  …
  <h3> スパイスの香りと刺激 </h3>
 </a>
</article>
…
```

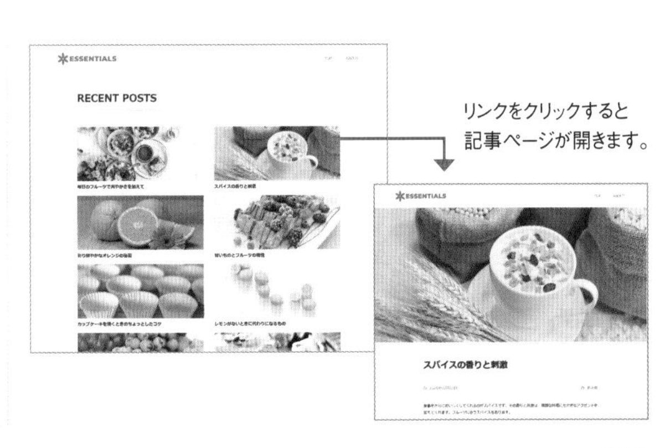

STEP

9-5 メタデータを設定する

記事一覧ページのメタデータを設定します。<SEO /> コンポーネントを import し、タイトル、説明、URL を指定します。
URL はアバウトページのときと同じように、location プロパティを利用して {location.pathname} で指定します。
以上で、仮の記事一覧ページは完成です。

メタデータを追加しても画面表示には影響しません。

```
import React from "react"
import { graphql, Link } from "gatsby"
import Img from "gatsby-image"
import Layout from "../components/layout"

import SEO from "../components/seo"

export default ({ data, location }) => (
  <Layout>
    <SEO
      pagetitle="ブログ"
      pagedesc="ESSENTIALS のブログです"
      pagepath={location.pathname}
    />
    <section className="content bloglist">
…
```

src/pages/blog.js

```
<title>ブログ | ESSENTIALS</title>
<meta property="og:title" content="ブログ | ESSENTIALS" data-react-helmet="true">

<meta name="description" content="ESSENTIALS のブログです" data-react-helmet="true">
<meta property="og:description" content="ESSENTIALS のブログです" data-react-helmet="true">

<link rel="canonical" href="https://********.netlify.app/blog/" data-react-helmet="true">
<meta property="og:url" content="https://********.netlify.app/blog/" data-react-helmet="true">

<meta property="og:image" content="https://********.netlify.app/thumb.jpg" data-react-helmet="true">
…
```

生成コードのメタデータ。ここでは<SEO />で画像を指定していないため、OGP画像はトップページと同じthumb.jpgになります。

STEP

9-6 1ページの記事の表示数を変える

できあがった仮の記事一覧ページには14件のすべての記事をリストアップしていますが、このまま増え続けるのも問題です。そこで、ページネーションを付けて、複数のページに分けていきます。
まずは、1ページに表示する記事の数を変えます。

記事の表示数を変えてみる

記事の表示数を変えるためには、allContentfulBlogPostのskipとlimitを使用します。ここでは1件目から順に6件分の記事を表示するため、skipで先頭から0件の記事をスキップし、limitで6件分の記事のデータを取得するように指定しています。

```
query MyQuery {
  allContentfulBlogPost(
    sort: {order: DESC, fields: publishDate}
    skip: 0
    limit: 6
  ) {
    edges {
      node {
        title
      }
    }
  }
}
```

```
{
  "data": {
    "allContentfulBlogPost": {
      "edges": [
        {
          "node": {
            "title": "毎日のフルーツで爽やかさを加えて"
          }
        },
        {
          "node": {
            "title": "スパイスの香りと刺激"
          }
        },
        {
          "node": {
            "title": "彩り鮮やかなオレンジの秘密"
          }
        },
        {
          "node": {
            "title": "甘いものとフルーツの相性"
          }
        },
        {
          "node": {
            "title": "カップケーキを焼くときのちょっとしたコツ"
          }
        },
        {
          "node": {
            "title": "レモンがないときに代わりになるもの"
          }
        }
      ]
    }
  }
}
```

6件分の記事のデータが取得されます。

クエリに skip と limit を追加すると、記事の表示数が変わります。

```
export const query = graphql`
  query {
    allContentfulBlogPost(
      sort: { order: DESC, fields: publishDate }
      skip: 0
      limit: 6
    ) {
      edges {
        node {
          title
          slug
          eyecatch {
            fluid(maxWidth: 500) {
              ...GatsbyContentfulFluid_withWebp
            }
            description
          }
        }
      }
    }
  }
`
```

src/pages/blog.js

6件の記事だけが表示されます。

しかし、blog.js で作成できるのはこのページだけです。ページネーションを付けて、複数ページに分けて7件目以降の記事も閲覧できるようにするためには、gatsby-node.js を使ってページを生成します。

STEP

9-7 複数ページに分けた記事一覧ページを生成する

まずは、複数ページに分けた記事一覧ページを生成します。ここでは全部で 14 件の記事があるため、1 ページに 6 件の記事を表示した場合、全部で 3 ページの記事一覧ページが生成されることになります。
ページの URL は 1 ページ目は「/blog/」、2 ページ目以降は「/blog/ ページ番号 /」という形にします。

① テンプレートを作成する

記事ページと同じように記事一覧ページを生成するため、blog.js をテンプレートにします。
ここでは blog.js を「blog-template.js」というファイル名にして、templates フォルダ内に移動します。

```
Gatsby
mysite
├── node_modules
├── src
|     └── components
|     └── images
|     └── pages
|           └── index.js
|           └── about.js
|           └── 404.js
|           └── blog.js
|     └── templates
|           └── blogpost-template.js
|     └── utils
…
```

ファイル名を
変えて移動

```
Gatsby
mysite
├── node_modules
├── src
|     └── components
|     └── images
|     └── pages
|           └── index.js
|           └── about.js
|           └── 404.js
|     └── templates
|           └── blogpost-template.js
|           └── blog-template.js
|     └── utils
…
```

❷ ページを生成する

gatsby-node.js に設定を追加し、記事一覧ページを生成します。まずは、生成が必要な記事一覧ページの総数（blogPages）を求めるため、記事の総数（blogPosts）を１ページに表示する記事の数（blogPostsPerPage）で割ります。このとき、整数で値を得るため、Math.ceil を使用しています。
１ページに表示する記事の数は「6」と指定しています。記事の総数は、Chapter 8 で追加したすべての記事を取得するクエリの結果（blogresult）から length プロパティを使って得ています。

次に、記事一覧ページの総数の分だけ forEach メソッドで createPage を実行し、ページを生成します。
path では生成するページのパスを、最初のページの場合は「/blog/」、２ページ目以降の場合は「/blog/ ページ番号 /」という形になるように指定しています。
component では blog-template.js を生成に使用するテンプレートとして指定しています。

```
const path = require("path")

exports.createPages = async ({ graphql, actions, reporter }) => {
  const { createPage } = actions

  const blogresult = await graphql(`
    query {
      allContentfulBlogPost(sort: { fields: publishDate, order: DESC }) {
        edges {
          node {
            id
            slug
          }
          …
  `)
  …

  blogresult.data.allContentfulBlogPost.edges.forEach(
    …
  )

  const blogPostsPerPage = 6 // 1ページに表示する記事の数
  const blogPosts = blogresult.data.allContentfulBlogPost.edges.length // 記事の総数
  const blogPages = Math.ceil(blogPosts / blogPostsPerPage) // 記事一覧ページの総数

  Array.from({ length: blogPages }).forEach((_, i) => {
    createPage({
      path: i === 0 ? `/blog/` : `/blog/${i + 1}/`,
      component: path.resolve("./src/templates/blog-template.js"),
    })
  })
}
```

すべての記事を取得するクエリ（結果はblogresultに取得）。

生成が必要な記事一覧ページの総数（blogPages）を求める設定。

createPageでページを生成。

gatsby-node.js

gatsby-node.js を編集したため、開発サーバーを起動しなおします。404 ページを表示すると、複数の記事一覧ページが生成されていることが確認できます。ここでは 3 ページ分の記事一覧ページが生成されています。
ただし、この段階ではすべての記事一覧ページで同じ記事がリストアップされます。テンプレートのクエリがどのページでも同じ設定で実行されるためです。

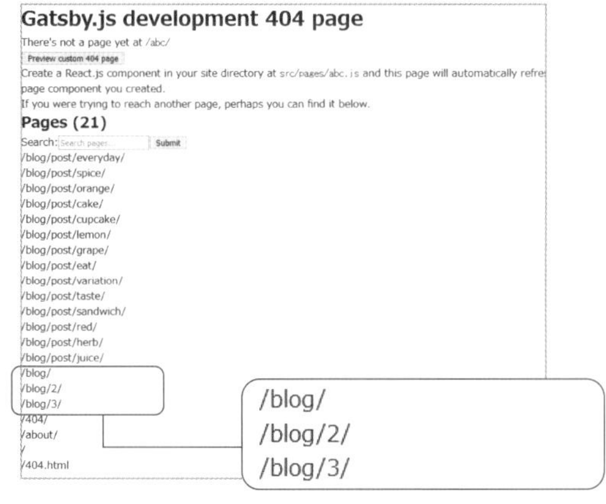
Gatsby.js development 404 page
There's not a page yet at /abc/
Preview custom 404 page
Create a React.js component in your site directory at src/pages/abc.js and this page will automatically refre
page component you created.
If you were trying to reach another page, perhaps you can find it below.
Pages (21)
Search:
Submit
/blog/post/everyday/
/blog/post/spice/
/blog/post/orange/
/blog/post/cake/
/blog/post/cupcake/
/blog/post/lemon/
/blog/post/grape/
/blog/post/eat/
/blog/post/variation/
/blog/post/taste/
/blog/post/sandwich/
/blog/post/red/
/blog/post/herb/
/blog/post/juice/
/blog/
/blog/2/
/blog/3/
/404/
/about/
/
/404.html
/blog/
/blog/2/
/blog/3/

記事一覧ページのURL。

リンクを
クリック。

ESSENTIALS
RECENT POSTS
ESSENTIALS
すべてのページが同じ表示内容になります。

❸ skipとlimitの値を読み込んでクエリを実行する

生成するページごとに適切な記事をリストアップするため、context を使ってテンプレートに「skip」と「limit」の値を送り、その値を使ってクエリを行うように設定します。

skip ではスキップする記事の数を指定するため、1 ページに表示する記事の数（blogPostsPerPage）に「i」を掛けた値を指定します。
たとえば、2 ページ目を処理している場合、「i」の値は「1」となりますので、skip の値は 6 × 1 = 6 となります。これで、テンプレートのクエリには 6 件の記事をスキップし、7 件目の記事からデータを取得するように指示することができます。

limit では取得する記事の数を指定するため、1 ページに表示する記事の数（blogPostsPerPage）を指定します。

```
...
  const blogPostsPerPage = 6 // 1ページに表示する記事の数
  const blogPosts = blogresult.data.allContentfulBlogPost.edges.length // 記事の総数
  const blogPages = Math.ceil(blogPosts / blogPostsPerPage) // 記事一覧ページの総数

  Array.from({ length: blogPages }).forEach((_, i) => {
    createPage({
      path: i === 0 ? `/blog/` : `/blog/${i + 1}/`,
      component: path.resolve("./src/templates/blog-template.js"),
      context: {
        skip: blogPostsPerPage * i,
        limit: blogPostsPerPage,
      },
    })
  })
}
```

gatsby-node.js

テンプレート（blog-template.js）では、変数を使ったページクエリとして以下のように書き換えます。

```
export const query = graphql`
  query {
    allContentfulBlogPost(
      sort: { order: DESC, fields: publishDate }
      skip: 0
      limit: 6
    ) {
      edges {
        ...
      }
    }
  }
`
```

▶

```
export const query = graphql`
  query($skip: Int!, $limit: Int!) {
    allContentfulBlogPost(
      sort: { order: DESC, fields: publishDate }
      skip: $skip
      limit: $limit
    ) {
      edges {
        ...
      }
    }
  }
`
```

src/template/blog-template.js

これで、ページごとに適切な記事がリストアップされます。以上で、記事一覧ページを生成する設定は完了です。続けて、ページネーションを追加していきます。

/blog/

/blog/2/

/blog/3/

STEP

9-8 ページネーションを追加する

ページネーションを追加して、複数ページに分けた記事一覧を閲覧できるようにします。

❶ ページネーションのHTMLをJSXに変換して取り込む

ベースとなる記事一覧ページ（base-blog-pagenation.html）からページネーションのHTMLをJSXに変換して取り込みます。ここでの変換ポイントは右のとおりです。

変換ポイント

- class 属性 → className
- <i> → <i />

ベースとなる記事一覧ページ: base-blog-pagenation.html

```
…
<section class="content bloglist">
 <div class="container">
  <h1 className="bar">RECENT POSTS</h1>
  <div className="posts">
   …
  </div>

  <ul class="pagenation">
   <li class="prev">
    <a href="base-blog.html" rel="prev">
     <i class="fas fa-chevron-left"></i>
     <span> 前のページ </span>
    </a>
   </li>
   <li class="next">
    <a href="base-blog.html" rel="next">
     <span> 次のページ </span>
     <i class="fas fa-chevron-right"></i>
    </a>
   </li>
  </ul>
 </div>
</section>
…
```

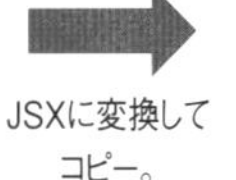

JSXに変換してコピー。

Gatsby: src/templates/blog-template.js

```
…
export default ({ data }) => (
 <Layout>
  <section className="content bloglist">
   <div className="container">
    <h1 className="bar">RECENT POSTS</h1>
    <div className="posts">
     …
    </div>

    <ul className="pagenation">
     <li className="prev">
      <a href="base-blog.html" rel="prev">
       <i className="fas fa-chevron-left" />
       <span> 前のページ </span>
      </a>
     </li>
     <li className="next">
      <a href="base-blog.html" rel="next">
       <span> 次のページ </span>
       <i className="fas fa-chevron-right" />
      </a>
     </li>
    </ul>
   </div>
  </section>
 </Layout>
)
…
```

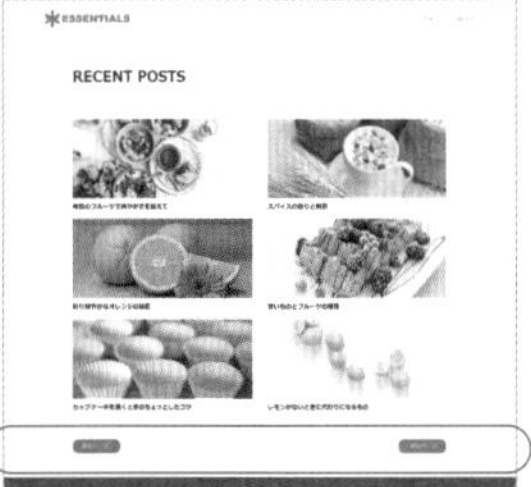

② アイコンを表示する

ベースとなる記事一覧ページで使用していたFont Awesomeのアイコンを、react-fontawesomeを使って表示します。
ここではSolidスタイルの「faChevronLeft（左矢印）」、「faChevronRight（右矢印）」を表示しています。

Font Awesomeのアイコンが表示されます。

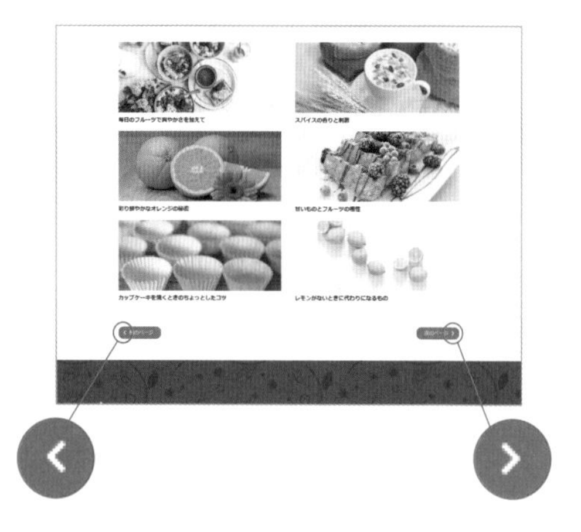

```
import SEO from "../components/seo"

export default ({ data, location }) => (
…

  <ul className="pagenation">
    <li className="prev">
      <a href="base-blog.html" rel="prev">
        <i className="fas fa-chevron-left" />
        <span>前のページ</span>
      </a>
    </li>
    <li className="next">
      <a href="base-blog.html" rel="next">
        <span>次のページ</span>
        <i className="fas fa-chevron-right" />
      </a>
    </li>
  </ul>
…
```

▶

```
import SEO from "../components/seo"

import {
  FontAwesomeIcon
} from "@fortawesome/react-fontawesome"
import {
  faChevronLeft,
  faChevronRight,
} from "@fortawesome/free-solid-svg-icons"

export default ({ data, location }) => (
…

  <ul className="pagenation">
    <li className="prev">
      <a href="base-blog.html" rel="prev">
        <FontAwesomeIcon icon={faChevronLeft} />
        <span>前のページ</span>
      </a>
    </li>
    <li className="next">
      <a href="base-blog.html" rel="next">
        <span>次のページ</span>
        <FontAwesomeIcon icon={faChevronRight} />
      </a>
    </li>
  </ul>
…
```

src/templates/blog-template.js

❸ ページネーションを機能させるのに必要なデータを送る

ページネーションを機能させるため、ページを生成している gatsby-node.js から必要なデータをテンプレートに送ります。送りたいデータは createPage の context に追加します。

ここでは、currentPage で現在のページ番号（ i + 1 ）を指定しています。

さらに、isFirst と isLast を用意して、最初と最後のページを判別できるようにします。
現在のページ番号（ i + 1 ）が「1」の場合は isFirst が「true」に、記事一覧ページの総数（blogPages）と同じ場合は isLast が「true」になります。それ以外の場合、isFirst と isLast は「false」になります。

```
...
  const blogPostsPerPage = 6 // 1ページに表示する記事の数
  const blogPosts = blogresult.data.allContentfulBlogPost.edges.length // 記事の総数
  const blogPages = Math.ceil(blogPosts / blogPostsPerPage) // 記事一覧ページの総数

  Array.from({ length: blogPages }).forEach((_, i) => {
    createPage({
      path: i === 0 ? `/blog/` : `/blog/${i + 1}/`,
      component: path.resolve("./src/templates/blog-template.js"),
      context: {
        skip: blogPostsPerPage * i,
        limit: blogPostsPerPage,
        currentPage: i + 1, // 現在のページ番号
        isFirst: i + 1 === 1, // 最初のページ
        isLast: i + 1 === blogPages, // 最後のページ
      },
    })
  })
}
```

テンプレートに送りたいデータを追加。

gatsby-node.js

9

④ ページネーションを機能させる

context で指定したデータを pageContext プロパティで受け取り、<Link /> でリンクを設定します。

```
export default ({ data, location }) => (
…
        <ul className="pagenation">
          <li className="prev">
            <a href="base-blog.html" rel="prev">
              <FontAwesomeIcon icon={faChevronLeft} />
              <span> 前のページ </span>
            </a>
          </li>
          <li className="next">
            <a href="base-blog.html" rel="next">
              <span> 次のページ </span>
              <FontAwesomeIcon icon={faChevronRight} />
            </a>
          </li>
        </ul>
```

▼

```
export default ({ data, location, pageContext }) => (
…
        <ul className="pagenation">
          {!pageContext.isFirst && (
            <li className="prev">
              <Link
                to={
                  pageContext.currentPage === 2
                    ? `/blog/`
                    : `/blog/${pageContext.currentPage - 1}/`
                }
                rel="prev"
              >
                <FontAwesomeIcon icon={faChevronLeft} />
                <span> 前のページ </span>
              </Link>
            </li>
          )}

          {!pageContext.isLast && (
            <li className="next">
              <Link to={`/blog/${pageContext.currentPage + 1}/`} rel="next">
                <span> 次のページ </span>
                <FontAwesomeIcon icon={faChevronRight} />
              </Link>
            </li>
          )}
        </ul>
```

「前のページ」へのリンクを設定。

「次のページ」へのリンクを設定。

src/templates/blog-template.js

まず、isFirst と isLast を使用し、最初以外のページに「前のページ」へのリンクを、最後以外のページに「次のページ」へのリンクを出力します。

前のページ

「前のページ」のリンク先は、現在のページ（currentPage）が 2 ページ目の場合は「/blog/」、それ以外の場合は「/blog/ 現在のページ番号から 1 を引いた値 /」となるようにします。

次のページ

「次のページ」のリンク先は、「/blog/ 現在のページ番号に 1 を足した値 /」にしています。

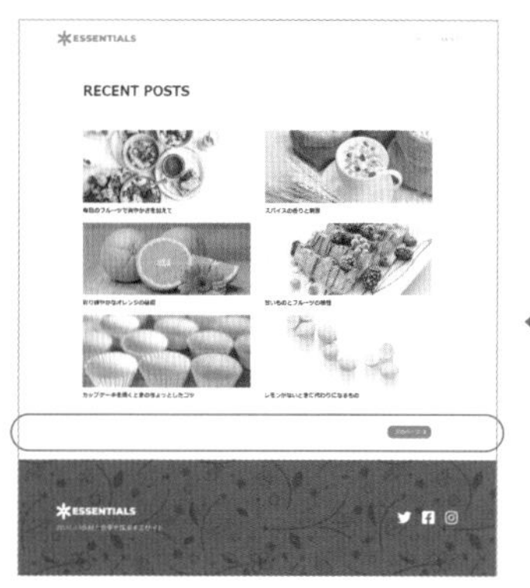

最初のページ。
「次のページ」へのリンクのみ表示。

2ページ目。
「前のページ」と「次のページ」へのリンクを表示。

最後のページ。
「前のページ」へのリンクのみ表示。

以上で、ページネーションの設定および記事一覧ページの作成は完了です。あとは、ナビゲーションメニューに記事一覧へのリンクを追加し、トップページにも最新記事を表示して、ブログを組み込んだサイトとしての体裁を整えます。

STEP
9-9 ナビゲーションメニューに記事一覧へのリンクを追加する

サイト内のどのページからも記事一覧ページにアクセスできるようにします。そこで、header.jsを開き、ナビゲーションメニューに記事一覧の最初のページへのリンクを追加します。

```
<nav className="nav">
  <ul>
    <li>
      <Link to={`/`}>TOP</Link>
    </li>
    <li>
      <Link to={`/about/`}>ABOUT</Link>
    </li>
    <li>
      <Link to={`/blog/`}>BLOG</Link>
    </li>
  </ul>
</nav>
```

記事一覧ページへのリンクを追加。

src/components/header.js

STEP

9-10 トップページに最新記事を表示する

トップページに4件の最新記事を表示します。記事をリストアップする処理は同じなため、記事一覧ページ（blog-template.js）の設定をコピーして表示していきます。

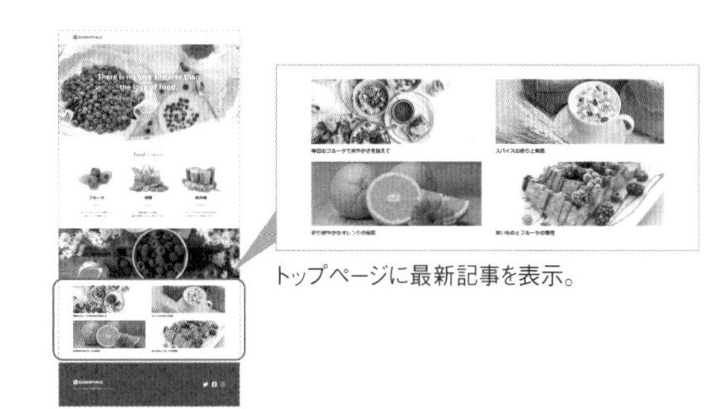

トップページに最新記事を表示。

❶ クエリを追加する

記事一覧ページ（blog-template.js）から記事データを取得するクエリをコピーし、トップページ（index.js）のクエリに追加します。このとき、トップページでは4件の最新記事をリストアップするため、skipを「0」、limitを「4」と指定しています。

記事一覧ページ（blog-template.js）

```
export const query = graphql`
  query($skip: Int!, $limit: Int!) {
    allContentfulBlogPost(
      sort: { order: DESC, fields: publishDate }
      skip: $skip
      limit: $limit
    ) {
      edges {
        node {
          title
          id
          slug
          eyecatch {
            fluid(maxWidth: 500) {
              ...GatsbyContentfulFluid_withWebp
            }
            description
          }
        }
      }
    }
  }
`
```

コピー

トップページ（index.js）

```
export const query = graphql`
  query {
    hero: file(relativePath: { eq: "hero.jpg" }) {
      …
    }
    allContentfulBlogPost(
      sort: { order: DESC, fields: publishDate }
      skip: 0
      limit: 4
    ) {
      edges {
        node {
          title
          id
          slug
          eyecatch {
            fluid(maxWidth: 500) {
              ...GatsbyContentfulFluid_withWebp
            }
            description
          }
        }
      }
    }
  }
`
```

② 記事一覧を追加する

続けて、記事一覧ページ（blog-template.js）から記事一覧の <section> ～ </section> をコピーします。

ただし、ページネーションは不要なため、<section> 内の <ul className="pagenation"> ～ </ul> はコピーしません。

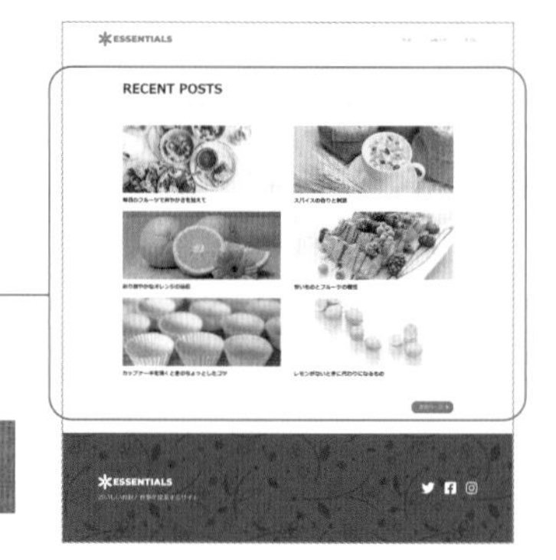

記事一覧ページ(blog-template.js)

```
export default ({ data, location, pageContext }) => (
  <Layout>
    …
    <section className="content bloglist">
      <div className="container">
        <h1 className="bar">RECENT POSTS</h1>
        <div className="posts">
          {data.allContentfulBlogPost.edges.map(({ node }) => (
            <article className="post" key={node.id}>
              <Link to={`/blog/post/${node.slug}/`}>
                <figure>
                  <Img
                    fluid={node.eyecatch.fluid}
                    alt={node.eyecatch.description}
                    style={{ height: "100%" }}
                  />
                </figure>
                <h3>{node.title}</h3>
              </Link>
            </article>
          ))}
        </div>

        <ul className="pagenation">
        …
        </ul>
      </div>
    </section>
  </Layout>
)
```

コピーした <section> はトップページ（index.js）の <Layout> ～ </Layout> 内の末尾に追加します。リンクを機能させせるため、<Link /> コンポーネントも import します。これで、クエリで取得した4件の最新記事がリストアップされます。

なお、<section> の className は削除しています。これにより、記事一覧がトップページのレイアウトの横幅（1147px）で表示されます。
最新記事の見出し <h1> は、トップページの見出しの階層構造に合わせて <h2> に変更しています。さらに、見出しは非表示にするため、クラス名を「sr-only」に変更しています。

トップページ(index.js)

```
import React from "react"
import { graphql, Link } from "gatsby"
import Img from "gatsby-image"
…
export default ({ data }) => (
  <Layout>
  …
    </section>

    <section>
      <div className="container">
        <h2 className="sr-only">RECENT POSTS</h2>
        <div className="posts">
          {data.allContentfulBlogPost.edges.map(({ node }) => (
            <article className="post" key={node.id}>
              <Link to={`/blog/post/${node.slug}/`}>
                <figure>
                  <Img
                    fluid={node.eyecatch.fluid}
                    alt={node.eyecatch.description}
                    style={{ height: "100%" }}
                  />
                </figure>
                <h3>{node.title}</h3>
              </Link>
            </article>
          ))}
        </div>
      </div>
    </section>
  </Layout>
)
…
```

Linkをimport。

<section>のclassNameを削除。

<h1>を<h2>に変更。

9

③ クエリで取得する画像の横幅の最大値を変更する

最新記事を表示することはできましたが、画像が少しぼやけているように見えます。

記事一覧ページではレイアウトの横幅が 1000 ピクセルだったため、クエリで取得する画像の横幅は最大 500 ピクセルに設定しています。しかし、トップページではレイアウトの横幅が 1147 ピクセルになるため、横幅 500 ピクセルの画像では少しだけ拡大表示され、ぼやけてしまいます。

拡大表示を防ぐため、トップページのクエリでは画像の横幅の最大値を 1147 ピクセルの半分の 573 ピクセルに変更します。
以上で、トップページに最新記事を表示する設定は完了です。ブログを組み込んだサイトとしての体裁も整いました。次の章ではブログのカテゴリーページを作成し、ブログを仕上げていきます。

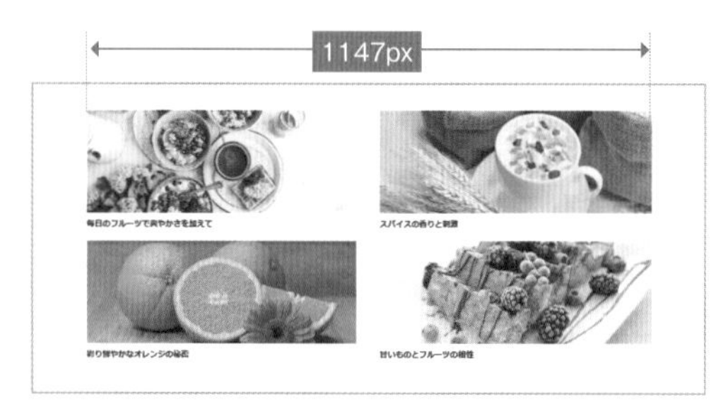

画像が少しぼやけて見えます。

```
export const query = graphql`
  query {
    …
          eyecatch {
            fluid(maxWidth: 500) {
              ...GatsbyContentfulFluid_withWebp
            }
```

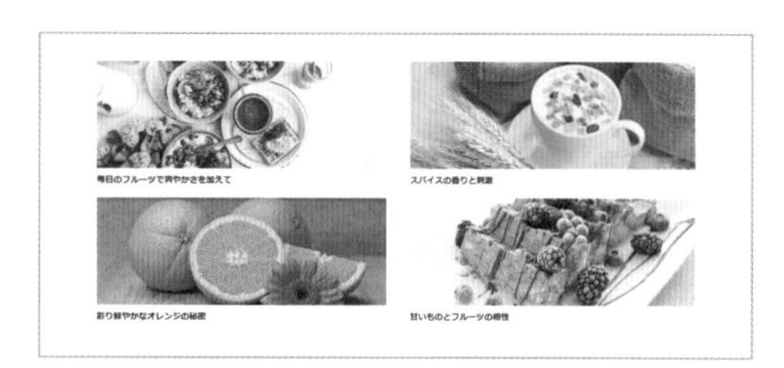

画像がくっきりと表示されます。

```
export const query = graphql`
  query {
    …
          eyecatch {
            fluid(maxWidth: 573) {
              ...GatsbyContentfulFluid_withWebp
            }
```

src/pages/index.js

Chapter 10

カテゴリーページの作成

Build blazing-fast websites with GatsbyJS

GatsbyJS

STEP

10-1 カテゴリーページを作成する

ブログのカテゴリーページを作成し、カテゴリーに属した記事をリストアップします。記事の数が多い場合にはページネーションを付けて、複数のページに分けていきます。
URL は他のページと重複しないようにするため、カテゴリースラッグを利用して「/cat/ スラッグ /」という形にします。2ページ目以降は「/cat/ スラッグ / ページ番号 /」とします。

また、各カテゴリーページには、記事ページに表示した記事が属するカテゴリーのリストからアクセスできるようにします。

作成するページとURL

ブログの記事ページ。

ブログのカテゴリーページ
/cat/ スラッグ /
例) /cat/fruit/

2ページ目以降
/cat/ スラッグ / ページ番号 /
例) /cat/fruit/02/

STEP

10-2 ページネーションなしでカテゴリーページを生成する

「記事をリストアップし、ページネーションを付けて複数のページに分ける」という構成は記事一覧ページと同じです。そのため、カテゴリーページは記事一覧ページの設定をベースに作成します。
ただし、一度に設定していくと作業が複雑になります。ここではページネーションを一旦無効化し、当該カテゴリーに属したすべての記事をリストアップする形でカテゴリーページを生成していきます。

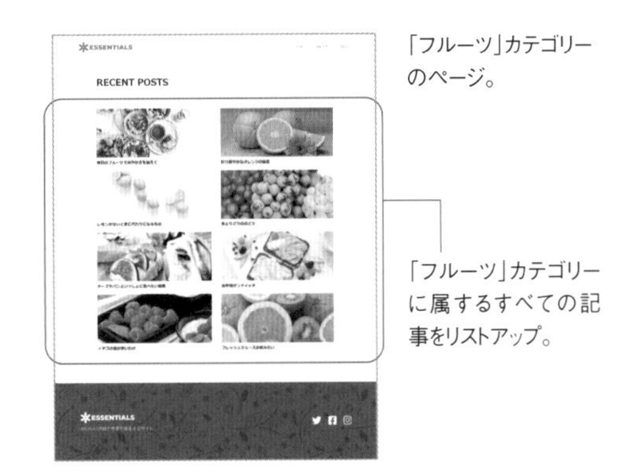

❶ カテゴリーページ用のテンプレートを用意する

カテゴリーページの生成に使用するテンプレートを用意します。

そこで、記事一覧ページのテンプレート（blog-template.js）をコピーし、カテゴリーページ用のテンプレート（cat-template.js）を作成します。

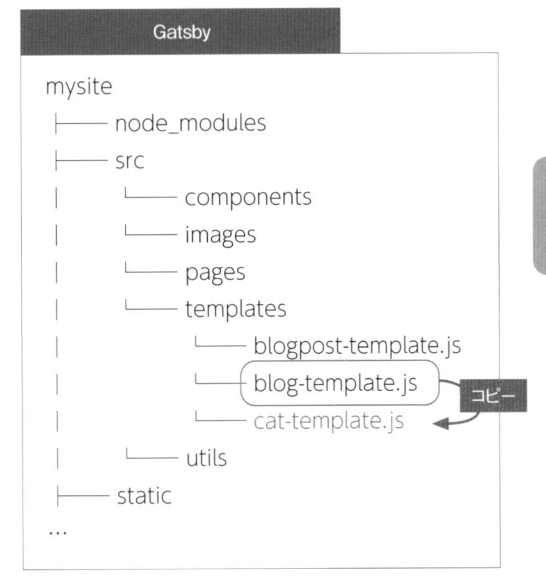

❷ クエリを作成する

カテゴリーページを生成するためには、すべてのカテゴリーのデータを取得する必要があります。カテゴリーごとに必要になるデータは、URL を構成する「カテゴリースラッグ」です。

Contentful では、カテゴリーを「Category」コンテンツタイプで管理しています。そのため、GraphQL ではすべてのカテゴリーに関するデータを allContentfulCategory で取得できます。
GraphiQL を開き、allContentfulCategory > edges > node > categorySlug をチェックしてクエリを実行すると、Contentful で管理しているすべてのカテゴリーのスラッグが取得できます。ここでは、3 つのカテゴリーのスラッグが取得されています。

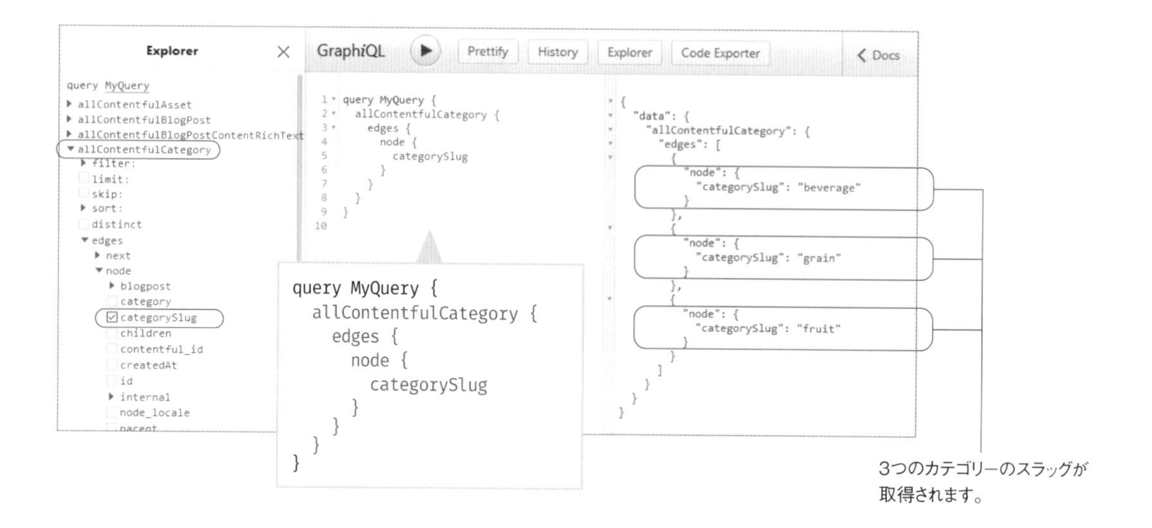

❸ クエリを追加してページを生成する

gatsby-node.js にカテゴリーのクエリを追加します。blogresult に取得したデータは forEach で取り出し、カテゴリーごとに createPage でページを生成します。
path では生成するページのパスを「/cat/ カテゴリースラッグ /」という形に指定します。
component では生成に使用するテンプレートとして cat-template.js を指定しています。

なお、テンプレートはblog-template.jsをコピーしたものなため、contextで指定したskip、limit、currentPage、isFirst、isLastの値を受け取る設定になっています。これらはページネーションを付けるときに必要になる値ですが、ここでは一旦ページネーションを無効化し、複数ページに分けずにカテゴリーページを形にします。
そのため、skipを「0」、limitを「100」と指定し、1ページに100件の記事をリストアップするようにしています。
さらに、現在のページ番号currentPageは「1」、最初と最後のページを示すisFirstとisLastは「true」と指定し、ページネーションのリンクが表示されないようにします。

```
exports.createPages = async ({ graphql, actions, reporter }) => {
  const { createPage } = actions

  const blogresult = await graphql(`
    query {
      allContentfulBlogPost(sort: { fields: publishDate, order: DESC }) {
        …
      }
      allContentfulCategory {
        edges {
          node {
            categorySlug
          }
        }
      }
    }
  `)
  …

  Array.from({ length: blogPages }).forEach((_, i) => {
    …
  })

  blogresult.data.allContentfulCategory.edges.forEach(({ node }) => {
    createPage({
      path: `/cat/${node.categorySlug}/`,
      component: path.resolve(`./src/templates/cat-template.js`),
      context: {
        skip: 0,
        limit: 100,
        currentPage: 1, // 現在のページ番号
        isFirst: true, // 最初のページ
        isLast: true, // 最後のページ
      },
    })
  })
}
```

クエリ

クエリを追加。

createPageでページを生成。

gatsby-node.js

これで、カテゴリーページが生成されます。開発サーバーを起動して404ページを開くと、３つのカテゴリーページが追加されているのを確認できます。
ただし、この段階ではすべてのカテゴリーページにすべての記事がリストアップされます。

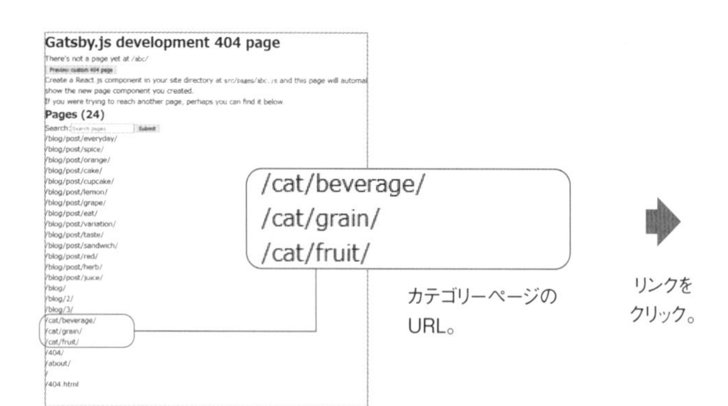

すべてのページが同じ表示内容になります。

❹ カテゴリーに属した記事のみをリストアップする(1)

ページごとにカテゴリーに属した記事のみをリストアップします。ここではgatsby-node.jsからテンプレートにカテゴリーのIDを送り、そのIDを使ってクエリを行うように設定します。
カテゴリーのIDはallContentfulCategory > edges > node > idで取得できます。

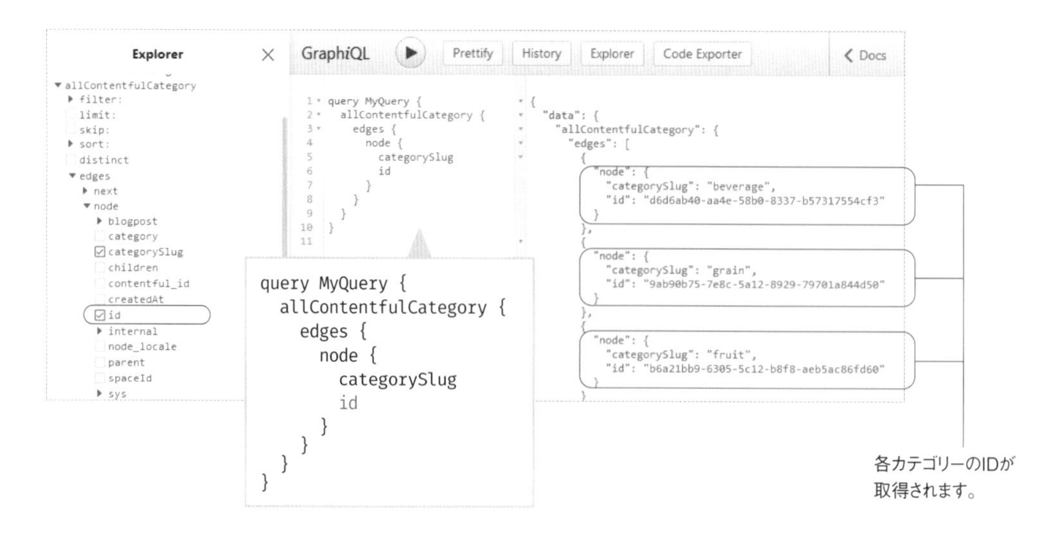

なお、クエリの結果で得られたカテゴリーのIDはメモしておきます。メモしたIDは、後から特定カテゴリーに属した記事を取得するクエリを作成し、動作確認を行う際に使用します。
ここでは「beverage（飲み物）」カテゴリーのIDをメモしておきます。

```
{
  "data": {
    "allContentfulCategory": {
      "edges": [
        {
          "node": {
            "categorySlug": "beverage",
            "id": "d6d6ab40-aa4e-58b0-8337-b5731554cf3"
          }
        },
```

gatsby-node.jsにクエリを追加します。
取得したカテゴリーのIDはcatidとしてテンプレートへ送るようにしています。

```
  const blogresult = await graphql(`
    query {
      …
      allContentfulCategory {
        edges {
          node {
            categorySlug
            id
          }
        }
      }
    }
  `)
  …

  blogresult.data.allContentfulCategory.edges.forEach(({ node }) => {
    createPage({
      path: `/cat/${node.categorySlug}/`,
      component: path.resolve(`./src/templates/cat-template.js`),
      context: {
        catid: node.id,
        skip: 0,
        limit: 100,
        currentPage: 1, // 現在のページ番号
        isFirst: true, // 最初のページ
        isLast: true, // 最後のページ
      },
    })
  })
}
```

クエリ

クエリを追加。

テンプレートに送るデータを追加。

gatsby-node.js

❺ カテゴリーに属した記事のみをリストアップする(2)

テンプレートのクエリでは、allContentfulBlogPost で記事データを取得しています。ここでは指定した ID のカテゴリーに属した記事のみを取得するため、allContentfulBlogPost に用意された紫色の filter > category > elemMatch > id > eq をチェックし、カテゴリーの ID を指定します。

たとえば、さきほどメモした「beverage（飲み物）」カテゴリーの ID を指定してクエリを実行すると、カテゴリーに属した4件の記事のデータが取得されます。

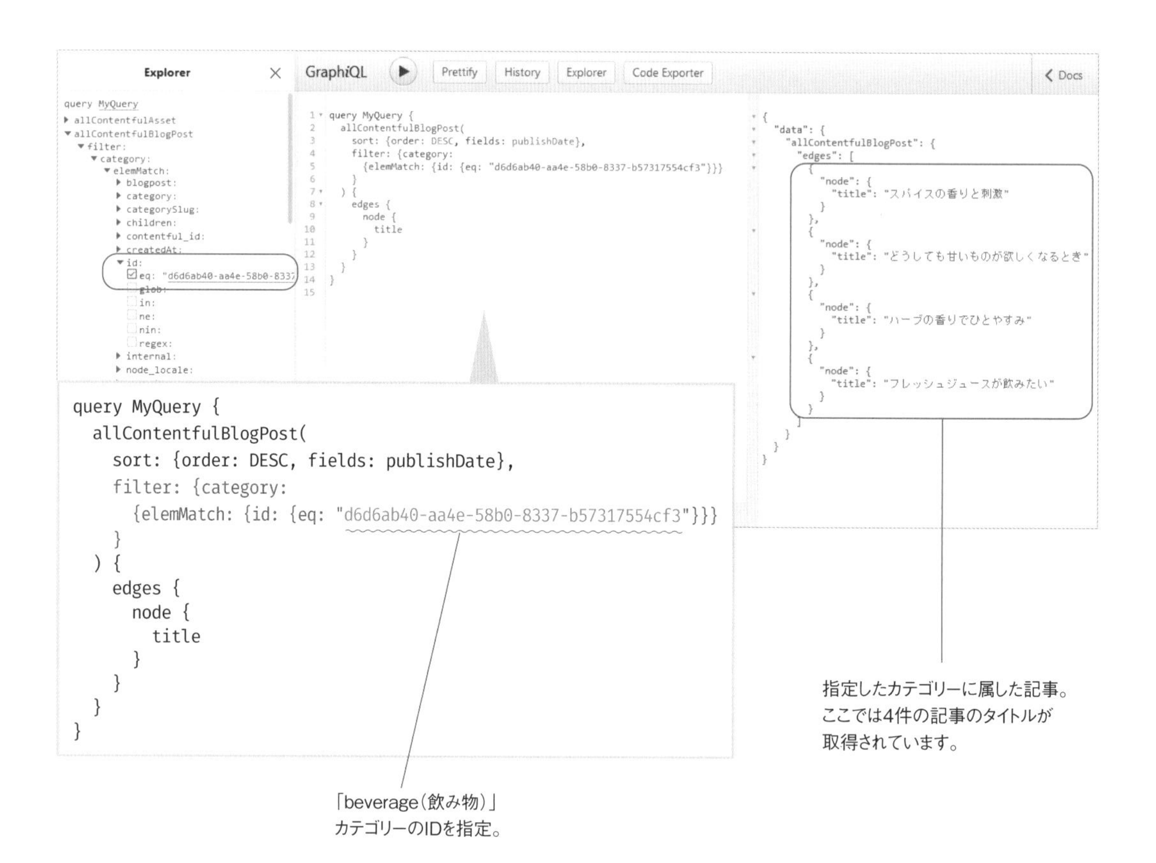

テンプレート（cat-template.js）を開き、変数を使ったページクエリとして次のように指定します。これで、ページごとにカテゴリーに属した記事のみがリストアップされます。
以上で、ページネーションなしでカテゴリーページを生成する設定は完了です。

```
…
export const query = graphql`
  query($catid: String!, $skip: Int!, $limit: Int!) {
    allContentfulBlogPost(
      sort: { order: DESC, fields: publishDate }
      skip: $skip
      limit: $limit
      filter: { category: { elemMatch: { id: { eq: $catid } } } }
    ) {
      edges {
        node {
          title
          id
          slug
          eyecatch {
            fluid(maxWidth: 500) {
              ...GatsbyContentfulFluid_withWebp
            }
            description
          }
        }
      }
    }
  }
`
```

src/template/cat-template.js

/cat/beverage/
「飲み物」カテゴリーのページ。

gatsby-node.jsの変更を表示に反映させるためには、開発サーバーを起動しなおします。

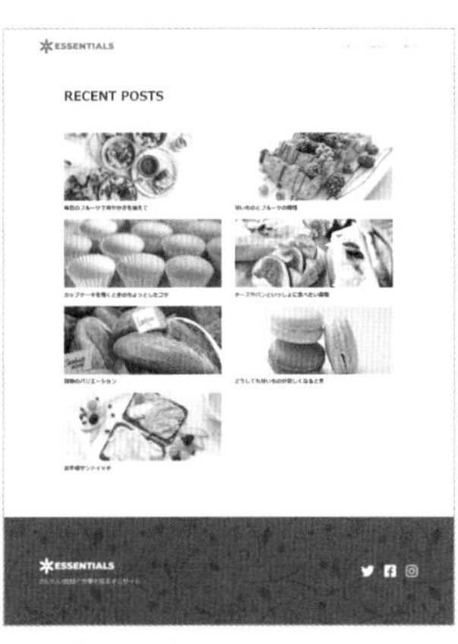

/cat/grain/
「穀物」カテゴリーのページ。

/cat/fruit/
「フルーツ」カテゴリーのページ。

STEP

10-3 カテゴリーページの見出しとメタデータを設定する

カテゴリーページの見出しとしてカテゴリー名を表示します。さらに、メタデータの設定も行います。

❶ クエリを作成する

まずは、クエリでカテゴリー名を取得します。カテゴリー名は allContentfulCategory > edges > node > category で取得できます。

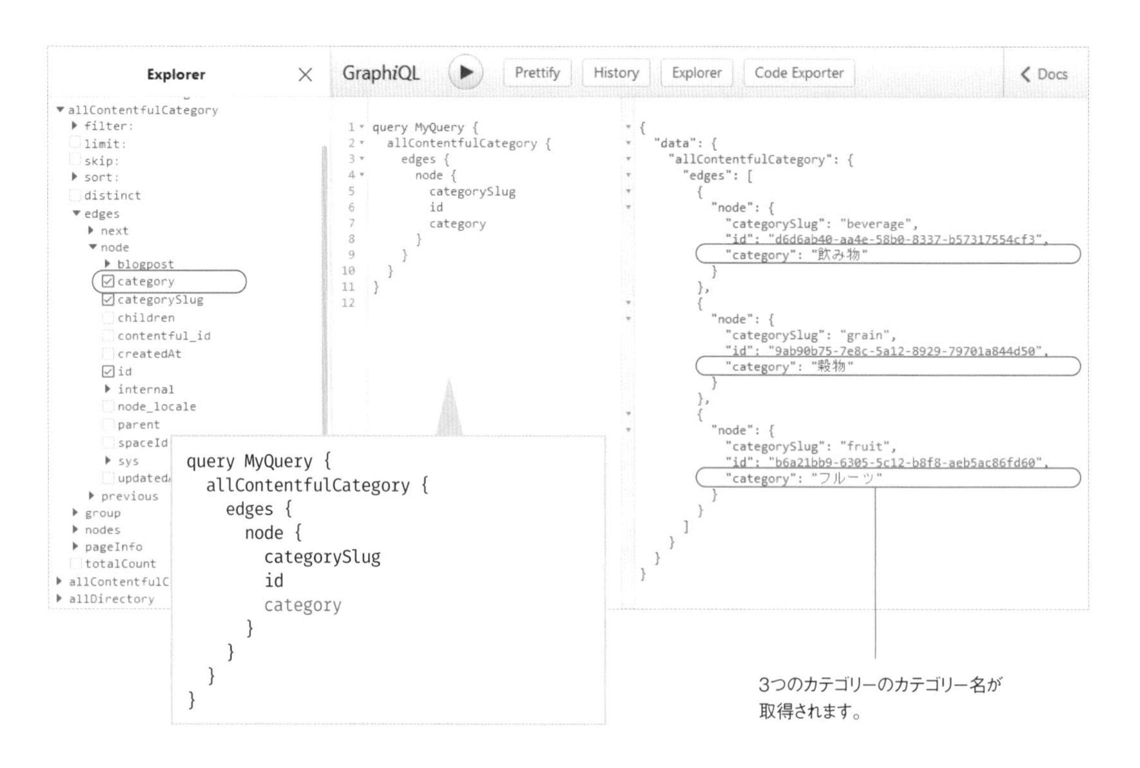


```
query MyQuery {
  allContentfulCategory {
    edges {
      node {
        categorySlug
        id
        category
      }
    }
  }
}
```

❷ カテゴリー名を表示する

クエリはテンプレート側に追加する方法もありますが、ここでは既存の allContentfulCategory のクエリがある gatsby-node.js に追加します。取得したカテゴリー名は catname としてテンプレートへ送るようにしています。

```
  const blogresult = await graphql(`
    query {
      …
      allContentfulCategory {
        edges {
          node {
            categorySlug
            id
            category
          }
        }
      }
    }
  `)
  …

  blogresult.data.allContentfulCategory.edges.forEach(({ node }) => {
    createPage({
      path: `/cat/${node.categorySlug}/`,
      component: path.resolve(`./src/templates/cat-template.js`),
      context: {
        catid: node.id,
        catname: node.category,
        skip: 0,
        limit: 100,
        currentPage: 1, // 現在のページ番号
        isFirst: true, // 最初のページ
        isLast: true, // 最後のページ
      },
    })
  })
}
```

クエリ

クエリを追加。

テンプレートに送るデータを追加。

gatsby-node.js

10

テンプレート（cat-template.js）では、context で指定したデータを pageContext で受け取ります。ここからカテゴリー名を取り出し、ページの見出し <h1> として指定します。見出しは「CATEGORY: カテゴリー名」という形になるようにしています。

```
export default ({ data, location, pageContext }) => (
  <Layout>
  …
        <h1 className="bar">RECENT POSTS</h1>
```

▼

```
export default ({ data, location, pageContext }) => (
  <Layout>
  …
        <h1 className="bar">CATEGORY: {pageContext.catname}</h1>
```

src/template/cat-template.js

これで、カテゴリーページの見出し部分にカテゴリー名が表示されます。

/cat/beverage/
「飲み物」カテゴリーのページ。

/cat/grain/
「穀物」カテゴリーのページ。

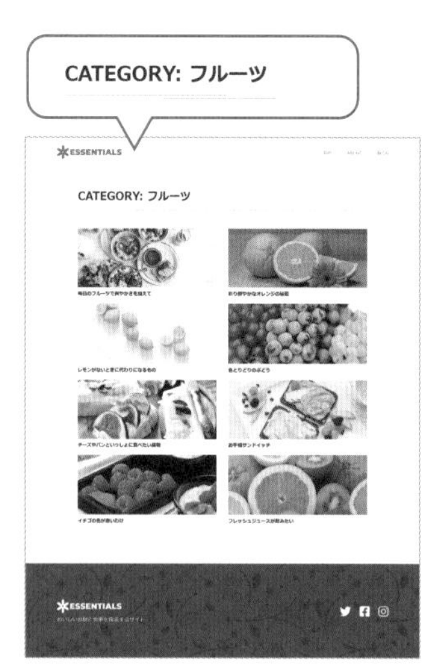

/cat/fruit/
「フルーツ」カテゴリーのページ。

③ カテゴリーページのメタデータを設定する

カテゴリーページのメタデータを設定します。
ここではページのタイトル (pagetitle) を『CATEGORY: カテゴリー名』、説明 (description) を『「カテゴリー名」カテゴリーの記事です』という形で指定しています。

```
export default ({ data, location, pageContext }) => (
  <Layout>
    <SEO
      pagetitle=" ブログ "
      pagedesc="ESSENTIALS のブログです "
      pagepath={location.pathname}
    />
…
```

▼

```
export default ({ data, location, pageContext }) => (
  <Layout>
    <SEO
      pagetitle={`CATEGORY: ${pageContext.catname}`}
      pagedesc={`「${pageContext.catname}」カテゴリーの記事です`}
      pagepath={location.pathname}
    />
…
```

src/template/cat-template.js

たとえば、「飲み物」カテゴリーページの場合、次のようにメタデータが出力されます。以上で、カテゴリーページの見出しとメタデータの設定は完了です。

```
<title>CATEGORY: 飲み物 | ESSENTIALS</title>
<meta property="og:title" content="CATEGORY: 飲み物 | ESSENTIALS"
data-react-helmet="true">
<meta name="description" content="「飲み物」カテゴリーの記事です "
 data-react-helmet="true">
<meta property="og:description" content="「飲み物」カテゴリーの記事です "
 data-react-helmet="true">
<link rel="canonical"
 href="https://********.netlify.app/cat/beverage/"
 data-react-helmet="true">
…
```

10

STEP

10-4 ページネーションを元に戻す

１ページに表示する記事の数を６件にして、カテゴリーページのページネーションを元に戻します。

① ページネーションを作るのに必要なデータを確認する

ページネーションは記事一覧ページの設定を流用して作ります。設定に必要なデータを確認すると次のようになっています。記事一覧ページの設定とは区別するため、カテゴリーページでは変数名を桃色の箇所のように書き換えて設定していきます。

各データは記事一覧ページと同じ設定で機能しますが、青色の箇所はカテゴリーページに合わせて変更が必要です。特に「記事の総数」は、記事一覧ページではすべての記事の数を取得していましたが、カテゴリーページではカテゴリーに属した記事の数を取得しなければなりません。

カテゴリースラッグはページネーションのリンクを設定するのに必要になるため、テンプレートに送る値に追加します。

		記事一覧ページ	カテゴリーページ
変数	１ページに表示する記事の数	blogPostsPerPage	catPostsPerPage
	記事の総数	blogPosts	catPosts
	生成ページの総数	blogPages	catPages
createPageで指定する値	生成ページの URL	path	path
テンプレートに送る値	スキップする記事数	skip	skip
	１ページに表示する記事の数	limit	limit
	現在のページ番号	currentPage	currentPage
	最初のページ	isFirst	isFirst
	最後のページ	isLast	isLast
	カテゴリースラッグ	-	catslug

```
...
  const blogPostsPerPage = 6 // 1ページに表示する記事の数
  const blogPosts = blogresult.data.allContentfulBlogPost.edges.length // 記事の総数
  const blogPages = Math.ceil(blogPosts / blogPostsPerPage) // 記事一覧ページの総数

  Array.from({ length: blogPages }).forEach((_, i) => {
    createPage({
      path: i === 0 ? `/blog/` : `/blog/${i + 1}/`,
      component: path.resolve("./src/templates/blog-template.js"),
      context: {
        skip: blogPostsPerPage * i,
        limit: blogPostsPerPage,
        currentPage: i + 1, // 現在のページ番号
        isFirst: i + 1 === 1, // 最初のページ
        isLast: i + 1 === blogPages, // 最後のページ
      },
    })
  })
```

記事一覧ページの設定

gatsby-node.js

以上を踏まえて、カテゴリーページのページネーションの設定をしていきます。

なお、設定を始める前に、カテゴリーに属した記事の総数を得るためのクエリを確認しておきます。カテゴリーに属した記事のデータは allContentfulCategory > edges > node > blogpost に用意されています。たとえば、blogpost 内の「title」にチェックを付けてクエリを実行すると、次のように記事のタイトルが取得され、何件の記事が属しているかがわかります。

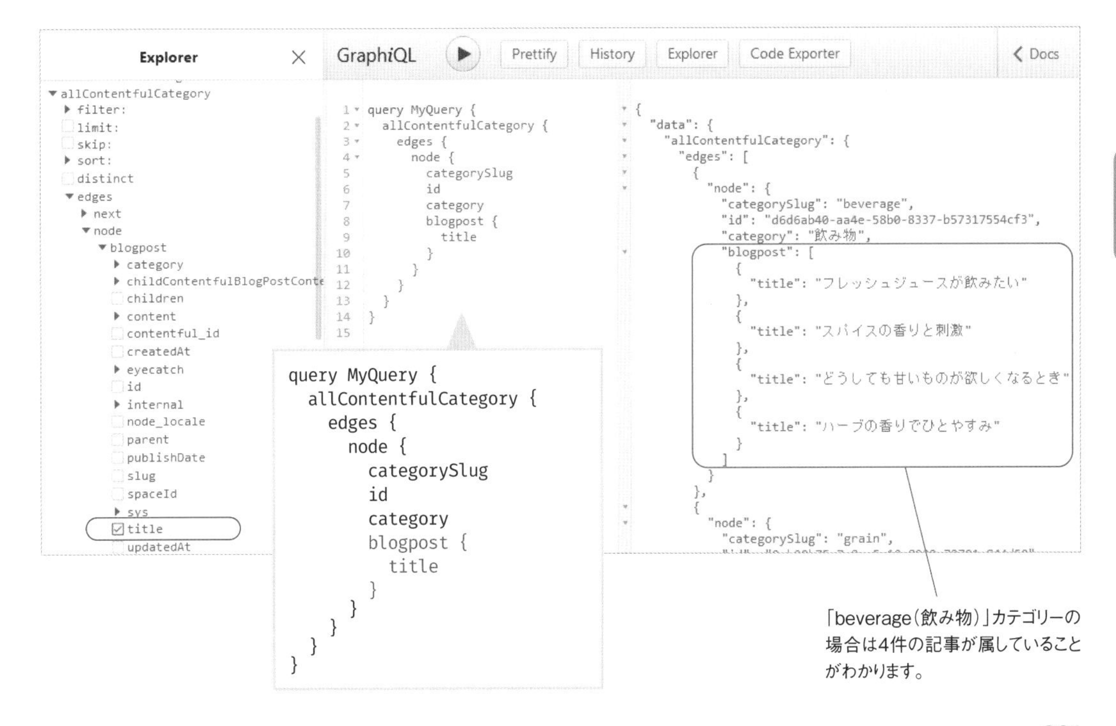

② カテゴリーページのページネーションを設定する

次のようにカテゴリーページのページネーションを設定します。

```
  const blogresult = await graphql(`
    query {
      …
      allContentfulCategory {
        edges {
          node {
            categorySlug
            id
            category
            blogpost {
              title
            }
          }
…
  const blogPostsPerPage = 6 // 1ページに表示する記事の数
  const blogPosts = blogresult.data.allContentfulBlogPost.edges.length // 記事の総数
  const blogPages = Math.ceil(blogPosts / blogPostsPerPage) // 記事一覧ページの総数

  Array.from({ length: blogPages }).forEach((_, i) => {
    createPage({
      path: i === 0 ? `/blog/` : `/blog/${i + 1}/`,
      component: path.resolve("./src/templates/blog-template.js"),
      context: {
        skip: blogPostsPerPage * i,
        limit: blogPostsPerPage,
        currentPage: i + 1, // 現在のページ番号
        isFirst: i + 1 === 1, // 最初のページ
        isLast: i + 1 === blogPages, // 最後のページ
      },
    })
  })

  blogresult.data.allContentfulCategory.edges.forEach(({ node }) => {
    const catPostsPerPage = 6 // 1ページに表示する記事の数
    const catPosts = node.blogpost.length // カテゴリーに属した記事の総数
    const catPages = Math.ceil(catPosts / catPostsPerPage) // カテゴリーページの総数

    Array.from({ length: catPages }).forEach((_, i) => {
      createPage({
        path:
          i === 0
            ? `/cat/${node.categorySlug}/`
            : `/cat/${node.categorySlug}/${i + 1}/`,
        component: path.resolve(`./src/templates/cat-template.js`),
        context: {
          catid: node.id,
          catname: node.category,
          catslug: node.categorySlug,
          skip: catPostsPerPage * i,
          limit: catPostsPerPage,
          currentPage: i + 1, // 現在のページ番号
          isFirst: i + 1 === 1, // 最初のページ
          isLast: i + 1 === catPages, // 最後のページ
        },
      })
    })
  })
}
```

カテゴリーに属した記事の総数を得るためのクエリを追加。

記事一覧ページの設定

カテゴリーページの設定

gatsby-node.js

テンプレート（cat-template.js）を開き、ページネーションのリンク先を修正します。ここでは<Link />のリンク先が「/blog/」になっている箇所を、「/cat/${pageContext.catslug}/」に変更します。

```
        <ul className="pagenation">
          {!pageContext.isFirst && (
            <li className="prev">
              <Link
                to={
                  pageContext.currentPage === 2
                    ? `/cat/${pageContext.catslug}/`
                    : `/cat/${pageContext.catslug}/${pageContext.currentPage - 1}/`
                }
                rel="prev"
              >
                <FontAwesomeIcon icon={faChevronLeft} />
                <span>前のページ</span>
              </Link>
            </li>
          )}

          {!pageContext.isLast && (
            <li className="next">
              <Link
                to={`/cat/${pageContext.catslug}/${pageContext.currentPage + 1}/`} rel="next">
                <span>次のページ</span>
                <FontAwesomeIcon icon={faChevronRight} />
              </Link>
            </li>
          )}
        </ul>
…
```

src/template/cat-template.js

404ページを開くと、6件以上の記事が属した「穀物」と「フルーツ」カテゴリーが2ページになっています。ページを開き、ページネーションが機能していることを確認します。

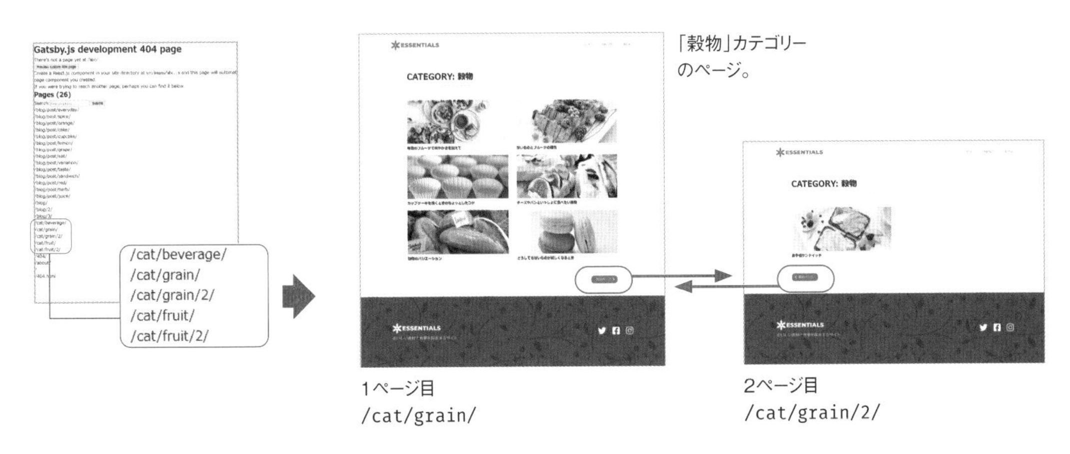

1ページ目
/cat/grain/

2ページ目
/cat/grain/2/

STEP

10-5 カテゴリーページにアクセスできるようにする

記事ページから記事が属したカテゴリーページにアクセスできるようにします。記事が属したカテゴリーのリストにリンクを設定するため、記事ページのテンプレート（blogpost-template.js）を開き、カテゴリー名 {cat.category} に <Link /> でリンクを設定します。リンク先は「/cat/ カテゴリースラッグ /」という形で指定します。

```
<ul>
  {data.contentfulBlogPost.category.map(cat => (
    <li className={cat.categorySlug} key={cat.id}>
      <Link to={`/cat/${cat.categorySlug}/`}>{cat.category}</Link>
    </li>
  ))}
</ul>
```

src/template/blogpost-template.js

カテゴリー名をクリックし、カテゴリーページが開くことを確認したら完成です。

ブログの記事ページ。

「フルーツ」カテゴリーのページ。

「穀物」カテゴリーのページ。

STEP

10-6 パフォーマンスを確認する

以上で Web サイトは完成です。Gatsby を使って基本的な Web サイトおよびブログを形にすることができました。

Netlify にデプロイして表示を確認すると、ページ遷移も含め、各ページが高速に表示されることがわかります。Google の Lighthouse (P.56) のパフォーマンスでも安定して 95 前後のスコアが出ます。パフォーマンス以外の項目 (SEO や PWA など) のスコアは 100 となります。

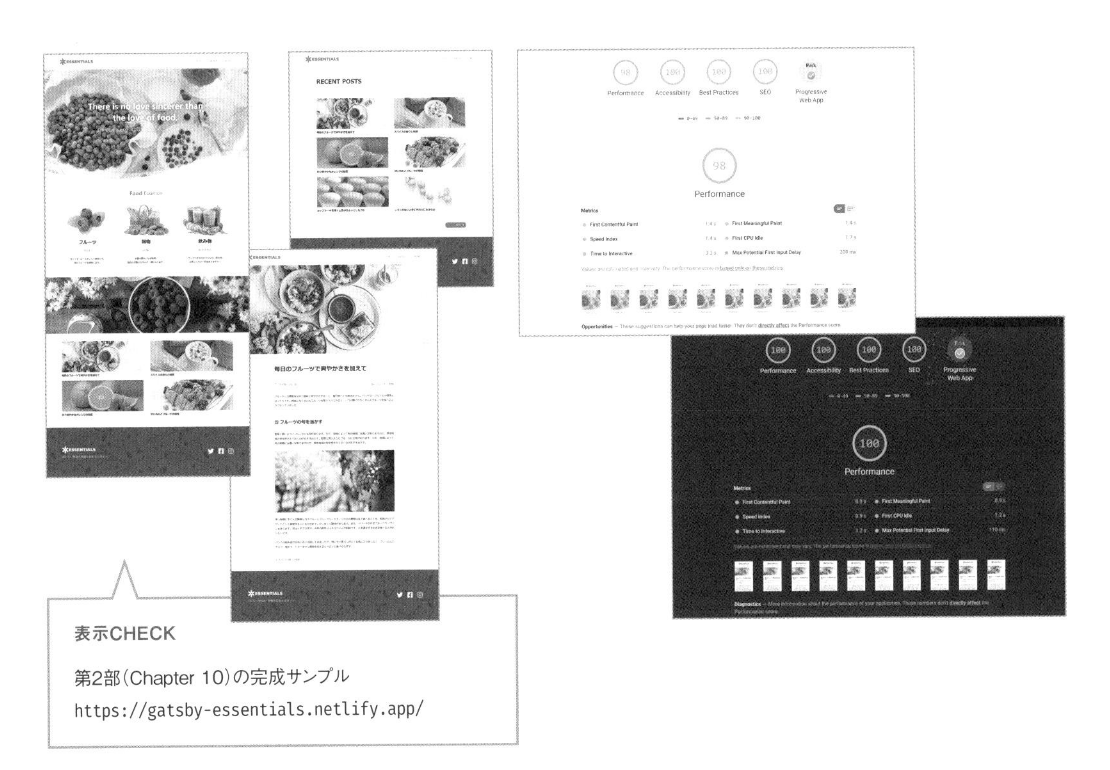

表示CHECK

第2部（Chapter 10）の完成サンプル

https://gatsby-essentials.netlify.app/

これをベースに、さまざまなモジュールを利用してカスタマイズしたり、CSS in JS を使ってデザインの管理方法を構築しなおしたり、React の学習を進めたり… などなど、新しい Web 制作の世界を切り開いていってもらえればと思います。

APPENDIX

A gatsby-imageを簡単に扱えるようにする

gatsby-imageでローカル画像を表示するとき、画像ごとにクエリを用意して指定するのは手間がかかります。もっと簡単に扱えるようにするため、ここでは <Image filename="～.jpg" /> という形でファイル名を指定するだけで、最適化した画像が表示されるようにします。

ファイル名を元に画像を表示する <Image /> は、P.220のuseContentfulImage.jsをベースに作成しますので、componentsフォルダ内にファイル名を「image.js」としてコピーします。

useContentfulImage.jsでは画像のURLを元にfluidのデータを取得しましたが、ここではファイル名を元に取得するように設定していきます。

必要なデータを**GraphiQL**で確認すると、すべてのローカル画像（サンプルの場合はsrc/images/に置いた画像）のfluidデータはallImageSharp > nodes > fluidで、画像のファイル名はfluid内の「originalName」で取得できます。

```
Gatsby
mysite
├── src
│     └── components
│           └── image.js   ← コピー
│           …
│     └── images
│     └── pages
│     └── utils
│           └── useContentfulImage.js
├── static
…
```

```
query MyQuery {
  allImageSharp {
    nodes {
      fluid(maxWidth: 1600) {
        originalName
        base64
        …
      }
    }
  }
}
```

```
"fluid": {
  "originalName": "….jpg"
}
```

image.js を開き、次のように処理を書き換えます。

```
import { useStaticQuery, graphql } from "gatsby"

export default assetUrl => {
  const { allContentfulAsset } = useStaticQuery(graphql`
    query {
      allContentfulAsset {
        nodes {
          file {
            url
          }
          fluid(maxWidth: 785) {
            ...GatsbyContentfulFluid_withWebp
          }
        }
      }
    }
  `)

  return allContentfulAsset.nodes.find(n => n.file.url === assetUrl).fluid
}
```

▼

```
import React from "react"
import { useStaticQuery, graphql } from "gatsby"
import Img from "gatsby-image"

export default props => {
  const { allImageSharp } = useStaticQuery(graphql`
    query {
      allImageSharp {
        nodes {
          fluid(maxWidth: 1600) {
            originalName
            ...GatsbyImageSharpFluid_withWebp
          }
        }
      }
    }
  `)

  return (
    <figure>
      <Img
        fluid={
          allImageSharp.nodes.find(n => n.fluid.originalName === props.filename)
            .fluid
        }
        alt={props.alt}
        style={props.style}
      />
    </figure>
  )
}
```

すべてのローカル画像のファイル名とfluidのデータを取得するクエリに置き換え。

ファイル名が一致した画像のfluidのデータを取り出し、<Img />のfluidで指定。

画像のalt属性とstyle属性の値も受け取れるように設定。

src/components/image.js

トップページ（index.js）のローカル画像を image.js を使って表示してみます。image.js から「Image」を import し、次のように <figure><Img /></figure> を <Image /> に置き換えます。

```
<section className="hero">
  <figure>
   <Img
    fluid={data.hero.childImageSharp.fluid}
    alt=""
    style={{ height: "100%" }}
   />
  </figure>
…

  <figure>
    <Img
     fluid={data.fruit.childImageSharp.fluid}
     alt="" />
  </figure>
  <h3> フルーツ </h3>
…

  <figure>
    <Img
     fluid={data.grain.childImageSharp.fluid}
     alt="" />
  </figure>
  <h3> 穀物 </h3>
…

  <figure>
    <Img
     fluid={data.beverage.childImageSharp.fluid}
     alt="" />
  </figure>
  <h3> 飲み物 </h3>
…

<section className="photo">
  <h2 className="sr-only">Photo</h2>
  <figure>
    <Img
     fluid={data.berry.childImageSharp.fluid}
     alt=" 赤く熟したベリー "
     style={{ height: "100%" }}
    />
  </figure>
</section>
…
```

src/pages/index.js

```
import React from "react"
import { graphql, Link } from "gatsby"
import Img from "gatsby-image"
import Image from "../components/image"

import Layout from "../components/layout"
…

<section className="hero">
  <Image filename="hero.jpg" alt=""
   style={{ height: "100%" }} />
…

  <Image filename="fruit.jpg" alt="" />
  <h3> フルーツ </h3>
…

  <Image filename="grain.jpg" alt="" />
  <h3> 穀物 </h3>
…

  <Image filename="beverage.jpg" alt="" />
  <h3> 飲み物 </h3>
…

<section className="photo">
  <h2 className="sr-only">Photo</h2>
  <Image
    filename="berry.jpg"
    alt=" 赤く熟したベリー "
    style={{ height: "100%" }}
   />
</section>
…
```

5つの画像を置き換えています。
画面表示には影響しません。

<Image /> に置き換えた画像のクエリは不要なため、削除します。トップページ（index.js）の場合、残しておく必要があるのはブログの最新記事を取得するクエリのみとなります。

```
…
export const query = graphql`
  query {
    hero: file(relativePath: { eq: "hero.jpg" }) {
      childImageSharp {
        fluid(maxWidth: 1600) {
          ...GatsbyImageSharpFluid_withWebp
        }
      }
    }
    fruit: file(relativePath: { eq: "fruit.jpg" }) {
      childImageSharp {
        fluid(maxWidth: 320) {
          ...GatsbyImageSharpFluid_withWebp
        }
      }
    }
    …
    allContentfulBlogPost(
      sort: { order: DESC, fields: publishDate }
      skip: 0
      limit: 4
    ) {
      …
    }
  }
`
```

不要なクエリを削除。

```
…
export const query = graphql`
  query {
    allContentfulBlogPost(
      sort: { order: DESC, fields: publishDate }
      skip: 0
      limit: 4
    ) {
      …
    }
  }
`
```

ブログの最新記事を取得するクエリのみが残ります。

src/pages/index.js

以上で、クエリを追加せず、ファイル名を指定するだけで、gatsby-image で画像を表示する設定は完了です。

なお、この設定では image.js のクエリの maxWidth の値を変えることができません。useStaticQuery ではクエリに変数を使うことができないという制限があるため、必要に応じて処理を分けるなどの対応を考える必要があります。

APPENDIX

B Googleアナリティクス

Google アナリティクスの設定は、gatsby-plugin-google-analytics プラグインで簡単に追加できます。

最低限必要な設定は、プラグインをインストールし、gatsby-config.js でトラッキング ID を指定すれば完了です。
次のように Google アナリティクスのコードが出力されることが確認できます。ただし、開発サーバーでは出力されないため、STEP 1-7（P.54 ～ 55）のようにビルドとサーブ（build & serve）を実行して確認します。

```
$ yarn add gatsby-plugin-google-analytics
```

```
module.exports = {
  /* Your site config here */
  …
  plugins: [
    …
    {
      resolve: `gatsby-plugin-google-analytics`,
      options: {
        trackingId: `UA-XXXXXXXXX-X`,
      },
    },
  ],
}
```

トラッキングID。

gatsby-config.js

```
<script async="" src="https://www.google-analytics.com/analytics.js"></script>
<script>
  if(true) {
    (function(i,s,o,g,r,a,m){i['GoogleAnalyticsObject']=r;i[r]=i[r]||function(){
    (i[r].q=i[r].q||[]).push(arguments)},i[r].l=1*new Date();a=s.createElement(o),
    m=s.getElementsByTagName(o)[0];a.async=1;a.src=g;m.parentNode.insertBefore(a,m)
    })(window,document,'script','https://www.google-analytics.com/analytics.
js','ga');
  }
  if (typeof ga === "function") {
    ga('create', 'UA-XXXXXXXXX-X', 'auto', {});
      }
</script>
```

出力された Google アナリティクスの設定。

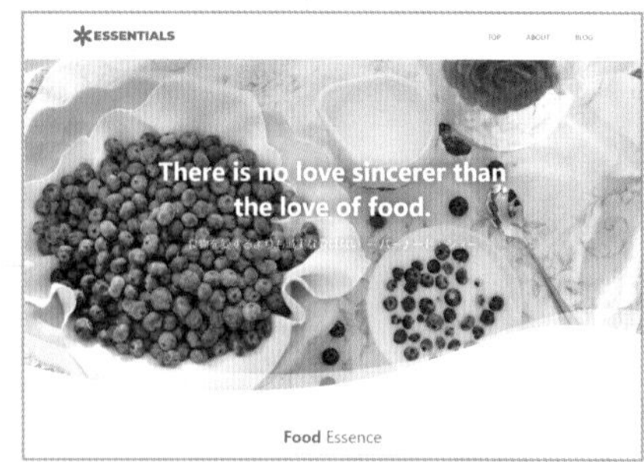

トラッキングがうまく機能しない場合、プラグインの設定を gatsby-config.js の plugins 内で一番最初に記述し、次ページの options で head を「true」に指定することが求められています。

optionsではGoogleアナリティクスに関するさまざまな設定ができます。

たとえば、headではコードの挿入位置を指定します。<head>内に入れる場合は「true」、<body>内に入れる場合は「false」と指定します。未指定の場合は<body>内に挿入されます。

respectDNTを「true」にすると、ブラウザで「Do not track（トラッキングを拒否）」をオンにしているユーザーのトラッキングを行いません。

excludeではトラッキングから除外するページを指定することが可能です。

```
module.exports = {
  /* Your site config here */
  …
  plugins: [
    …
    {
      resolve: `gatsby-plugin-google-analytics`,
      options: {
        trackingId: `UA-XXXXXXXXX-X`,
        head: true,
        respectDNT: true,
        exclude: [`/cat/**`, `/test/`],
      },
    },
  ],
}
```

gatsby-config.js

さらに、OutboundLinkコンポーネントも含まれており、これを利用することでリンクのクリックをトラッキングすることもできます。
利用するためにはOutboundLinkをimportし、<a>を<OutboundLink>に置き換えます。

```
import React from "react"
import { OutboundLink } from "gatsby-plugin-google-
analytics"

export default () => (
  <OutboundLink href="https://example.com/">
    詳しくはこちら
  </OutboundLink>
)
```

各種設定や機能について詳しくは、プラグインのページを参照してください。

gatsby-plugin-google-analytics
https://www.gatsbyjs.org/packages/gatsby-plugin-google-analytics/

APPENDIX

C サイトマップ

サイトマップは gatsby-plugin-sitemap プラグインで作成できます。

```
$ yarn add gatsby-plugin-sitemap
```

インストールしたら、gatsby-config.js にプラグインの設定を追加します。siteMetadata の siteUrl でサイトの URL を指定していることを確認したら、最低限必要な設定は完了です。

```
module.exports = {
  /* Your site config here */
  siteMetadata: {
    title: `ESSENTIALS`,
    description: `おいしい食材と食事を探求するサイト`,
    lang: `ja`,
    siteUrl: `https://********.netlify.app`,
    locale: `ja_JP`,
    fbappid: `XXXXXXXXXXXXXXXXXXXXX`,
  },
  plugins: [
    …
    `gatsby-plugin-sitemap`,
  ],
}
```

gatsby-config.js

gatsby build を実行すると、プラグインに用意された標準設定に従って、サイトルートに sitemap.xml が作成されます。
標準設定では 404 ページを除くサイト内のすべてのページの情報が含まれます。

```
-<urlset>
  -<url>
     <loc>https://********.netlify.app/blog/post/everyday/</loc>
     <changefreq>daily</changefreq>
     <priority>0.7</priority>
   </url>
  -<url>
     <loc>https://********.netlify.app/blog/post/spice/</loc>
     <changefreq>daily</changefreq>
     <priority>0.7</priority>
   </url>
  -<url>
     <loc>https://********.netlify.app/blog/post/orange/</loc>
     <changefreq>daily</changefreq>
     <priority>0.7</priority>
   </url>
  -<url>
     <loc>https://********.netlify.app/blog/post/cake/</loc>
     <changefreq>daily</changefreq>
     <priority>0.7</priority>
   </url>
  -<url>
```

/sitemap.xml

さらに、各ページにはサイトマップへのリンクが <link> で追加されます。

```
<link rel="sitemap" type="application/xml"
href="/sitemap.xml">
```

ページに追加されるサイトマップへのリンク。

サイトマップに関する設定を変更する場合、右記のコード内の標準設定（defaultOptions）を options で上書きします。

gatsby-plugin-sitemapプラグインのdefaultOptions
https://github.com/gatsbyjs/gatsby/blob/master/packages/gatsby-plugin-sitemap/src/internals.js#L71

たとえば、output では作成するサイトマップのファイル名を、createLinkInHead ではサイトマップへのリンク <link> を追加するかどうかを変更できます。

exclude ではサイトマップから除外するページを追加できます。exclude に関しては、標準設定で除外対象になっている 404 ページの設定が上書きされることはありません。

サイトマップの出力内容は serialize で変更できます。ただし、出力内容を取得するクエリの設定（query）もいっしょに指定する必要があります。
ここでは標準設定のクエリを使用し、ページの changefreq（更新頻度）を「weekly」に、priority（サイト内での優先順位）を「0.5」に変更しています。

```
plugins: [
  …
  {
    resolve: `gatsby-plugin-sitemap`,
    options: {
      output: `/sitemap.xml`,
      createLinkInHead: true,
      exclude: [`/cat/**`, `/test/`],
      query: `
      {
        site {
          siteMetadata {
            siteUrl
          }
        }
        allSitePage {
            nodes {
              path
            }
        }
      }`,
      serialize: ({ site, allSitePage }) => {
        return allSitePage.nodes.map(node => {
          return {
            url: `${site.siteMetadata.siteUrl}${node.path}`,
            changefreq: `weekly`,
            priority: 0.5,
          }
        })
      },
    },
  },
],
```

```
<url>
<loc>https://********.netlify.app/blog/post/everyday/</loc>
<changefreq>weekly</changefreq>
<priority>0.5</priority>
</url>
```

changefreqとpriorityの値を変更。

各種設定や機能について詳しくは、プラグインのページを参照してください。

gatsby-plugin-sitemap
https://www.gatsbyjs.org/packages/gatsby-plugin-sitemap/

APPENDIX

APPENDIX D RSS

RSS の設定には、gatsby-plugin-feed プラグインを利用しますので、次のコマンドでインストールします。

```
$ yarn add gatsby-plugin-feed
```

このプラグインには標準設定が用意されており、gatsby-starter-blog と同様の構成の場合には、gatsby-config.js でプラグインを追加するだけで機能します。

ただし、サイトの構成が異なる場合には、プラグインのページ（https://www.gatsbyjs.org/packages/gatsby-plugin-feed/）で紹介されている設定を雛形として、設定していくことになります。今回のサンプルの場合は、右ページのような設定になります（ただし、この段階ではまだ追加しないでください）。

まずは、options の最初の部分の query です。これは gatsby-plugin-feed プラグインが実行するクエリで、gatsby-config.js 内に設定したメタデータを取得し、RSS のサイトに関する情報を構成します。この部分は、そのままで問題ありません。

続いて、feeds の設定です。ここはサイトの構成に合わせて書き換えていくことになりますが、大きく次のような 3 つの構成になっています。

❶ 各ポストの feed の構成をオブジェクトとして設定する部分

❷ feed で使う情報を取得するためのクエリ

❸ 作成する RSS ファイルのファイル名とタイトル

```
{
  resolve: `gatsby-plugin-feed`,
  options: {
    query: `
      {
        site {
          siteMetadata {
            title
            description
            siteUrl
            site_url: siteUrl
          }
        }
      }
    `,
    feeds: [
      {
        serialize: ({ query: { site, allContentfulBlogPost } }) => {
          return allContentfulBlogPost.edges.map(edge => {
            return Object.assign(
              {},
              {
                title: edge.node.title,
                description: edge.node.content.fields.description,
                date: edge.node.publishDate,
                url: `${site.siteMetadata.siteUrl}/blog/post/${edge.node.slug}/`,
              }
            )
          })
        },
        query: `
          {
            allContentfulBlogPost(
              sort: { order: DESC, fields: publishDate },
            ) {
              edges {
                node {
                  title
                  id
                  slug
                  publishDate
                  content {
                    fields {
                      description
                    }
                  }
                }
              }
            }
          }
        `,
        output: `/rss.xml`,
        title: `Essentials RSS Feed`,
      },
    ],
  },
},
```

query

feeds

❶ ❷ ❸

ここはこれから
追加します。

gatsby-config.jsに追加するプラグインの設定

APPENDIX

❶の feed の項目は次のとおりです。

title
記事のタイトル。

description
記事の説明。

date
記事の投稿日。

url
記事の URL。

guid
記事を識別する文字列（globally unique identifier）。URL を guid として使う場合には、guid の指定を削除します。

このプラグインはrssモジュールをベースにしているため、設定項目はrssモジュールに準じています。設定項目の詳細に関しては、rssモジュールのページを参照してください。

https://github.com/dylang/node-rss

そして、各項目の情報を取得する❷のクエリがその後に続いています。

ただし、ここで問題があります。マークダウンを利用している場合には、description（記事の説明）として exerpt を利用することができるのですが、リッチテキストを使った今回のサイトでは、description で使える手頃なデータがないため、自分で用意しなければなりません。また、そのデータはプラグインが実行するクエリで取得できる必要があります。

そこで、description のノードを追加します。Gatsby の公式チュートリアルの 7 に倣って、gatsby-node.js に

```
exports.onCreateNode = ({ node }) => {
  console.log(node.internal.type)
}
```

gatsby-node.js

を追加して開発サーバーを起動し、description の元になるデータを探します。

処理の途中でフィールド名が流れていきます。これは、プラグインが登録され、ノードが作成される時に流れるデータの internal.type を表示しています。

すると、その中に ContentfulBlogPost（大文字から始まるので注意）が見つかります。つまり、contentfulBlogPost.internal.type が表示されているわけです。

```
…
Starting to fetch data from Contentful
Fetching default locale
…
ContentfulBlogPost
ContentfulBlogPost
ContentfulBlogPost
ContentfulBlogPost
ContentfulBlogPost
ContentfulBlogPost
contentfulBlogPostContentRichTextNode
contentfulBlogPostContentRichTextNode
contentfulBlogPostContentRichTextNode
…
```

そこで、次のように修正して contentfulBlogPost を確認してみます。

```
exports.onCreateNode = ({ node }) => {
  if (node.internal.type === `ContentfulBlogPost`) {
    console.log(node)
  }
}
```

gatsby-node.js

各記事のデータが表示されますが、json があるはずの content の部分が、content___NODE と表示されています。

```
…
{
  title: ' 毎日のフルーツで爽やかさを加えて ',
  slug: 'everyday',
  publishDate: '2020-02-15T16:14+09:00',
  eyecatch___NODE: '240167be-dfd0-5a0f-b986-4bcb6a0a20',
  category___NODE: [
    '1896402b-ac8c-53d4-bbd0-b6c6a362df5b',
    'ae2fb1b3-1412-52d7-9e82-e0ee85226965'
  ],
  content___NODE: 'a0b33668-ae21-5445-80d4-9179754e2a',
  id: '49166f00-71d7-5da3-8cfb-a9b34439f4',
  spaceId: '*************',
  contentful_id: ''*************',',
  createdAt: '2020-03-16T08:21:18.322Z',
  updatedAt: '2020-03-16T08:21:18.322Z',
  parent: 'BlogPost',
…
```

これは、Foreign Key reference と呼ばれるもので、子のノードを参照していることを表しています。そこで、子のノードを確認してみます。
internal.type を確認した時に、ContentfulBlogPost の次に表示されていた、contentfulBlogPostContentRichTextNode が子のノードです。次のように書き換えます。

```
exports.onCreateNode = ({ node }) => {
  if (node.internal.type === `contentfulBlogPostContentRichTextNode`) {
    console.log(node)
  }
}
```

gatsby-node.js

すると、content としてコンテンツデータが確認できます。

```
…
{
  data: {},
  content: '{"data":{},"content":[{"data":{},"content":[{"data":{},"marks":[],"value":"フルーツには適度な甘みと酸味と爽やかさがあって、毎日食べても飽きません。パンやヨーグルトとの相性もばっちりです。朝食にたくさんのフルーツを取り入れてみると、いつの間にかたくさんのフルーツを食べるようになっていました。","nodeType":"text"}],"nodeType":"paragraph"},{"data":{},"content":[{"data":{},"marks":[],"value":"フルーツの旬を活かす","nodeType":"text"}],"nodeType":"heading-2"},{"data":{},"content":[{"data":{},"marks":[],"value":"野菜と同じようにフルーツにも旬があります。ただ、地域によって旬の時期には違いがありますので、居住地域の旬を押さえておくのがおすすめです。","nodeType":"text"}],"nodeType":"paragraph"},…次はイチゴですが、今年の前半はイチゴジャムが新鮮です。火を通さずそのまま食べるのがおいしいです。","nodeType":"text"}],"nodeType":"paragraph"},{"data":{},"content":[{"data":{},"marks":[],"value":"パンとの組み合わせもいろいろ試してみましたが、特にライ麦パンがとても気に入りました! クリームとハチミツ、塩少々、バター少々に果物を加えるとペロッと食べられます。","nodeType":"text"}],"nodeType":"paragraph"}],"nodeType":"document"}',
  nodeType: 'document',
  id: 'a0b33668-ae21-5445-80d4-9179754e2a',
  parent: '49166f00-71d7-5da3-8cfb-a9b34439f4',
…
```

つまり、node.content で AST 状態のコンテンツデータを取得できますので、これを利用して description を作成します。ただし、このデータは文字列です。JSON.parse で JSON へと変換したうえで、documentToPlainTextString（P.241）を通して description を作成します。

そして、createNodeField を使ってノードを作成します。createNodeField は Actions（P.233）に含まれる関数です。

```
const { documentToPlainTextString } = require("@contentful/rich-text-plain-text-renderer")

exports.onCreateNode = ({ node, actions }) => {
  const { createNodeField } = actions

  if (node.internal.type === `contentfulBlogPostContentRichTextNode`) {
    createNodeField({
      node,
      name: `description`,
      value: `${documentToPlainTextString(JSON.parse(node.content)).slice(
        0,
        70
      )}…`,
    })
  }
}
```

gatsby-node.js

開発サーバーを起動して GraphiQL で確認すると、contentfulBlogPostContentRichTextNode に fields > description が追加されています。

contentfulBlogPost や allContentfulBlogPost でも、content > fields > description が追加されていることがわかります。

contentfulBlogPostContentRichTextNode内のfields > description

contentfulBlogPost内の content > fields > description

allContentfulBlogPost内の content > fields > description

そこで、これを利用して P.305 の gatsby-plugin-feed プラグインの設定を gatsby-config.js に追加します。

設定が完了したら、gatsby build を実行することで、rss.xml が作成されます。

```
-<rss version="2.0">
  -<channel>
     <title>Essentials RSS Feed</title>
     <description>おいしい食材と食事を探求するサイト</description>
     <link>https://********.netlify.app</link>
     <generator>GatsbyJS</generator>
     <lastBuildDate>Tue, 14 Apr 2020 04:19:28 GMT</lastBuildDate>
   -<item>
      <title>毎日のフルーツで爽やかさを加えて</title>
     -<description>
        フルーツには適度な甘みと酸味と爽やかさがあって、毎日食べても飽きません。パンや
        ヨーグルトとの相性もばっちりです。朝食にたくさんのフルーツを取…
      </description>
      <link>https://********.netlify.app/blog/post/everyday/</link>
      <guid isPermaLink="true">https://********.netlify.app/blog/post/everyday
      /</guid>
      <pubDate>Sat, 15 Feb 2020 07:14:00 GMT</pubDate>
     </item>
   -<item>
      <title>スパイスの香りと刺激</title>
```

作成されたrss.xml。

APPENDIX
E Google Fonts

Google Fonts などの Web フォントは、フォントデータを読み込んで表示を行う仕組みになっています。そのため、最初は閲覧環境のフォントで表示され、読み込み後に Web フォントの表示に切り替わる「FOUT（Flash Of Unstyled Text）」と呼ばれる現象がどうしても発生します。
さらに、Gatsby によってページ全体の表示が高速化されると、FOUT も目につきやすくなります。ロード時にチラつくだけで、その後はキャッシュがきくため気にしないという考え方もありますが、日本語フォントのようにデータ容量が大きくなるとタイムラグも大きくなります。そのため、使用したいフォントの種類やサイトの構成、デザインなどに応じて利用を検討します。

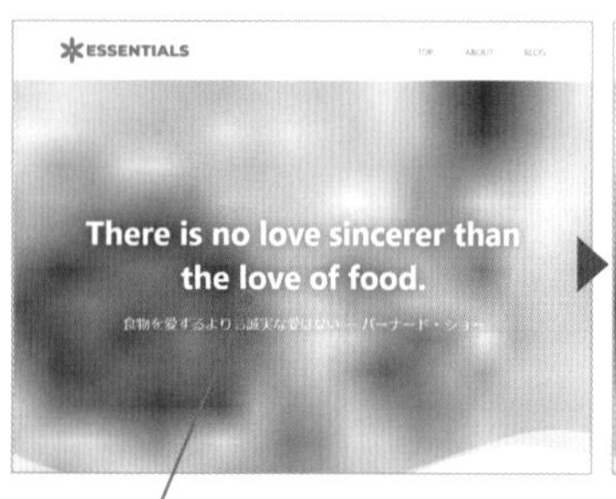

最初は閲覧環境にあるフォントで
表示されます。

フォントデータが読み込まれると
フォントの表示が切り替わります。

Gatsby では次のような形で Google Fonts を設定できます。

- <link /> で設定
- フォントデータのセルフホストで設定
- フォントデータのセルフホストと先読みで設定

Google Fonts - Montserrat Alternates
https://fonts.google.com/specimen/Montserrat+Alternates

たとえば、それぞれの形で Google Fonts の「Montserrat Alternates」を利用できるように設定してみます。このフォントで表示したい箇所には右の font-family を適用しておきます。

```
font-family: 'Montserrat Alternates', sans-serif;
```

<link />で設定

Google Fontsの標準の設定方法です。Google Fontsのサイトで使用したいフォントを選択すると<link />の設定が提供されますので、<head>～</head>内に追加します。GatsbyではP.142のHelmetを利用して追加します。
ただし、<link />ではフォントのCSSファイルとフォントデータが外部サイト（Google）から読み込まれるため、その分だけパフォーマンスに影響します。

```
import React from "react"
import { Helmet } from "react-helmet"
…
export default ({ children }) => (
  <div>
    <Helmet>
      <link
        href="https://fonts.googleapis.com/css2?family=Montserrat+Alternates:wght@400;700&display=swap"
        rel="stylesheet"
      />
    </Helmet>
  …
```

Google Fontsでコピーできる設定は<link>となっているため、JSXに変換して<link />にします。

src/components/layout.js

フォントデータのセルフホストで設定

フォントデータを同一サイト内にホストしてパフォーマンスを向上させる方法です。Gatsbyの公式サイトでもGoogle Fontsを利用する方法として紹介され、外部サイトから読み込むよりもデスクトップで300ミリ秒、3Gで1秒以上パフォーマンスの向上が見込めるとされています。
セルフホストではフォントデータやフォントのCSSを自前で用意する必要がありますが、Typefacesというオープンソースフォントの NPM パッケージを利用することで簡単に設定できます。「typeface-フォント名」の形式でフォントをインストールし、importすれば設定完了です。フォント名はすべて小文字で、スペースを「-」にして指定します。

```
$ yarn add typeface-montserrat-alternates
```

```
import React from "react"
import "typeface-montserrat-alternates"
…
```

src/components/layout.js

これで、フォントのCSSが適用されます。フォントデータはすべてのスタイル（太さ・斜体）のデータがホストされますが、ブラウザが読み込むのはページで使用したスタイルのデータのみとなります。

Typefacesで利用できるフォントについては、NPMで検索するか、下記のページで確認できます。日本語フォント（Noto Sans JPなど）もありますが、現在のところサブセットに未対応で、日本語のサブセット（japanese）も使用することができません。

Typefacesで使用できるフォント
https://github.com/KyleAMathews/typefaces/tree/master/packages

```
@font-face{font-family:Montserrat
Alternates;font-style:normal;font-
display:swap;font-weight:400;
src:local("Montserrat Alternates
Regular "),local("Montserrat Alternates-
Regular"),url(/static/montserrat-alternates-
latin-400-0c995470f5c1ee441ee856149494b301.
woff2) format("woff2"),
url(/static/montserrat-alternates-latin-
400-14f9c88b615440e76c2ab3cceb340728.woff)
format("woff")}
@font-face{font-family:Montserrat
Alternates;font-style:italic;font-
display:swap;font-weight:400;
src:local("Montserrat Alternates
Regular italic"),local("Montserrat
Alternates-Regularitalic"),url(/static/
montserrat-alternates-latin-400italic-
2a4c48dbd6e502cb43ff.woff2)…
```

フォントのCSS。

フォントデータのセルフホストと先読みで設定

フォントデータをセルフホストするとともに、先読みする設定も追加したい場合には、gatsby-plugin-prefetch-google-fontsプラグインを利用するのが簡単です。
プラグインをインストールし、gatsby-config.jsに設定を追加します。optionsのfontsでは、使いたいGoogle Fontsのフォントファミリー(family)と太さ・斜体のスタイル（variants）を指定します。

gatsby-plugin-prefetch-google-fonts
https://www.gatsbyjs.org/packages/gatsby-plugin-prefetch-google-fonts/

```
$ yarn add gatsby-plugin-prefetch-google-fonts
```

```
module.exports = {
  …
  plugins: [
    …
    {
      resolve: `gatsby-plugin-prefetch-google-fonts`,
      options: {
        fonts: [
          {
            family: `Montserrat Alternates`,
            variants: [`400`, `700`],
          },
        ],
      },
    },
  ],
}
```

gatsby-config.js

※上記プラグインページの参照先のGitHubは古いままとなっていますが、下記で開発は継続されています。
https://github.com/escaladesports/escalade/tree/master/legacy/gatsby-plugin-prefetch-google-fonts

これで、すべてのページにフォントのCSSと先読みの設定が埋め込まれます。

先読みは<link />の「rel="preload"」で指定され、他のリソースよりも優先して読み込むようにブラウザに伝えます。細かな処理はブラウザによって異なりますが、Chromeでは指定したフォントデータの読み込みが一番最初に実行されるようになります。

```
<link rel="preload" as="font" type="font/
woff2" crossorigin="anonymous" href="/
google-fonts/s/montserratalternates/
v11/mFTiWacfw6zH4dthXcyms1lPpC8I_
b0juU0xUILFB7xG.woff2">
```

フォントデータを先読みする設定。

gatsby-plugin-prefetch-google-fontsプラグインではGoogle Fontsの日本語フォントも利用できます。その場合、サブセット(subsets)を「japanese」と指定します。

optionsで指定できる値については、プラグインが参照している下記のページを参考にしてください。

google-fonts-plugin
https://github.com/SirPole/google-fonts-plugin

```
{
  resolve: `gatsby-plugin-prefetch-google-fonts`,
  options: {
    fonts: [
      {
        family: `Montserrat Alternates`,
        variants: [`400`, `700`],
      },
      {
        family: `Noto Sans JP`,
        variants: [`400`, `700`],
        subsets: [`japanese`],
      },
    ],
  },
},
```

Typography.js

Gatsbyでセルフホスト以外にGoogle Fontsを設定する方法として紹介されているのが、Typography.jsというライブラリです。

Typography.jsはサイト全体のフォント関連のスタイルを管理するものです。多数のテーマが用意されており、見出しや本文を一貫したスタイルで整えることができます。

ただし、行間やマージンなども含めて調整されるため、Typography.jsの利用を前提にCSSの設計を行うことをおすすめします。

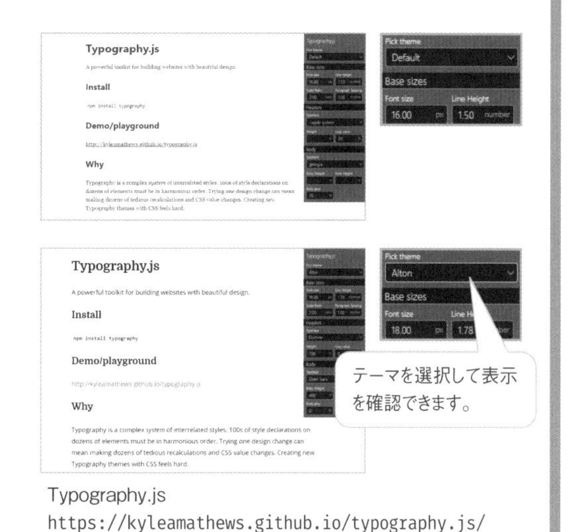

Typography.js
https://kyleamathews.github.io/typography.js/

APPENDIX

F IE11対応

IE11（Internet Explorer 11）に対応する必要がある場合、実際にIE11での表示を確認し、問題の出る箇所を修正していきます。
本書のサンプルを表示してみると、最適化して切り抜いた画像の縦横比が崩れています。これは、切り抜きに使用しているCSSのobject-fitにIE11が未対応なためです。gatsby-imageにはIE11用のpolyfillが用意されていますので、縦横比が崩れるのを防ぐためには、<Img />を「gatsby-image/withIEPolyfill」からimportする形に書き換え、Polyfillを機能させます。

IEでの表示

切り抜いた画像の縦横比が崩れています。

```
import Img from "gatsby-image"
```

縦横比を維持した表示になります。

```
import Img from "gatsby-image/withIEPolyfill"
```

また、IE11ではインライン化したSVG画像のレスポンシブがうまく機能しないため、ヒーローイメージに重ねた波画像の表示がおかしくなっています。
ここではCSSで強制的にレスポンシブにするため、positionを使ってSVG画像<svg>を親要素の横幅と高さに合わせたサイズにします。その上で、親要素のボックスのサイズがSVG画像と同じ縦横比で可変になるように設定します。
<svg>のviewBoxの値を見ると、SVG画像のサイズは1366 × 229.5ピクセルで、縦横比が1：0.168であることがわかります。<svg>の親要素<div class="wave">をこの縦横比で可変にするためには、widthを「100%」、heightを「0」、padding-bottomを「16.8%」と指定します。

なお、このCSSはIEのみに適用するように設定します。以上で、IE11対応の設定は完了です。

```
<div className="wave">
  <svg
    xmlns="http://www.w3.org/2000/svg"
    viewBox="0 0 1366 229.5"
    fill="#fff"
  >
    …
  </svg>
</div>
```

src/pages/index.js

```
/* IE11対応 */
@media (-ms-high-contrast: none), not all and
(-ms-high-contrast: none) {
   .wave {
             width: 100%;
             height:0;
             padding-bottom: 16.8%;
             overflow: hidden;
   }

   .wave svg {
             position: absolute;
             height: 100%;
             width: 100%;
             left: 0;
             top:0;
   }
}
```

src/components/layout.css

IE11のみに適用する設定を追加。-ms-high-contrastはWindows環境のハイコントラストモードのオン・オフを判別するもので、IE11のみが対応しています。ここではオンとオフのどちらの場合にも設定を適用するようにしています。

IEではインライン化したSVGがレスポンシブになりません。

強制的にレスポンシブにして対処します。

ボックスの高さ「16.8%」をheightで指定すると、横幅100%に対する割合にならず、縦横比を1:0.168にすることができません。そのため、横幅100%に対する割合になるpaddingで指定しています。

INDEX 索引

Gatsby CLIのコマンド

コマンド	実行される処理	参照ページ
gatsby new	新規サイト（プロジェクト）を作成します。	P.35
gatsby develop	開発サーバーを起動します。	P.36
gatsby build	サイトをビルドします。	P.54
gatsby serve	ビルドしたサイトの表示を確認します。	P.55
gatsby info	デバッグやレポートに必要な環境情報を取得します。	-
gatsby clean	.cache/ と public/ を削除します。	P.54
gatsby plugin docs	プラグインに関するドキュメントを提示します。	-
gatsby repl	Gatsby REPL（https://www.gatsbyjs.org/docs/gatsby-repl/）を起動します。	-

※各コマンドの詳細については下記を参照してください。「gatsby --help」でヘルプを表示することもできます。
https://www.gatsbyjs.org/docs/gatsby-cli/

■著者紹介

エビスコム

https://ebisu.com/

さまざまなメディアにおける企画制作を世界各地のネットワークを駆使して展開。コンピュータ、インターネット関係では書籍、デジタル映像、CG、ソフトウェアの企画制作、WWW システムの構築などを行う。

主な編著書：『CSS グリッドレイアウト デザインブック』マイナビ出版刊
『HTML5&CSS3 デザイン 現場の新標準ガイド』同上
『6 ステップでマスターする「最新標準」HTML+CSS デザイン』同上
『WordPress レッスンブック 5.x 対応版』ソシム刊
『フレキシブルボックスで作る HTML5&CSS3 レッスンブック』同上
『CSS グリッドで作る HTML5&CSS3 レッスンブック』同上
『HTML&CSS コーディング・プラクティスブック 1』エビスコム刊
『HTML&CSS コーディング・プラクティスブック 2』同上
『グーテンベルク時代の WordPress ノート テーマの作り方（入門編）』同上
『グーテンベルク時代の WordPress ノート テーマの作り方（ランディングページ＆ワンカラムサイト編）』同上
ほか多数

■ STAFF

編集・DTP：エビスコム
カバーデザイン：霜崎 綾子（デジカル）
担当：角竹 輝紀

Webサイト高速化のための 静的サイトジェネレーター活用入門

2020 年 6 月 1 日　初版第 1 刷発行
2020 年 6 月 26 日　第 2 刷発行

著者　エビスコム
発行者　滝口 直樹
発行所　株式会社マイナビ出版
〒 101-0003　東京都千代田区一ツ橋 2-6-3 一ツ橋ビル 2F
TEL：0480-38-6872（注文専用ダイヤル）
TEL：03-3556-2731（販売）
TEL：03-3556-2736（編集）
E-Mail：pc-books@mynavi.jp
URL：https://book.mynavi.jp
印刷・製本　株式会社ルナテック

ISBN978-4-8399-7300-1